机械工程测试技术基础

主　编　周大帅
副主编　刘永志　张彩红　陈　俊
主　审　张　鹏

中国矿业大学出版社
·徐州·

内容提要

本书主要介绍了机械工程测试技术中的一般方法、测量信号及其描述方法、测量装置及其主要特性、常用测量传感器、信号的调理与数字化、机械振动及机械系统测量中常用的仪器设备等方面的知识，以相关机械结构和桥梁为例，介绍了具体的测试方法。为使学生能够巩固基础知识，每章均配有例题和习题。

本书适合作为高等教育机械工程专业、车辆工程专业、桥梁工程专业等的本科生教材，也可供相关专业工程技术人员参考。

图书在版编目(CIP)数据

机械工程测试技术基础 / 周大帅主编. — 徐州 ： 中国矿业大学出版社，2024. 5.— ISBN 978 - 7 - 5646 - 6278 - 3

Ⅰ. TG806

中国国家版本馆 CIP 数据核字第 2024XP4746 号

书　　名　机械工程测试技术基础
主　　编　周大帅
责任编辑　耿东锋
出版发行　中国矿业大学出版社有限责任公司
　　　　　　(江苏省徐州市解放南路　邮编 221008)
营销热线　(0516)83885370　83884103
出版服务　(0516)83995789　83884920
网　　址　http://www.cumtp.com　**E-mail**:cumtpvip@cumtp.com
印　　刷　江苏淮阴新华印务有限公司
开　　本　787 mm×1092 mm　1/16　**印张** 13　**字数** 333 千字
版次印次　2024 年 5 月第 1 版　2024 年 5 月第 1 次印刷
定　　价　32.00 元

(图书出现印装质量问题，本社负责调换)

前　言

机械工程测试技术基础作为机械类专业的一门专业基础课，主要涉及机械工程测试技术的基本理论与方法。测试技术是研究有关测试方法、测试手段和测试理论的科学，是人们借以认识客观对象的本质，并掌握其内在联系和变化规律的一种科学方法。在工程技术领域，产品开发、生产制造、质量控制和性能试验等都离不开测试技术。测试技术本身也随着计算机技术、传感器技术以及信号处理技术的发展而不断发展。本书系统论述了测试技术的基础知识，以使学生掌握本学科领域内常见测试系统的组成与设计，以及培养学生进行机械工程参数测量和试验信号分析与处理的基本技能。

本书在编写中力求保持内容的完整性和系统性。第 1 章绪论，主要对机械工程测试技术进行概要介绍；第 2 章信号及其描述，主要介绍测量信号的时域与频域描述方法，并介绍了工程中大量存在的随机测量信号描述方法；第 3 章测试系统的特性，主要介绍了测试系统的静态特性与动态特性的描述方法与评价方法，并论述了实现不失真测试的条件等相关知识；第 4 章传感器，主要介绍了机械工程领域常用传感器的工作原理以及工作特性；第 5 章信号调理与数字化，主要介绍了常用的测量信号调理方法，包括电桥、滤波器等，并介绍了计算机数字化采样的基本原理与应用知识；第 6 章机械及桥梁的振动测试技术，主要介绍了测量仪器的选择、机械系统动态性能测试以及测量信号处理的典型实例，同时，介绍了桥梁动静态特性的试验方法；第 7 章典型参数测试，主要介绍了应变、力和扭矩、温度、位移和物位的测量；第 8 章虚拟仪器技术，简单介绍了虚拟仪器。

本书第 1、2、3、7 章由周大帅编写，第 4、5 章由刘永志编写，第 6 章由张彩红编写，第 8 章由陈俊编写，张鹏负责主审。

本书得到六盘水师范学院教改项目（编号为：LPSSYylkc2021017、GZSylkc202228、LPSSYiczz202212、202306020、20242603）、六盘水师范学院教材出版基金资助建设项目、贵州级省级教改项目：基于“BAPTSI”教学模式的先进成图实训课程改革创新与实践（编号为：2023293）、矿山机械装备智能监测、诊断与研发重点实验室（编号为 52020-2022-PT-02）、贵州省省级机械电子工程一流专业建设点（编号为：GZSylzy202102）的资助。

由于编者水平所限，书中不妥之处在所难免，恳请专家、读者批评指正。

编　者

2024 年 3 月

目　录

第1章　绪　　论

【学习要求】

本章为全书的概述，是学习本课程的指南，篇幅虽不大，但必须细心研读。学习本章后应掌握以下几点：

(1) 测试技术的主要内容、作用和重要性。

(2) 测试系统的一般组成。

(3) 测试技术的发展方向

【知识图谱】

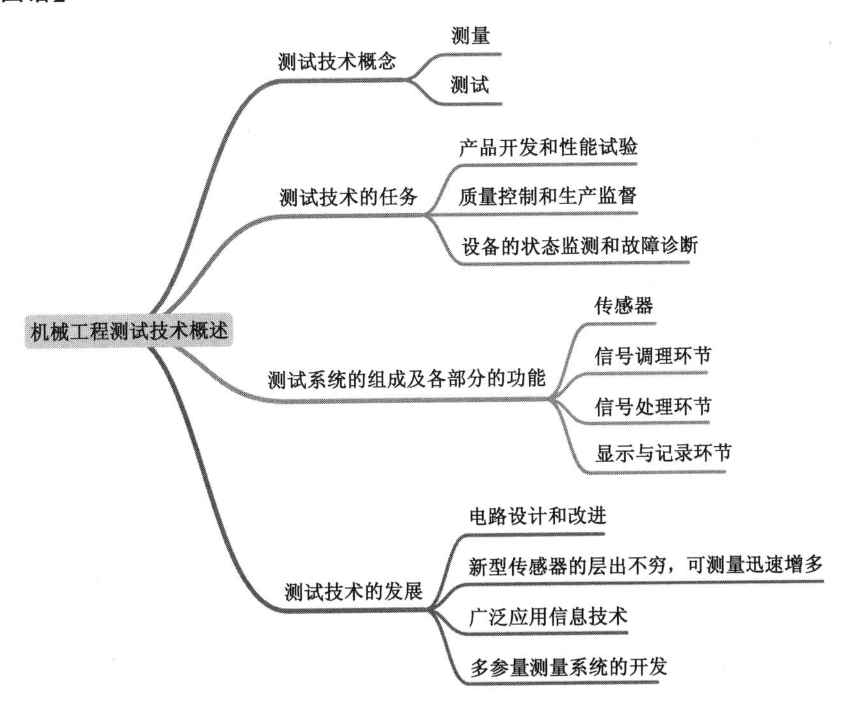

1.1　概　　述

测试技术是科学研究和技术评价的基本方法之一，它是具有试验性质的测量技术，是测量和试验的综合。测量是为确定被测对象的量值而进行的试验过程，试验是对未知事物的探索性认识过程。因此，测试技术包括测量与试验两个方面。

测试的基本任务是获取有用的信息。首先是检测被测对象的有关信息，然后加以处理，最后将结果提供给观察者或输入其他信息处理装置、控制系统，因此测试技术属于信息科学范畴，是信息技术三大支柱(测试控制技术、计算技术和通信技术)之一。

测试技术是研究有关测试方法、测试手段和测试理论的科学，是人们借以认识客观对象的本质，并掌握其内在联系和变化规律的一种科学方法。在测试过程中，需要选用专门的仪器设备，设计合理的试验系统并进行必要的数据处理，从而获得被测对象的有关信息。

机械工程测试技术的任务主要是从复杂的信号中提取被研究对象的状态信息，以一定的精度描述和分析其运动状态，它是科学研究的基本方法。对于处于生产过程中的机械产品，机械工程测试技术在控制和改进产品的质量、保证设备的安全运行以及提高生产率、降低成本等方面都有着重要的作用。

机械测试包括静态测试与动态测试。静态测试是指测量期间被测量值不变或变化极其缓慢的测试，如对工件的直径、长度、角度等的测量；而动态测试是指对随时间变化较快的被测量所进行的测试，如对机械的振动、噪声、切削力、加工过程中的零件尺寸等的测量。本课程的重点是机械工程中动态测试技术的基本原理。

机械工程测试技术已广泛应用于不同的领域并在各个自然科学研究领域起着重要作用。机械工程技术人员在面临系统分析、优化设计、系统评价等众多问题时，不可避免地需要采用各种测试技术，获取研究对象的状态信息，掌握研究对象的静态与动态性能。

机械工程测试技术在机械工程领域的应用主要有以下三个方面：

(1) 产品开发和性能试验

在装备设计及改造过程中，通过模型试验或现场实测，人们可以获得设备及其零部件的载荷、应力、变形以及工艺参数和力学参数等，实现对产品质量和性能的客观评价，为产品技术参数优化提供基础数据。例如，对齿轮传动系统，要做承载能力、传动精确度、运行噪声、机械效率和寿命等性能试验。再如，为了评价所设计汽车车架的强度与寿命，需要测定汽车所承受的随机载荷和车架的应力、应变分布。

(2) 质量控制和生产监督

测试技术是质量控制和生产监督的基本手段。在设备运行和环境监测中，人们经常需要测量设备的振动和噪声，分析振动源及其传播途径，进行有效的生产监督，以便采取有效的减振、防噪措施；在工业自动化生产中，人们通过对工艺参数的测试和数据采集，可以实现对产品质量的控制和生产监督。例如，为了消除机床在切削过程中刀架系统的颤振，以保证零件的加工精度与表面质量，需要测定机床的振动速度、加速度以及机械阻抗等动态特性参数。

(3) 设备的状态监测和故障诊断

可以利用机器在运行或试验过程中出现的诸多现象，如温升、振动、噪声、应力变化、润滑油状态来分析、推测和判断设备的状态，同样运用故障诊断技术可以实现故障的精确定位和故障分析。例如，设备振动和噪声会严重降低工作效率并危害人员健康，因此需要现场实测各种设备的振动和噪声，分析振动源和振动传播的路径，以便采取合理的减振、隔振等措施。

总之，测试技术已广泛应用于工农业生产、科学研究、国内外贸易、国防建设、交通运输、医疗卫生、环境保护和人民生活的各个方面，起着越来越重要的作用，成为促进国民经济发展和社会进步的一项必不可少的重要基础技术，因而使用先进的测试技术也就成为经济高度发展和科技现代化的重要标志之一。

1.2　测试系统的组成

信息总是蕴含在某些物理量之中，并依靠它们来传输，这些物理量就是信号。就具体物理性质而言，信号有电信号、光信号、力信号等。其中电信号在变换、处理、传输和运用等方面，都有明显的优点，因而成为目前应用最广泛的信号。各种非电信号也往往被转换成电信号，而后传输、处理和运用，如图 1-1 所示。

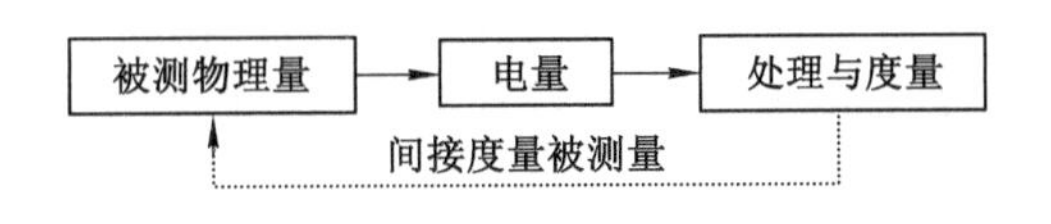

图 1-1　非电量测量

在测试工作的许多场合，并不考虑信号的具体物理性质，而是将其抽象为变量之间的函数关系，特别是时间函数或空间函数，从数学上加以分析研究，从中得出一些具有普遍意义的理论。这些理论极大地发展了测试技术，并成为测试技术的重要组成部分。这些理论就是信号的分析和处理技术。

一般说来，测试工作的全过程包含许多环节：以适当的方式激励被测对象、信号的检测和转换、信号的调理、信号的分析与处理、信号的显示与记录，以及必要时以电量形式输出测量结果。因此，测试系统的大致框图可用图 1-2 表示。

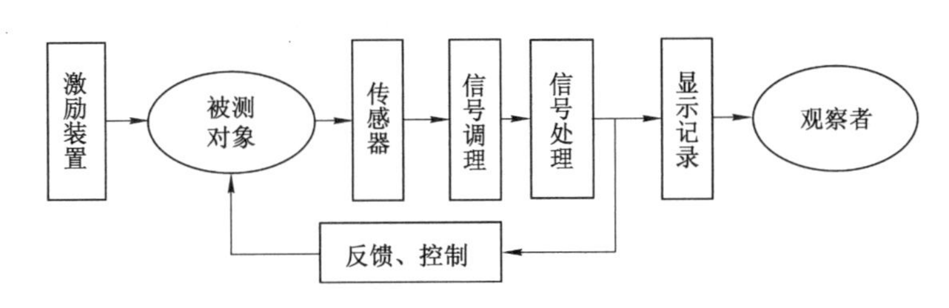

图 1-2　测试系统的组成

客观事物是多样的。测试工作所希望获取的信息，有可能已载于某种可检测的信号中，也有可能尚未载于可检测的信号中。对于后者，测试工作就包含着选用合适的方式激励被测对象，使其产生既能充分表征其有关信息又便于检测的信号。事实上，许多系统的特性参量在系统的某些状态下，可能充分地显示出来，而在另外一些状态下却可能没有显示出来，或者显示得很不明显，以致难以检测出来，因此在后一种情况下，要测量这些特性参量时，就需要激励该系统，使其处于能够充分显示这些参量特性的状态中，以便有效地检测载有这些信息的信号。

传感器直接作用于被测量参量，并能按一定规律将被测量参量转换成同种或别种量值输出。这种输出通常是电信号。

信号调理环节把来自传感器的信号转换成更适于进一步传输和处理的形式。这时的信号转换，在多数情况下是电信号之间的转换。例如将幅值放大、将阻抗的变化转换成电压的变化或将阻抗的变化转换成频率的变化等。

信号处理环节接收来自调理环节的信号，并进行各种运算、滤波、分析，将结果输出显示、记录或用于控制。

信号显示、记录环节以观察者易于认识的形式来显示测量的结果，或将测量结果存贮，必要时使用。

在所有这些环节中，必须遵循的基本原则是各环节的输出量与输入量之间应保持一一对应和尽量不失真的关系，并且必须尽可能地减小或消除各种干扰。

应当指出，并非所有的测试系统都具备图 1-2 中所有环节。实际上，环节与环节之间都存在着传输。这里所讲的传输环节专指较远距离的通信传输。

测试技术是一种综合性技术，对新技术特别敏感。要做好测试工作，需要综合运用多个学科的知识，注意新技术的运用。

1.3 测试技术的发展

现代测试技术，既是促进科技发展的重要技术，又是科学技术发展的结果。现代科技的发展不断地向测试技术提出新的要求，推动测试技术的发展。与此同时，测试技术迅速吸取和综合各个科技领域（如物理学、化学、生物学、材料科学、微电子学、计算机科学和工艺学等）的新成就，开发出新的方法和装置。

近年来，新技术的兴起使测试技术蓬勃发展，尤其在以下几个方面的发展最为突出。

1. 电路设计改进

广泛采用运算放大器和各种集成电路，大大简化了测试系统，提高了系统特性。例如有效地减小了负载效应、线性误差等。

2. 新型传感器层出不穷，可测量迅速增多

当今世界已拥有高水平的各种电子设备和信息技术。传感器是信息之源头，只有拥有良好又多样的传感器，才能在自然界的非电量信息测试中有效地使用这些设备和技术。有人认为支配了传感器技术，就能把握住新时代。能不能开发出上乘的测试装置，关键也在于传感器的开发和应用。

当今传感器开发中，以下列三方面的发展最引人注目：

(1) 物性型传感器大量涌现。物性型传感器是依靠敏感材料本身的物性随被测量的变化来实现信号的转换的，因此这类传感器的开发实质上是新材料的开发。目前发展最迅速的新材料是半导体、陶瓷、光导纤维、磁性材料，以及所谓的“智能材料”（如形状记忆合金、具有自增殖功能的生物体材料等）。这些材料的开发，不仅使可测量大量增加，使力、热、光、磁、湿度、气体、离子等方面的一些参量的测量成为现实，也使集成化、小型化和高性能传感器的出现成为可能。此外，当前控制材料性能的技术已取得长足的进步，这种技术一旦实现突破，将会完全改变原有敏感元件设计的概念：从根据材料特性来设计敏感元件，转变成按照传感要求来合成所需的材料。总之，传感器正经历着从以结构型为主转向以物性型为主的过程。

(2) 集成、智能化传感器的开发。微电子学、微细加工技术和集成化工艺等方面的进展，促使出现了多种集成化传感器。这类传感器，或是同一功能的多个敏感元件排列成线型、面型的传感器，或是多种不同功能的敏感元件集成于一体，成为可同时进行多种参量测

量的传感器,或是传感器与放大、运算、温度补偿等电路集成于一体的器件。近年来,更有的把部分信号处理电路和传感器集成于一体,使传感器具有部分智能,成为智能化传感器。

(3) 化学传感器的开发。近20年来,工农业生产、环境监测、医疗卫生和日常生活等领域广泛应用化学传感器。化学传感器把化学量转换成电量。大部分化学传感器是在被测气体或溶液分子与敏感元件接触或被其吸附之后才开始感知的,而后产生相应的电流和电位。目前市场上供应的化学传感器以气体传感器、湿度传感器、离子传感器和生物化学传感器为主。预计在未来一段时间,化学传感器件将会蓬勃发展,并将出现一些智能化学传感器。

3. 广泛应用信息技术

信息技术,特别是计算机技术和信息处理技术,使测试技术产生了巨大变化,大幅度地提高了测试系统的精确度、测量能力和工作效率。同时,引进许多新的分析手段和方法,使测试系统具有实时分析、记忆、逻辑判断、自校、自适应控制和某些补偿能力,向着智能化发展。

4. 多参量测量系统的开发

各种廉价传感器和实时处理装置为开发多传感器和多种参量测量系统提供了可能性。这种测量系统可实现多自变量函数的测量,是自动控制系统必不可少的装置。它也广泛应用于设备的监测和组成线型或面型传感器阵列进行图像或变量的测试。

1.4 本课程的学习要求

对高等学校机械类的各有关专业而言,传感与测试技术是一门技术基础课。本课程所研究的对象包括机械工程动态测试中常用的传感器、信号调理电路及记录仪器的工作原理,测量装置基本特性的评价方法,测试信号的分析和处理,以及常见物理量的测量方法。

通过本课程的学习,学生应能正确地选用测试装置并初步掌握进行测试所需要的基本知识和技能,为进一步学习、研究和处理工程问题打下基础。

从进行动态测试工作所必备的基本条件出发,学生在学完本课程后应掌握下列几方面的知识:

(1) 掌握信号的时域和频域的描述方法,建立明确的信号频谱结构的概念;掌握频谱分析和相关分析的基本原理和方法,掌握数字信号分析中的一些基本概念。

(2) 掌握测试装置基本特性的评价方法和不失真测试条件,并能正确地运用于测试装置的分析和选择。掌握一阶、二阶线性系统动态特性及其测定方法。

(3) 掌握常用传感器、常用信号调理电路和记录仪器的工作原理和性能,并能较合理地选用。

(4) 对动态测试工作的基本问题有一个相对完整的概念,并能初步运用于工程中某些参量的测试。

本课程涉及的知识范围较广,需要高等数学、控制工程、电工、计算机及机械工程方面的基本知识。特别是课程中涉及的有关数学知识,使部分学生望而生畏。其实,课程中所涉及的高等数学知识是很简单的,只要学过(不一定学得很好)高等数学中的微积分、级数就可以学好本课程,千万不要被书中所引用的数学公式和符号所吓倒,应把精力放在对概念的理解上。

本课程具有很强的实践性。只有在学习中密切联系实际,加强试验,注意物理概念,才能真正掌握有关理论。学生只有通过足够和必要的试验才能受到应有的试验能力的训练,才能获得关于动态测试工作的比较完整的概念,也只有这样,才能初步具有处理实际测试工作的能力。

1.5 本章小结

测试是人类认识客观世界的手段之一,是科学研究的基本方法。测试工作是一件非常复杂的工作,需要多种科学知识的综合运用。本课程是一门技术基础课。通过本课程的学习,学生应能合理地选用测试仪器、配置测试系统并初步掌握进行动态测试所需要的基本知识和技能,为进一步学习、研究和处理机械工程技术问题打下基础。

本章主要内容如下。

(1) 测试的含义。测试是具有试验性质的测量,是测量和试验的综合。

(2) 测试系统的作用、组成等。

(3) 测试技术的发展方向。

(4) 本课程的学习要求。

1.6 本章习题

1-1 简述测试系统的作用。

1-2 试论述测试系统的组成部分及各部分的作用。

1-3 试论述测试技术的发展方向。

1-4 你打算如何学好本门课程?

第 2 章　信号及其描述

【学习要求】

测试信息总是蕴含在表征某些物理量的信号之中,信号是测试信息的载体。为了从测量信号中获取有用信息,需要学习测量信号及其描述方法。学生应达成的能力如下:

(1) 能够开展信号的频域描述与分析,明晰时域与频域分析的不同。

(2) 能够初步分析随机测量信号的特征参数,并对随机测量信号进行描述。

【知识图谱】

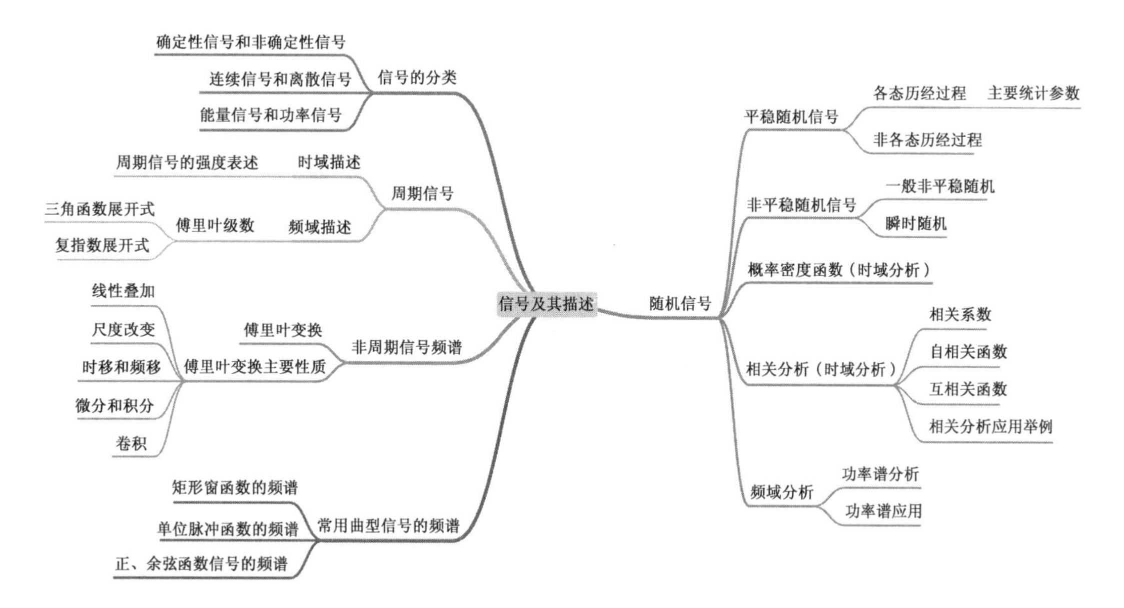

在生产实践和科学试验过程中,要观测大量的物理现象和物理参数的变化。这些变化量可以通过测量装置变成容易测量、记录和分析的电信号。一个信号包含着反映被测系统的状态或特征的某些有用的信息,它是人们认识客观事物内在规律、研究事物之间的相互关系、预测未来发展的依据。

2.1　信号的分类

2.1.1　确定性信号和非确定性信号

信号根据随时间变化的规律可分为确定性信号和非确定性信号(随机信号),其分类如图 2-1 所示。

(1) 确定性信号:能用确定的数学关系式表达的信号,例如单自由度振动系统(弹簧-质

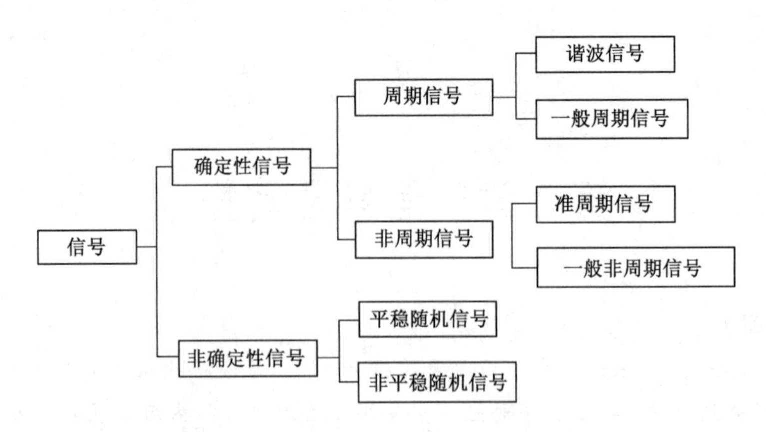

图 2-1　信号按随时间变化规律分类

量系统)。图 2-2 所示无阻尼弹簧-质量系统，做无阻尼自由振动时，其位移 $x(t)$ 就是确定的，可表示为式(2-1)所示的形式。

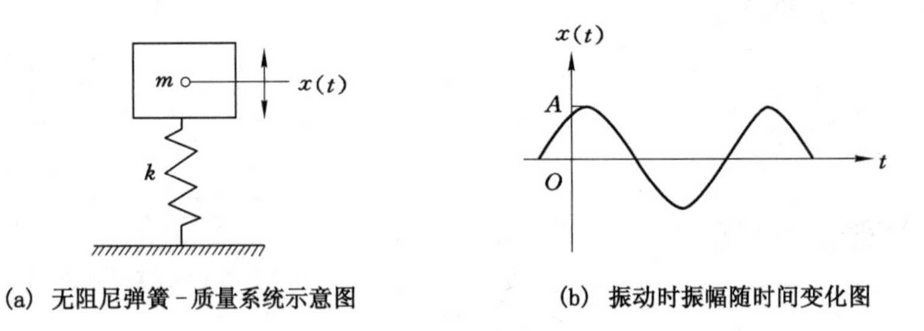

图 2-2　无阻尼弹簧-质量系统

$$x(t)=A\sin(\omega_n+\varphi) \tag{2-1}$$

式中　ω_n——固有频率，$\omega_n=\sqrt{\dfrac{k}{m}}$，其中 k 为弹簧刚度，m 为质量；

A——振幅；

φ——初相位。

确定性信号可以分为周期信号和非周期信号两类。当信号按一定时间间隔周而复始重复出现时称为周期信号，否则称为非周期信号。典型的周期信号如图 2-3 所示。

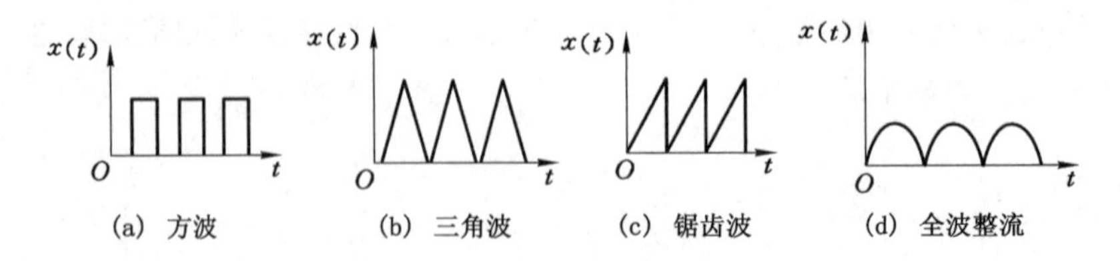

图 2-3　典型的周期信号

周期信号的数学表达式为

$$x(t)=x(t+nT) \tag{2-2}$$

式中　$n=\pm1,\pm2,\cdots$；

　　T——周期，$T=2\pi/\omega=1/f$，其中，ω 为角频率，f 为频率。

一般周期信号(如周期方波、周期三角波等)是由多个乃至无穷多个频率成分(频率不同的谐波分量)叠加所组成的，叠加后存在公共周期。

准周期信号也是由多个频率成分叠加的信号，但叠加后不存在公共周期。

一般非周期信号是只在有限时间段存在或随着时间的增加而幅值衰减至零的信号，又称为瞬变非周期信号，例如阻尼振荡系统在解除激振力后的自由振荡等。图 2-4 所示为单自由度振动模型在脉冲力作用下的响应，它就是一个瞬态信号。

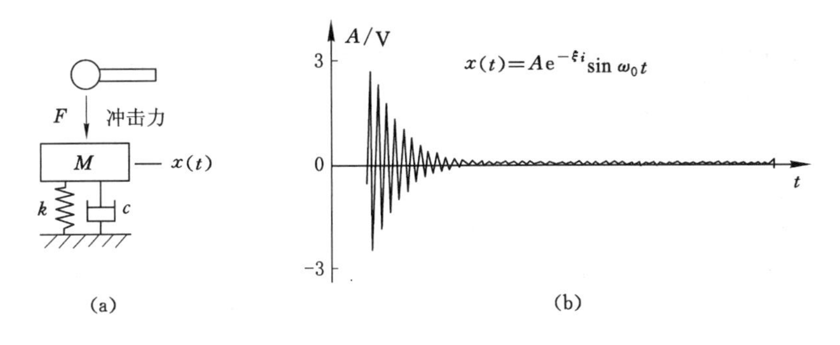

图 2-4　单自由度振动模型及脉冲响应信号

(2) 非确定性信号，又称为随机信号，是无法用明确的数学关系式表达的信号，如不平路面对运输工具的激励信号、天气温湿度变化信号、环境噪声信号等。

2.1.2　连续信号和离散信号

根据时间的连续性信号可分为连续信号和离散信号。若信号是连续时间变量的函数，则为连续信号；若信号是离散时间变量的函数，则为离散信号，如图 2-5 所示。离散信号可用离散图形表示，也可用数字序列表示。连续信号的幅值可以是连续的，也可以是离散的。独立变量和幅值均为连续值的信号称为模拟信号；若离散信号的幅值也是离散的，则称为数字信号。

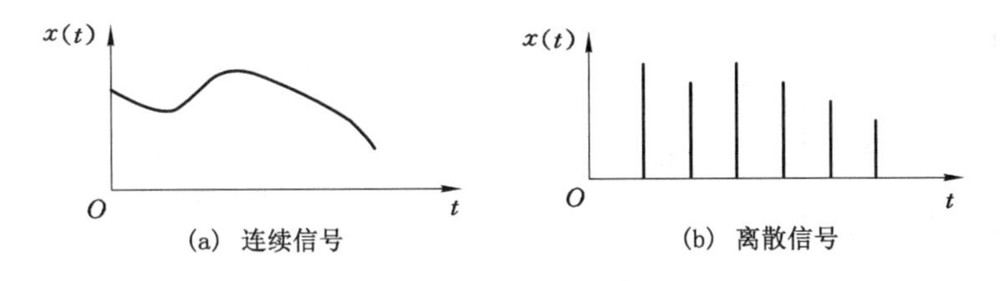

(a) 连续信号　　(b) 离散信号

图 2-5　连续信号与离散信号

2.1.3　能量信号和功率信号

在非电量测量中，常将被测信号转换为电压或电流信号来处理。显然，电压信号 $x(t)$ 加到电阻 R 上，其瞬时功率 $P=x^2(t)/R$。当 $R=1$ 时，$P=x^2(t)$。瞬时功率对时间积分就是信号在该时间内的能量。通常人们不考虑信号实际的量纲，而把信号 $x(t)$ 的平方 $x^2(t)$ 及其对时间的积分分别称为信号的功率和能量。当 $x(t)$ 满足

$$\int_{-\infty}^{+\infty} x^2(t)\mathrm{d}t < +\infty \tag{2-3}$$

时，则认为信号的能量是有限的，并称之为能量有限信号，简称为能量信号，如矩形脉冲信号、衰减指数信号等。

若信号在区间$(-\infty,+\infty)$的能量是无限的，即

$$\int_{-\infty}^{+\infty} x^2(t)\mathrm{d}t \to +\infty \tag{2-4}$$

但它在有限区间(t_1,t_2)的平均功率是有限的，即

$$\frac{1}{t_1-t_2}\int_{t_1}^{t_2} x^2(t)\mathrm{d}t < +\infty \tag{2-5}$$

则这种信号称为功率有限信号或功率信号，如各种周期信号、阶跃信号等。

必须注意的是，信号的功率和能量未必具有真实功率和能量的量纲。

2.1.4 信号的描述

一个信号包含很多有用的信息，如信号强度、波动程度、频率结构及在不同频率上的强度、信号本身或相互之间的相似程度、信号大小及取各种可能值的概率等，因此仅用信号的幅值随时间变化的函数关系式满足不了要求，需要从不同的角度，采用不同的方法描述、分析、处理信号。

直接检测或记录到的信号一般是随时间变化的物理量，称为信号的时域描述。这种描述能够反映信号幅值随时间变化的规律，但不能揭示信号的频率结构特征。因此在测试中常把时域描述的信号进行变换，转换成各个频率对应的幅值、相位，称为信号的频域描述，即以频率为独立变量来表示信号。频域描述可以反映信号各频率成分的幅值和相位特征。

信号的时域、频域描述可以通过数学工具进行相互转换，而且含有相同的信息量。一般从时域数学表达式转换为频域表达式称为频谱分析，以频率为横坐标，分别以幅值和相位为纵坐标，便可得到信号的幅频谱和相频谱。图 2-6 所示为周期方波信号的时域图形、幅频谱和相频谱三者之间的关系及其变换。

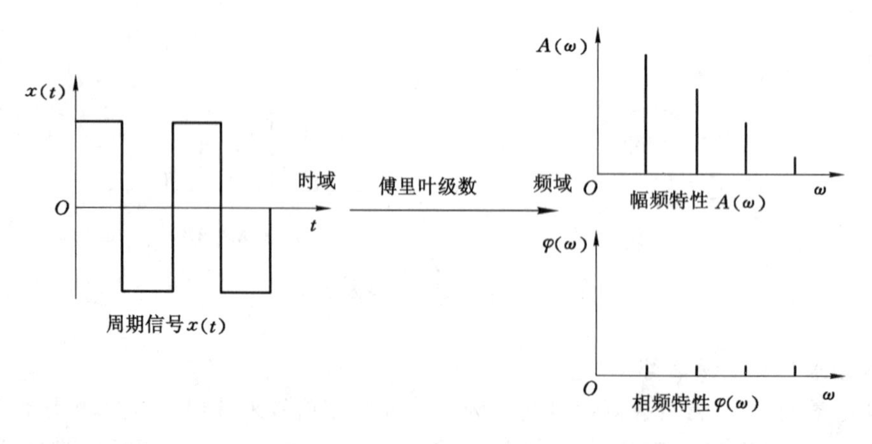

图 2-6 周期方波信号的时域、频域描述及其变换

2.2 周期信号

2.2.1 周期信号的时域描述和频域描述

谐波信号是最简单的周期信号，只有一个频率成分。一般周期信号可以利用傅里叶级数展开成多个乃至无穷多个不同频率的谐波信号的线性叠加。

最简单的周期信号是正弦信号，表示为

$$x(t)=A\sin(\omega t+\theta)=A\sin(2\pi ft+\theta) \tag{2-6}$$

式中　A——正弦信号的幅值；

ω——正弦信号的角频率，rad/s；

f——正弦信号的频率，Hz；

θ——正弦信号的相位（也称相角或初相角），rad。

如果正弦信号的周期为 T，则有如下关系

$$f=\frac{1}{T}=\frac{\omega}{2\pi} \tag{2-7}$$

幅值、频率和相位是正弦信号的三要素，三者唯一地确定了正弦信号的形式。余弦信号与正弦信号只是相位相差了 90°。

1. 三角函数展开式

描述周期信号的基本数学工具是傅里叶级数，傅里叶级数用于对周期信号的谐波分解。根据傅里叶级数的理论，在满足狄里克雷条件下，任何一个周期为 T 的周期信号都可以展开成如下的傅里叶级数：

$$x(t)=a_0+\sum_{n=1}^{\infty}(a_n\cos n\omega_0 t+b_n\sin n\omega_0 t)\quad(n=1,2,3,\cdots) \tag{2-8}$$

式中，常值分量　$$a_0=\frac{1}{T_0}\int_{-\frac{T_0}{2}}^{\frac{T_0}{2}}x(t)\mathrm{d}t$$

余弦分量的幅值　$$a_n=\frac{2}{T_0}\int_{-\frac{T_0}{2}}^{\frac{T_0}{2}}x(t)\cos n\omega_0 t\mathrm{d}t$$

正弦分量的幅值　$$b_n=\frac{2}{T_0}\int_{-\frac{T_0}{2}}^{\frac{T_0}{2}}x(t)\sin n\omega_0 t\mathrm{d}t$$

式中　$\omega_0=\dfrac{2\pi}{T_0}$——基波的角频率；

T_0——信号的周期，也是信号基波的周期。

由三角函数变换可知，令 $a_n=A_n\sin\phi_n$；$b_n=A_n\cos\phi_n$，可将式(2-8)写成另一种形式：

$$x(t)=a_0+\sum_{n=1}^{\infty}A_n\sin(n\omega_0 t+\phi_n) \tag{2-9}$$

式中　$A_n=\sqrt{a_n^2+b_n^2}$；

$\phi_n=\arctan\dfrac{a_n}{b_n}$。

【例 2-1】 求图 2-7 所示周期方波信号的频谱。

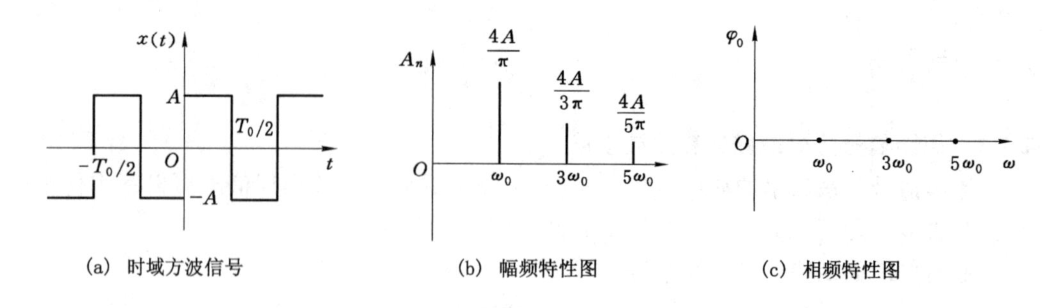

(a) 时域方波信号　　(b) 幅频特性图　　(c) 相频特性图

图 2-7　方波信号的时域、频域图

解　周期方波的数学表达式为

$$x(t)=\begin{cases}A & 0\leqslant t<T/2\\ -A & -T/2\leqslant t<0\end{cases}$$

因该函数是奇函数，所以 $a_0=0, a_n=0$。

$$\begin{aligned}b_n&=\frac{2}{T_0}\int_{-T/2}^{T/2}x(t)\sin n\omega_0 t\mathrm{d}t\\&=\frac{2}{T}\int_{-T/2}^{0}-A\sin n\omega_0 t\mathrm{d}t+\frac{2}{T}\int_{0}^{T/2}A\sin n\omega_0 t\mathrm{d}t\\&=\frac{4}{T}\int_{0}^{T/2}A\sin n\omega_0 t\mathrm{d}t\\&=-\frac{4A}{T_0}\frac{\cos n\omega_0 t}{n\omega_0}\bigg|_0^{T_0/2}\\&=-\frac{2A}{\pi n}(\cos \pi n-1)\\&=\begin{cases}\dfrac{4}{n\pi} & n=1,3,5,\cdots\\ 0 & n=2,4,6,\cdots\end{cases}\end{aligned}$$

所以，该方波的幅值为

$$A_n=\sqrt{a_n^2+b_n^2}=\sqrt{0+\left(\frac{4A}{n\pi}\right)^2}=\frac{4A}{n\pi}\quad(n=1,3,5,\cdots)$$

当 $n=2,4,6,\cdots$ 时，$A_n=0$。

该方波的相位为

$$\phi_n=\arctan\frac{a_n}{b_n}=\arctan\frac{0}{b_n}=\arctan 0=0\quad(n=1,3,5,\cdots)$$

因此，周期方波信号的傅里叶级数展开式为

$$x(t)=\frac{4A}{\pi}\left(\sin \omega_0 t+\frac{1}{3}\sin 3\omega_0 t+\frac{1}{5}\sin 5\omega_0 t+\cdots\right)\tag{2-10}$$

根据式(2-10)，幅频特性图和相频特性图如图 2-7(b)、(c)所示。幅值以 $1/n$ 的规律收敛，相频谱中各次谐波的初相位均为零。

由此可以看出，图 2-7 所示的周期方波是由无穷多个正弦信号叠加而成的，其频率分别

为 $\omega_0, 3\omega_0, 5\omega_0, \cdots$；幅值分别为 $\frac{4A}{\pi}, \frac{1}{3}\frac{4A}{\pi}, \frac{1}{5}\frac{4A}{\pi}, \cdots$。式(2-10)中的第 1、3 次谐波相加，则有图 2-8 所示的图形，若 1、3、5、7 次谐波相加，则有图 2-9 所示的图形。叠加项越多，越接近方波，当叠加项无穷多时，叠加后的波形就是周期方波。

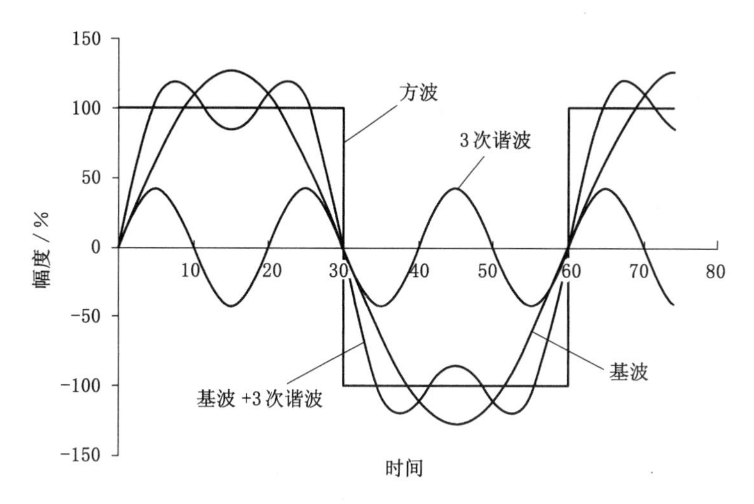

图 2-8　周期方波的谐波成分叠加

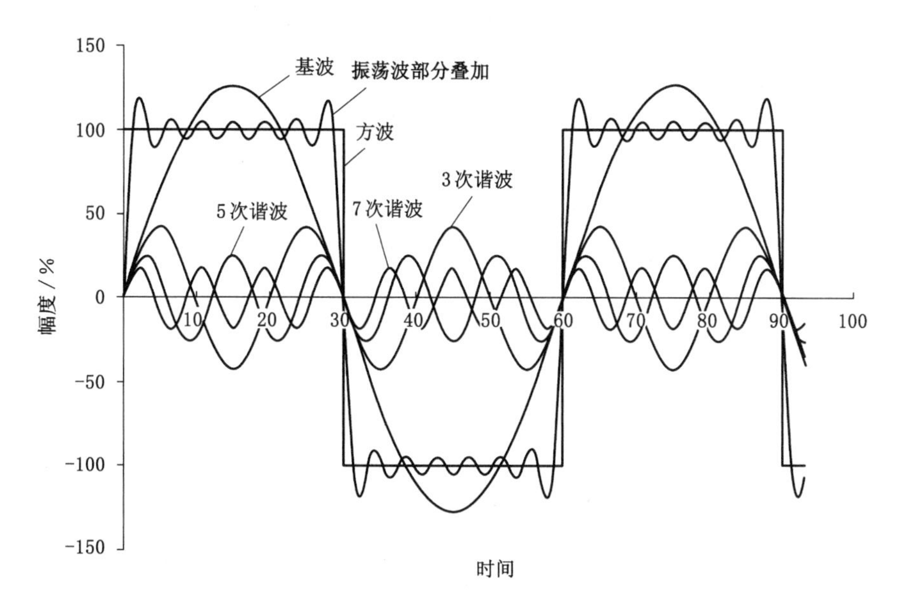

图 2-9　周期方波的 7 次谐波成分叠加

图 2-10 形象地说明了周期方波的时域描述和频域描述及其相互关系。

2. 复指数展开式

傅里叶级数可以写成复数函数形式。根据欧拉公式有

$$e^{\pm jn\omega_0 t} = \cos n\omega_0 t \pm j\sin n\omega_0 t$$

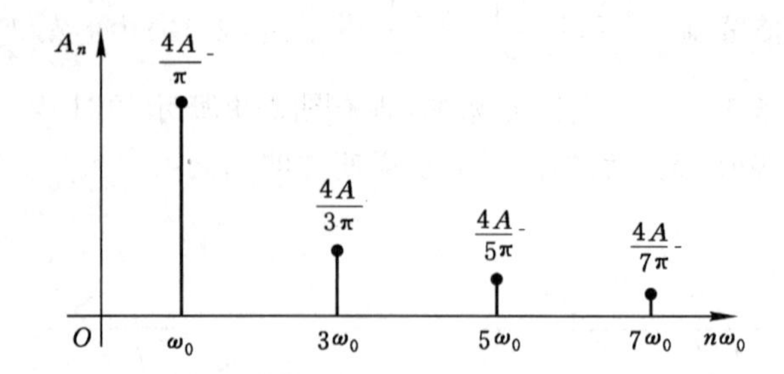

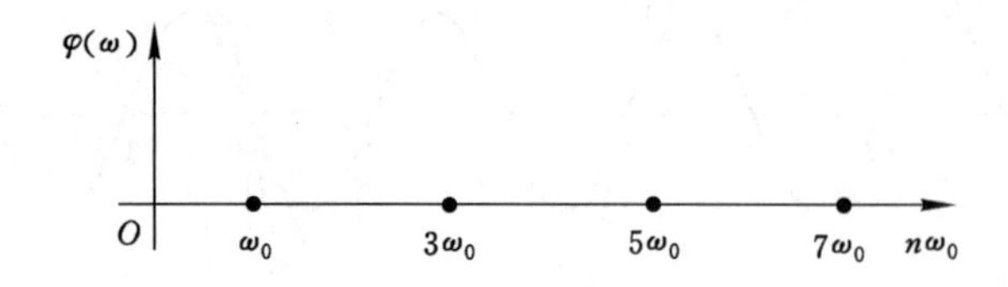

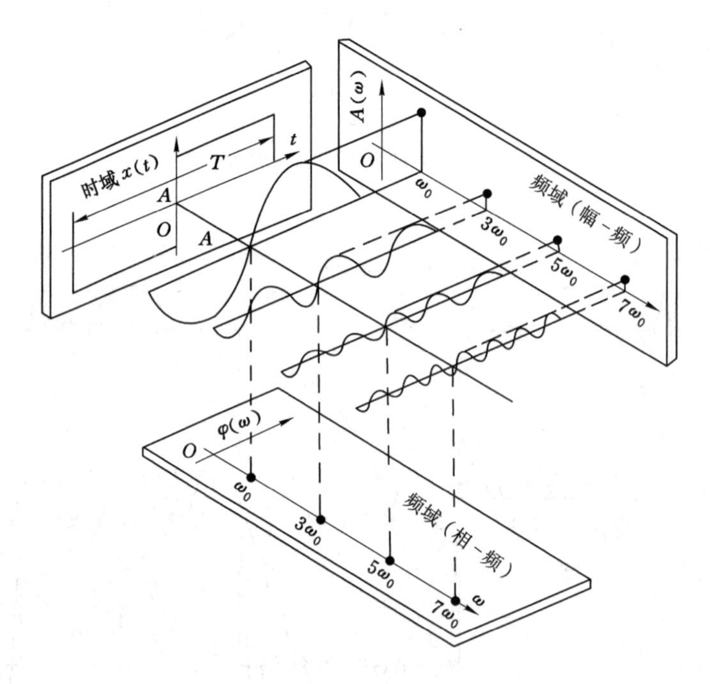

图 2-10　周期方波信号的时域、频域表示

$$\cos n\omega_0 t = \frac{1}{2}(\mathrm{e}^{\mathrm{j}n\omega_0 t} + \mathrm{e}^{-\mathrm{j}n\omega_0 t})$$

$$\sin n\omega_0 t = \mathrm{j}\,\frac{1}{2}(\mathrm{e}^{-\mathrm{j}n\omega_0 t} - \mathrm{e}^{\mathrm{j}n\omega_0 t}) = \frac{1}{2\mathrm{j}}(\mathrm{e}^{\mathrm{j}n\omega_0 t} - \mathrm{e}^{-\mathrm{j}n\omega_0 t})$$

式中，$\mathrm{j}^2 = -1$。

将式(2-8)写成

$$x(t) = \frac{a_0}{2} + \sum_{n=1}^{\infty}\left[\frac{1}{2}(a_n + \mathrm{j}b_n)\mathrm{e}^{-\mathrm{j}n\omega_0 t} + \frac{1}{2}(a_n - \mathrm{j}b_n)\mathrm{e}^{\mathrm{j}n\omega_0 t}\right] \tag{2-11}$$

令 $c_0=\frac{a_0}{2}, c_n=\frac{1}{2}(a_n-\mathrm{j}b_n), c_{-n}=\frac{1}{2}(a_n+\mathrm{j}b_n)$，有

$$\begin{aligned} x(t) &= c_0+\sum_{n=1}^{\infty}(c_{-n}\mathrm{e}^{-\mathrm{j}n\omega_0 t}+c_n\mathrm{e}^{\mathrm{j}n\omega_0 t}) \\ &= \sum_{n=0}c_n\mathrm{e}^{\mathrm{j}n\omega_0 t}+\sum_{n=1}^{\infty}c_n\mathrm{e}^{\mathrm{j}n\omega_0 t}+\sum_{n=1}^{\infty}c_{-n}\mathrm{e}^{-\mathrm{j}n\omega_0 t} \\ &= \sum c_n\mathrm{e}^{\mathrm{j}n\omega_0 t} \quad (n=0,\pm1,\pm2,\cdots) \end{aligned}$$

式中　$c_n=\frac{1}{T_0}\int_{-\frac{T}{2}}^{\frac{T}{2}}x(t)\mathrm{e}^{-\mathrm{j}n\omega_0 t}\mathrm{d}t \ (n=0,\pm1,\pm2,\cdots)$。

一般情况下 c_n 是复数，可以写成

$$c_n=\mathrm{Re}\ c_n+\mathrm{jIm}\ c_n=|c_n|\mathrm{e}^{\mathrm{j}\varphi_n} \tag{2-12}$$

式中，$\mathrm{Re}\ c_n$，$\mathrm{Im}\ c_n$ 分别称为实频谱、虚频谱；$|c_n|$、φ_n 分别称为幅频谱、相频谱。两种形式的关系为

$$|c_n|=\sqrt{(\mathrm{Re}\ c_n)^2+(\mathrm{Im}\ c_n)^2} \tag{2-13}$$

$$\varphi_n=\arctan\frac{\mathrm{Im}\ c_n}{\mathrm{Re}\ c_n} \tag{2-14}$$

这就是傅里叶级数的复数形式。

把周期函数 $x(t)$ 展开为傅里叶级数的负指数函数形式后，可分别以 $|c_n|$-ω 和 $|\varphi_n|$-ω 作幅频谱图和相频谱图；也可以分别以 c_n 的实部或虚部与频率的关系作频谱图，并分别称为实频谱图和虚频谱图。

【例 2-2】 对例 2-1 的方波以复指数展开形式求其频谱，并作频谱图。

解　因为 $\mathrm{e}^{-\mathrm{j}n2\pi}=1, \mathrm{e}^{-\mathrm{j}n\pi}=(-1)^n, T\omega_0=2\pi$，所以

$$c_n=\begin{cases} -\mathrm{j}\dfrac{2A}{n\pi} & n=\pm1,\pm3,\pm5,\cdots \\ 0 & n=0,\pm2,\pm4,\pm6,\cdots \end{cases}$$

$$x(t)=-\mathrm{j}\frac{2A}{\pi}\sum_{n=-\infty}^{\infty}\frac{1}{n}\mathrm{e}^{\mathrm{j}n\omega_0 t} \quad n=\pm1,\pm3,\pm5,\cdots$$

幅频谱

$$|c_n|=\begin{cases} \left|\dfrac{2A}{n\pi}\right| & n=\pm1,\pm3,\pm5,\cdots \\ 0 & n=0,\pm2,\pm4,\pm6,\cdots \end{cases}$$

相频谱

$$\varphi_n=\arctan\frac{-\dfrac{2A}{\pi n}}{0}=\begin{cases} -\dfrac{\pi}{2} & n>0 \\ \dfrac{\pi}{2} & n<0 \end{cases}$$

实、虚频谱为

$$\begin{cases} \mathrm{Re}\ c_n=0 \\ \mathrm{Im}\ c_n=-\dfrac{2A}{n\pi} \end{cases}$$

其实频谱、虚频谱和幅频谱、相频谱如图 2-11 所示。

比较图 2-7 与图 2-11 可知，图 2-7 中每一条谱线代表一个分量的幅度，而图 2-11 中的

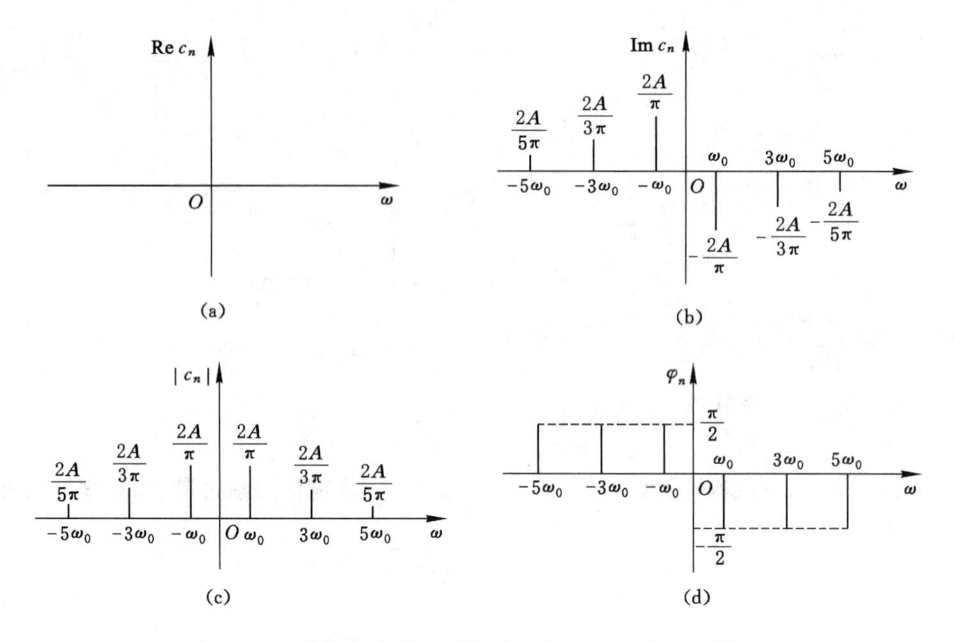

图 2-11　周期方波的实频谱、虚频谱和幅频谱、相频谱

每一个分量的幅度一分为二,在正、负频率相对应的位置上各占一半,只有把正、负频率上相对应的两条谱线矢量相加,才能得到一个分量的幅度。需要说明的是,负频率项的出现完全是数学计算的结果,并没有任何物理意义。

针对不同相关的方波信号,由图 2-12 所示可知,虽然两信号的初始相位不同,但其幅频谱图是一样的。

由欧拉公式有

$$\cos \omega t=\frac{1}{2}(\mathrm{e}^{-\mathrm{j}\omega t}+\mathrm{e}^{-\mathrm{j}\omega t}),\quad \sin \omega t=\frac{1}{2}(\mathrm{e}^{-\mathrm{j}\omega t}-\mathrm{e}^{\mathrm{j}\omega t})$$

对余弦函数有

$$c_{-1}=\frac{1}{2},\quad c_1=\frac{1}{2}$$

对正弦函数有

$$c_{-1}=\mathrm{j}\,\frac{1}{2},\quad c_1=-\mathrm{j}\,\frac{1}{2}$$

故余弦函数只有实频图谱,与纵轴偶对称;正弦函数只有虚频图谱,与纵轴奇对称。图 2-13 所示为这两个函数的频谱图。

比较傅里叶级数的两种展开形式可知,复数函数形式的频谱为双边谱(ω 从 $-\infty \rightarrow +\infty$),三角函数形式的频谱为单边谱($\omega$ 从 $0 \rightarrow +\infty$);两种频谱各谐波幅值在量值上有确定关系,即 $|c_0|=a_0$,$|c_n|=\frac{1}{2}\sqrt{a_n^2+b_n^2}=\frac{1}{2}A_n$。

一般周期函数按傅里叶级数的复指数函数形式展开后,其实频谱总是偶对称的,其虚频谱总是奇对称的。

由上述分析可知,周期信号频谱具有以下特点:

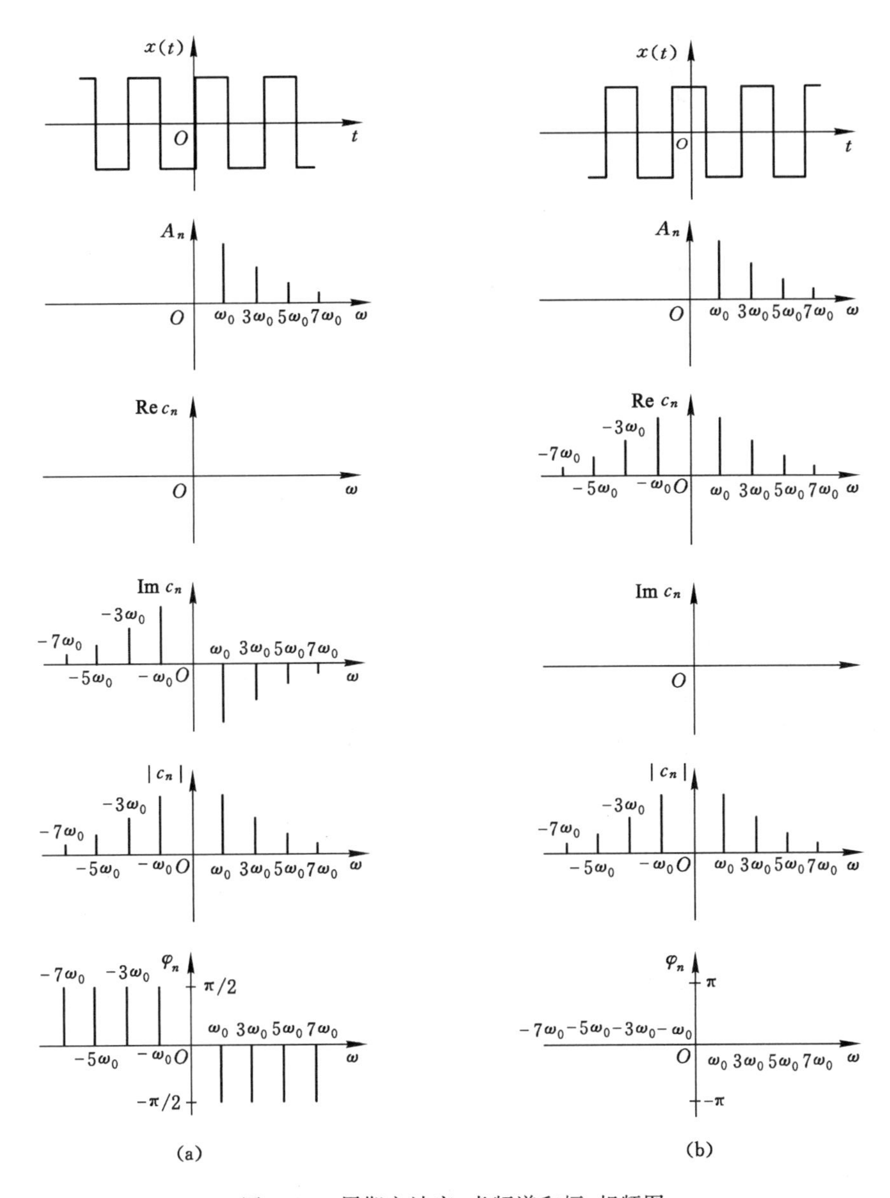

图 2-12　周期方波实、虚频谱和幅、相频图

(1) 离散性。周期信号的频谱由离散的谱线组成，每条谱线表示一个正弦分量。

(2) 谐波性。每条谱线只出现在基波频率的整数倍频率上。基波频率(简称基频)是诸分量频率的公约数。

(3) 收敛性。各频率分量的谱线高度与对应谐波的幅值成正比。常见周期信号幅值总的趋势是随谐波次数的增加而减小。因此在实际测试中，往往忽略次数过高的谐波分量。

2.2.2　周期信号的强度表述

周期信号的强度以峰值、绝对均值、有效值和平均功率来表述，如图 2-14 所示。

峰值 x_p 是信号可能出现的最大瞬时值，即

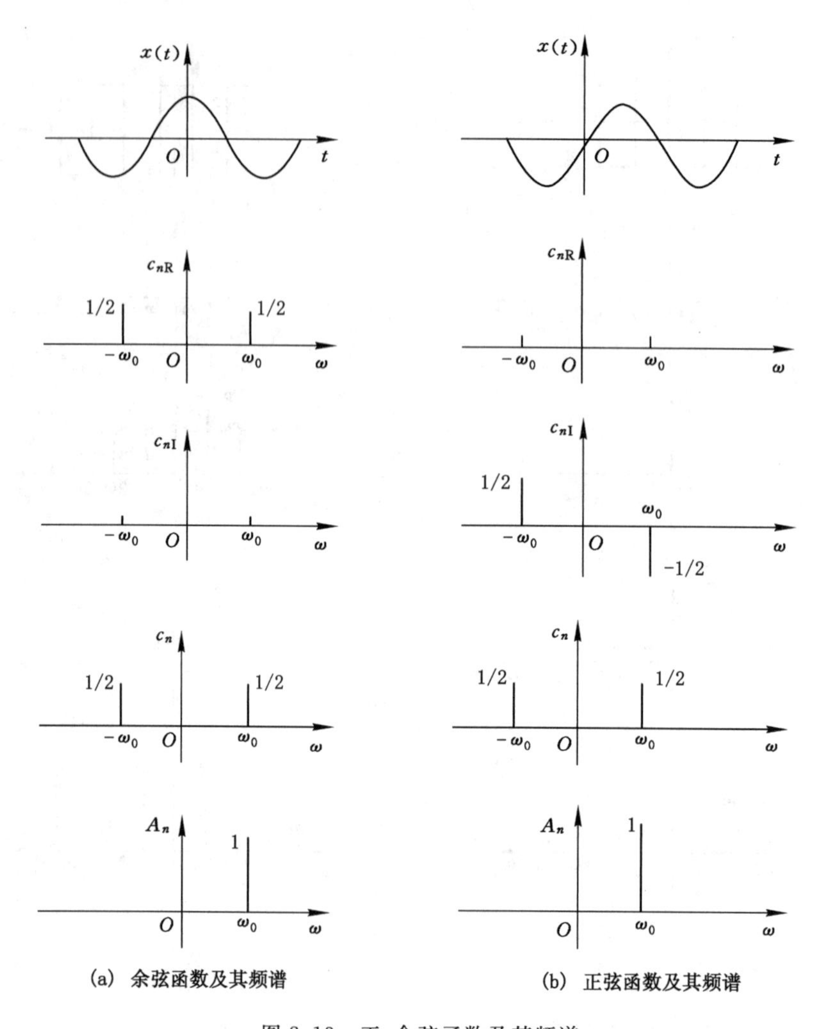

图 2-13 正、余弦函数及其频谱

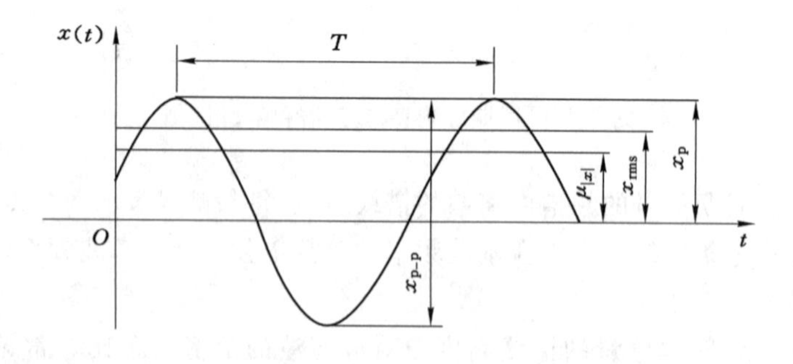

图 2-14 周期信号的强度表示

$$x_p = |x(t)|_{max} \tag{2-15}$$

峰-峰值 x_{p-p} 是在一个周期中最大瞬时值与最小瞬时值之差。

对信号的峰值和峰-峰值应有足够的估计，以便确定测试系统的动态范围。一般希望信号的峰-峰值在测试系统的线性区域内，使所观测（记录）到的信号正比于被测量的变化状态。如果进入非线性区城，则信号将发生畸变，结果不但不能正比于被测信号的幅值，而且会增生大量谐波。

周期信号的均值 μ_x 是指周期信号在一个周期内对时间的平均值 $E[x(t)]$，它表示信号幅值变化的中心趋势，也称为固定分量或直流分量，即不随时间变化的分量，即

$$\mu_x = \bar{x} = E[x(t)] = \lim_{T \to \infty} \frac{1}{T} \int_0^T x(t) \mathrm{d}t \tag{2-16}$$

它是信号的常值分量。

周期信号全波整流后的均值就是信号的绝对均值 $\mu_{|x|}$，即

$$\mu_{|x|} = \frac{1}{T} \int_0^T |x(t)| \mathrm{d}t \tag{2-17}$$

有效值是信号的均方根值 x_{rms}，即

$$x_{\mathrm{rms}} = \sqrt{\frac{1}{T} \int_0^T x^2(t) \mathrm{d}t} \tag{2-18}$$

有效值的平方就是信号的平均功率 P_{av}，即

$$P_{\mathrm{av}} = \frac{1}{T} \int_0^T x^2(t) \mathrm{d}t \tag{2-19}$$

它反映信号功率的大小。

信号的峰值、绝对均值和有效值可用三值电压表来测量，也可用普通的电工仪表来测量。峰值可根据波形折算或用能记忆瞬峰示值的仪表测量，也可以用示波器来测量。均值可用直流电压表测量。因为信号是周期交变的，如果交流频率较高，交流成分只使表针微小晃动，不影响均值读数。当频率低时，表针将产生晃动，影响读数。这时可用一个电容器与电压表并接，将交流分量旁路，但应注意这个电容器对被测电路的影响。

值得指出的是，虽然一般的交流电压表均按有效值标示刻度，但其输出量（例如指针的偏转角）并不一定和信号的有效值呈比例关系，而是随着电压表检波电路的不同，其输出量可能与信号的有效值呈比例，也可能与信号的峰值或绝对均值呈比例关系。不同检波电路的电压表上的有效值刻度，都是依照单一简谐信号来标示的。这就保证了用各种电压表在测量单一简谐信号时都能正确测得信号的有效值，获得一致的读数。然而，标示过程实际上相当于把检波电路输出和简谐信号有效值的关系“固化”在电压表中，而这种关系不适用于非单一简谐信号，因为随着波形的不同，各类检波电路输出和信号有效值的关系已经改变了，从而造成电压表在测量复杂信号有效值时存在系统误差。这时应根据检波电路和波形来修正有效值读数。

2.3　非周期信号

2.3.1　非周期信号的特征

凡能用明确的数学表达式表示，但不具备周期性的信号，称为非周期信号。它包括准周期信号和一般非周期信号。

从信号合成角度看，两个或多个谐波信号叠加，若每个信号的频率比为有理数，则叠加

后的信号具有公共周期，是周期信号；若每个信号的频率比是无理数，则信号叠加后就是准周期信号。如 $x(t)=\sin\omega_0 t+2\sin\sqrt{3}\omega_0 t$，其频率比为 $1/\sqrt{3}$，合成后没有频率公约数，没有公共周期，但其频谱仍具有离散性，所以称为准周期信号。在工程中，彼此独立的振源激励同一个被测对象时的振动响应，就是准周期信号。

一般非周期信号是指瞬变信号，其特点是信号随时间 t 增长而衰减。激振力消除后振动系统的有阻尼自由振动、热源清除后的温度变化、受拉钢丝绳断裂时应力的变化等，都是瞬变信号，如图 2-15 所示。

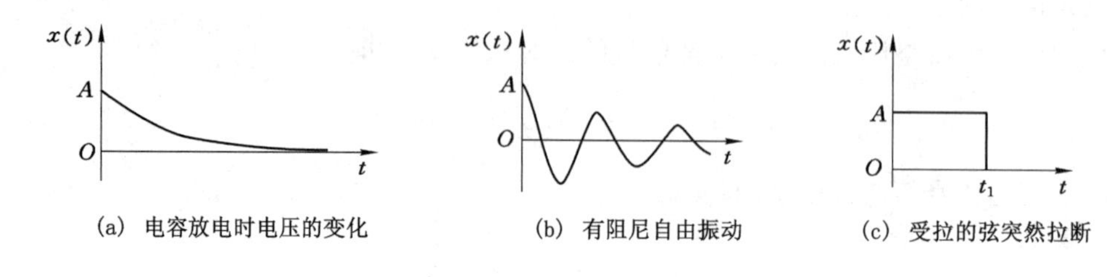

(a) 电容放电时电压的变化　(b) 有阻尼自由振动　(c) 受拉的弦突然拉断

图 2-15　瞬变信号

2.3.2　非周期信号的描述——傅里叶变换

傅里叶变换——设有一个周期 $x_T(t)$ 在区间 $\left[-\frac{T}{2},\frac{T}{2}\right]$ 上等于非周期信号 $x(t)$，区间外按周期延拓，当 $T\to\infty$ 时，此周期信号就成为非周期信号了，即

$$\lim_{T\to\infty}x_T(t)=x(t)$$

即非周期信号可以看成周期 T 趋于无穷大的周期信号。当 $T\to\infty$ 时，区间 $\left(-\frac{T}{2},\frac{T}{2}\right)$ 趋于 $(-\infty,+\infty)$，频谱的频率间隔 $\Delta\omega=\omega_0=\frac{2\pi}{T}\to \mathrm{d}\omega$，离散的 $n\omega_0$ 变为连续的 ω，如图 2-16 所示。

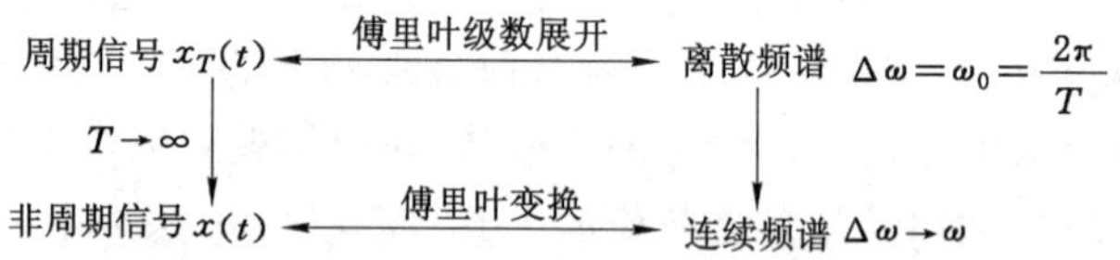

周期信号 $x_T(t)$ ←—傅里叶级数展开—→ 离散频谱 $\Delta\omega=\omega_0=\frac{2\pi}{T}$

↓ $T\to\infty$　　　　　　　　　　　↓

非周期信号 $x(t)$ ←—傅里叶变换—→ 连续频谱 $\Delta\omega\to\omega$

图 2-16　从周期信号到非周期信号之间的演变

所以非周期信号的频谱是连续的。谐波分量仅存在于 $n\omega_0$（n 为整数）点，相邻谐波之间的频率间隔为 $\Delta\omega=\omega_0=\frac{2\pi}{T}$。当 $T\to\infty$ 时，则 $\omega_0=\Delta\omega\to 0$，相邻谐波分量无限接近，离散参数 $n\omega_0$ 可用连续变量 ω 来代替，离散频谱变成连续频谱，求和运算可用积分运算来代替。

根据周期信号的时域、频域变换原理，将复指数傅里叶级数的周期取无穷大，并求其极限，便可实现非周期信号的时域、频域变换——傅里叶积分变换。

$$\lim_{T\to\infty}x(t)=\lim_{T\to\infty}\sum_{n=-\infty}^{\infty}c_n\mathrm{e}^{\mathrm{j}n\omega_0 t}$$

$$=\lim_{T\to\infty}\frac{1}{T}\sum_{n=-\infty}^{\infty}\left[\int_{-T/2}^{T/2}x(t)\mathrm{e}^{-\mathrm{j}n\omega_0 t}\mathrm{d}t\right]c_n\mathrm{e}^{\mathrm{j}n\omega_0 t}$$

$$=\frac{1}{2\pi}\int_{-\infty}^{\infty}\left[\int_{-\infty}^{\infty}x(t)\mathrm{e}^{-\mathrm{j}\omega t}\mathrm{d}t\right]\mathrm{e}^{\mathrm{j}\omega t}\mathrm{d}\omega \tag{2-20}$$

式中，c_n 为傅里叶级数的系数。

数学上，式(2-20)称为傅里叶积分。在式(2-20)中，方括号内部分仅是 ω 的函数，记作 $X(\omega)$，即

$$X(\omega)=\int_{-\infty}^{\infty}x(t)\mathrm{e}^{-\mathrm{j}\omega t}\mathrm{d}t \tag{2-21}$$

$$x(t)=\frac{1}{2\pi}\int_{-\infty}^{\infty}X(\omega)\mathrm{e}^{\mathrm{j}\omega t}\mathrm{d}\omega \tag{2-22}$$

在数学上，称 $X(\omega)$ 为 $x(t)$ 的傅里叶变换(FT)，$x(t)$ 为 $X(\omega)$ 的傅里叶逆变换(IFT)，两者互称为傅里叶变换对，记为

$$x(t)\underset{\text{IFT}}{\overset{\text{FT}}{\longleftrightarrow}}X(\omega)$$

将 $\omega=2\pi f$ 代入式(2-21)、式(2-22)，可得

$$X(f)=\int_{-\infty}^{\infty}x(t)\mathrm{e}^{-\mathrm{j}2\pi ft}\mathrm{d}t \tag{2-23}$$

$$x(t)=\int_{-\infty}^{\infty}X(f)\mathrm{e}^{\mathrm{j}2\pi ft}\mathrm{d}t \tag{2-24}$$

这样就避免了在傅里叶变换中出现 $1/(2\pi)$ 的常数因子，使公式简化。其关系式为

$$X(f)=2\pi X(\omega) \tag{2-25}$$

综上所述，非周期信号和周期信号虽然都可用无限个正弦信号之和来表示，但是，周期信号用傅里叶级数来描述，各频率分量的频率取离散值，相邻分量的频率相差一个或几个基频数；非周期信号用傅里叶积分来描述，其频率分量的频率取连续值，非周期信号包含一切频率。

一般 $X(f)$是实变量 f 的复函数，可以写成

$$X(f)=|X(f)|\mathrm{e}^{\mathrm{j}\varphi(f)}=\mathrm{Re}f+\mathrm{jIm}f \tag{2-26}$$

式中　$|X(f)|$——信号的连续幅值谱；

$\varphi(f)$——信号的连续相位谱；

$X(f)$的模$|X(f)|=\sqrt{(\mathrm{Re}\ f)^2+(\mathrm{Im}\ f)^2}$；

$X(f)$的相角 $\varphi(f)=\arctan\dfrac{\mathrm{Im}f}{\mathrm{Re}f}$。

我们称$|X(f)|$为 $x(t)$的幅值谱密度函数，其图形称为 $x(t)$的幅值频谱图；$\varphi(f)$为 $x(t)$的相位谱密度函数，其图形称为 $x(t)$的相位频谱图。

非周期信号的频谱有以下特征：

(1) 在式(2-24)中，$\mathrm{e}^{\mathrm{j}2\pi ft}=\cos 2\pi ft+\mathrm{j}\sin 2\pi ft$，这就表明非周期信号也可视为无数个正弦信号之和，但这些正弦信号的频率是分布在无穷区间上的(因 f 是连续变量)，这些正弦信号的幅值就是式(2-24)中的 $X(f)\mathrm{d}t$，因此非周期信号的频谱是连续的。

(2) 非周期信号幅值频谱的量纲是单位频率宽度上的幅值。在周期信号傅里叶级数展

开式中,函数 $e^{j2\pi f_0 t}$ 的系数(即幅值)是 $|c_n|$,它具有与原信号幅值相同的量纲。而由于 $X(f)=\lim\limits_{x\to\infty} c_n T=\lim\limits_{f\to\infty}\frac{c_n}{f}$,所以 $|X(f)|$ 的量纲与信号幅值的量纲不一样,它是单位频宽上的幅值,因而称 $X(f)$ 为原信号 $x(t)$ 的频谱密度函数,它的量纲就是信号的幅值与频率之比。

【例 2-3】 求矩形窗函数(图 2-17)的频谱,并作频谱图。

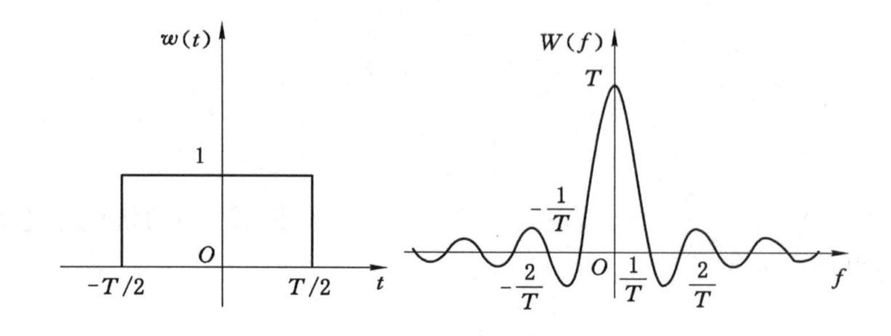

图 2-17　矩形窗函数及其频谱

解　矩形窗函数 $w(t)$ 的定义为

$$w(t)=\begin{cases}1 & |t|\leqslant \dfrac{T}{2}\\[2mm] 0 & |t|>\dfrac{T}{2}\end{cases}$$

其频谱为

$$\begin{aligned}W(f)&=\int_{-\infty}^{\infty} w(t)e^{-j2\pi ft}dt\\&=\int_{-\infty}^{\infty} e^{-j2\pi ft}dt\\&=\frac{-1}{j2\pi f}(e^{-j\pi fT}-e^{j\pi fT})\end{aligned}$$

利用欧拉公式,代入上式得频谱函数的实部

$$W_R(f)=T\cdot\frac{\sin \pi fT}{\pi fT}=T\cdot\sin c(\pi fT)$$

定义:$\sin c(\pi fT)=\dfrac{\sin \pi fT}{\pi fT}$。

$W_R(f)$ 函数只有实部,没有虚部。其幅值频谱[图 2-17(b)]为

$$|W_R(f)|=T|\sin c(\pi fT)|$$

其相位频谱视 $\sin c(\pi fT)$ 的符号而定,当 $\sin c(\pi fT)$ 为正值时相角为零,当 $\sin c(\pi fT)$ 为负值时相角为 π。

这里定义森克函数

$$\sin c(x)=\frac{\sin x}{x} \tag{2-27}$$

森克函数在信号分析中非常有用。$\sin c(x)$ 的函数值可从专门的数学表中查得,它以 π

为周期，并随 x 的增加而做衰减振荡。$\sin c(x)$是偶函数，在 $n=\pm1,\pm2,\cdots$处其值为零，如图 2-18 所示。

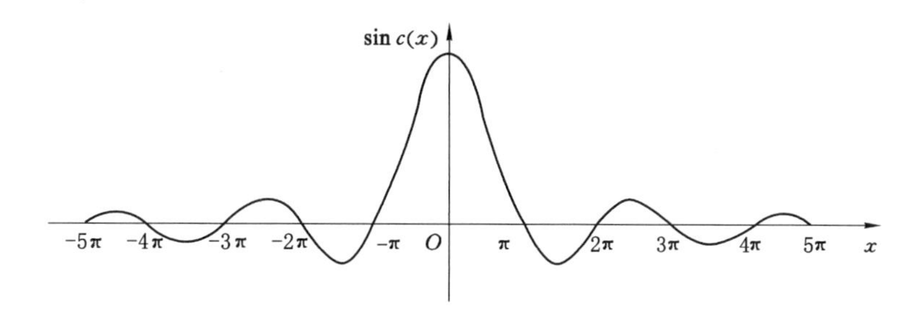

图 2-18　森克函数的图形

$$
\begin{aligned}
X(f) &= \int_{-\infty}^{\infty} x(t)\mathrm{e}^{-\mathrm{j}2\pi ft}\,\mathrm{d}t \\
&= \int_{-\infty}^{\infty} x(t)\cos 2\pi ft\,\mathrm{d}t - \mathrm{j}\int_{-\infty}^{\infty} x(t)\sin 2\pi ft\,\mathrm{d}t \\
&= \mathrm{Re}X(f) + \mathrm{j}\mathrm{Im}X(f)
\end{aligned} \tag{2-28}
$$

由于其实部为变量 f 的偶函数，虚部为变量 f 的奇函数。因此，若 $x(t)$为实偶函数，则 $\mathrm{Im}\,X(f)=0$，$X(f)=\mathrm{Re}\,X(f)$为实偶函数；若 $x(t)$为实奇函数，则 $\mathrm{Re}\,X(f)=0$，$X(f)=\mathrm{Im}\,X(f)$为虚奇函数。了解了这一性质，可以直接判断变换对相应图形的特征。

熟知傅里叶变换的一些基本性质，对今后分析信号和测量装置特性都很有好处，在此简单介绍一些基本性质。

1. 线性叠加性质

若 a、b 为常数，$x_1(t)\leftrightarrow X_1(f)$，$x_2(t)\leftrightarrow X_2(f)$，且 $x(t)=ax_1(t)+bx_2(t)$，则有

$$
X(f)=aX_1(f)+bX_2(f) \tag{2-29}
$$

这一性质表明，对复杂信号的频谱分析处理，可以分解为对一系列简单信号的频谱分析处理。

2. 尺度改变特性

若 $x(t)\leftrightarrow X(f)$，则

$$
x(kt)\leftrightarrow \frac{1}{k}X\left(\frac{f}{k}\right)\quad (k>0) \tag{2-30}
$$

式(2-30)表达了信号的时间函数与频谱函数之间的尺度在展缩方面的内在关系。即时域波形的压缩将对应着频谱图形的扩展，且信号的持续时间与其占有的频带呈反比关系。信号持续时间压缩为原来的$\frac{1}{k}(k>1)$，则其频宽扩展 k 倍，幅值为原来的 $1/k$，反之亦然，如图 2-19 所示。

3. 时移和频移性质

若 $x(t)\leftrightarrow X(f)$，则在时域中信号沿时间轴平移一常值 t_0，有

$$
x(t\pm t_0)\leftrightarrow X(f)\mathrm{e}^{\pm\mathrm{j}2\pi ft_0}
$$

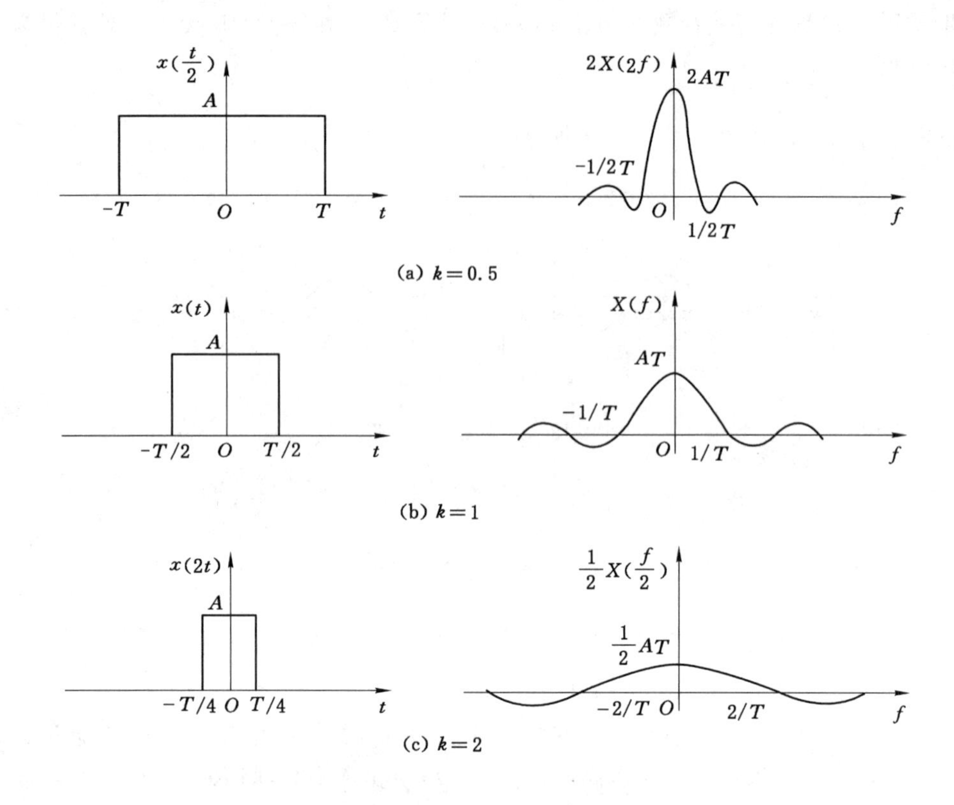

图 2-19　时间尺度改变特性举例

在频域中信号沿频率轴平移一常值 f_0，则

$$x(t)e^{\pm j2\pi f_0 t} \leftrightarrow X(f \mp f_0)$$

时移性表明，在时域中信号沿时间轴平移一个常数 t_0 时，频谱函数将乘以因子 $e^{\pm j2\pi f t_0}$，即频域中将会产生相移，而幅频谱不变；频移性表明，若频谱平移一个常数 f_0，对应的时域函数将乘以因子 $e^{\mp j2\pi f_0 t}$。

4. 微分性质和积分性质

$x(t) \leftrightarrow X(f)$，则

$$\frac{dx(t)}{dt} \leftrightarrow (j2\pi f)X(f)$$

$$\frac{d^n x(t)}{dt^n} \Leftrightarrow (j2\pi f)^n X(f)$$

和

$$\int_{-\infty}^{\infty} x(t)dt \leftrightarrow \frac{1}{j2\pi f}X(f)$$

以上两个性质表明，在振动测试中，如果测得同一对象的位移、速度、加速度中的任意一个参数的频谱，便可获得其余两参数的频谱。

5. 卷积性质

函数 $x(t)$ 与 $y(t)$ 的卷积记作 $x(t) * y(t)$，定义为

$$x(t) * y(t) \cong \int_{-\infty}^{\infty} x(\tau) y(t-\tau) \mathrm{d}\tau \tag{2-31}$$

这样，若 $x_1(t) \leftrightarrow X_1(f)$，$x_2(t) \leftrightarrow X_2(f)$，则有

$$x_1(t) * x_2(t) \Leftrightarrow X_1(f) X_2(f)$$

$$x_1(t) x_2(t) \Leftrightarrow X_1(f) * X_2(f)$$

即时域的卷积对应频域的乘积，时域的乘积对应频域的卷积。

通常卷积的积分计算比较困难，但是利用卷积性质可以使信号分析大为简化，因此卷积性质在信号分析中具有十分重要的意义。

2.4　常用典型信号的频谱

2.4.1　矩形窗函数的频谱

在例 2-3 中已经求出了矩形窗函数的频谱，并用其说明傅里叶变换的主要性质。需要强调的是，矩形窗函数在时域中有限区间取值，但频域中频谱在频率轴上连续且无限延伸。由于实际工程测试总是在时域中截取有限长度（窗宽范围）的信号，其本质是被测信号与矩形窗函数在时域中相乘，因而所得到的频谱必然是被测信号频谱与矩形窗函数频谱在频域中的卷积，所以实际工程测试得到的频谱也将在频率轴上连续且无限延伸。

2.4.2　单位脉冲函数（δ 函数）的频谱

1. δ 函数的定义

图 2-20 所示的矩形脉冲 $G(t)$，宽为 τ，高为 $1/\tau$，其面积为 1。保持脉冲面积不变，逐渐减小 τ，则脉冲幅度逐渐增大，当 $\tau \to 0$ 时，矩形脉冲的极限称为 δ 函数，记为 $\delta(t)$。δ 函数也称为单位脉冲函数。$\delta(t)$ 的特点如下。

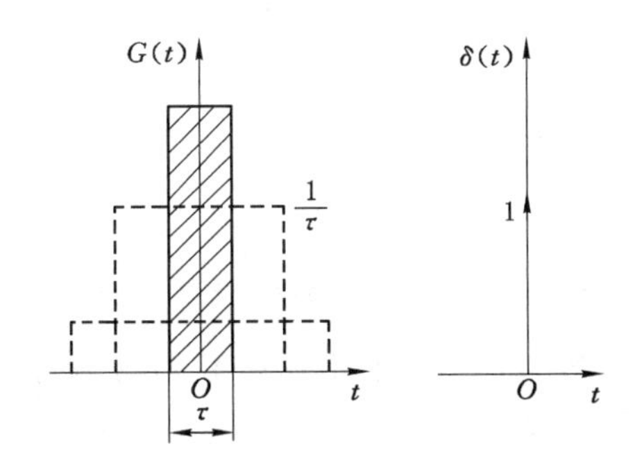

图 2-20　矩形脉冲与函数

从函数值极限的角度看，有

$$\delta(t) = \begin{cases} \infty & t = 0 \\ 0 & t \neq 0 \end{cases} \tag{2-32}$$

从面积（通常也称为 δ 函数的强度）的角度来看，有

$$\int_{-\infty}^{\infty} \delta(t) \mathrm{d}t = \lim_{\tau \to \infty} \int_{-\infty}^{\infty} G(t) \mathrm{d}t \tag{2-33}$$

δ 函数可用于对某些出现过程极短而能量很大的具有冲击性的物理现象的抽象描述，

如电网线路中的短时冲击干扰、数字电路中的采样脉冲、力学的瞬间作用力、材料的突然断裂及撞击、爆炸等，这些现象在信号处理中都是通过函数描述的，只是函数面积（能量或强度）不一定为1，而是某一常数。引入了 δ 函数，运用广义函数理论，傅里叶变换就可以推广到并不满足绝对可积条件的功率有限信号范畴。

2. δ 函数的性质

（1）乘积（抽样）特性

若函数 $x(t)$ 在 $t=t_0$ 处连续，则有

$$x(t)\delta(t)=x(0)\delta(t) \tag{2-34}$$

$$x(t)\delta(t\pm t_0)=x(\mp t_0)\delta(t\pm t_0) \tag{2-35}$$

（2）筛选特性

当单位脉冲函数 $\delta(t)$ 与一个在 $t=0$ 处连续且有界的信号 $x(t)$ 相乘时，其积的积分只有在 $t=0$ 处为 $x(0)$，其余各点之乘积及积分均为零，从而有

$$\int_{-\infty}^{\infty}x(t)\delta(t)\mathrm{d}t=\int_{-\infty}^{\infty}x(0)\delta(t)\mathrm{d}t=x(0)\int_{-\infty}^{\infty}\delta(t)\mathrm{d}t=x(0) \tag{2-36}$$

类似地有

$$\int_{-\infty}^{\infty}\delta(t-t_0)x(t)\mathrm{d}t=\int_{-\infty}^{\infty}x(t_0)\delta(t-t_0)\mathrm{d}t=x(t_0)\int_{-\infty}^{\infty}\delta(t-t_0)\mathrm{d}t=x(t_0) \tag{2-37}$$

式(2-36)、式(2-37)表明，连续时间函数 $x(t)$ 与单位脉冲信号 $\delta(t)$ 或 $\delta(t-t_0)$ 相乘，并在 $(-\infty,+\infty)$ 区间内积分，可得到 $x(t)$ 在 $t=0$ 点的函数值 $x(t)$ 或 $t-t_0$ 点的函数值 $x(t_0)$，即筛选出 $x(0)$ 或 $x(t_0)$。

（3）卷积特性

任何连续信号 $x(t)$ 和 $\delta(t)$ 的卷积是一种最简单的卷积积分，结果就是该连续信号 $x(t)$，即

$$x(t)*\delta(t)=\int_{-\infty}^{\infty}x(\tau)\delta(t-\tau)\mathrm{d}\tau=x(t) \tag{2-38}$$

同理，对于时延单位脉冲 $\delta(t\pm t_0)$，有

$$x(t)*\delta(t\pm t_0)=\int_{-\infty}^{\infty}x(\tau)\delta(t\pm t_0-\tau)\mathrm{d}\tau=x(t\pm t_0) \tag{2-39}$$

连续信号与 $\delta(t\pm t_0)$ 函数卷积结果的图形如图 2-21 所示。由图可见，信号 $x(t)$ 和 $\delta(t\pm t_0)$ 函数卷积的几何意义，就是使信号 $x(t)$ 延迟 $\pm t_0$ 的脉冲时间。

3. δ 函数的频谱

对 δ 函数进行傅里叶变换，有

$$\delta(f)=\int_{-\infty}^{\infty}\delta(t)\mathrm{e}^{-\mathrm{j}2\pi ft}\mathrm{d}t=\mathrm{e}^{-\mathrm{j}2\pi f\times 0}=1 \tag{2-40}$$

上述结果表明，时域内一个作用时间极短、幅值为无穷大的脉冲信号，在频域中却包含了从0到 $+\infty$ 时的等强度频率成分。

其逆变换为

$$\delta(t)=\int_{-\infty}^{\infty}1\times\mathrm{e}^{\mathrm{j}2\pi ft} \tag{2-41}$$

由式(2-40)可知，δ 函数的频谱为常数，说明信号包含了 $(-\infty,+\infty)$ 所有频率成分，且

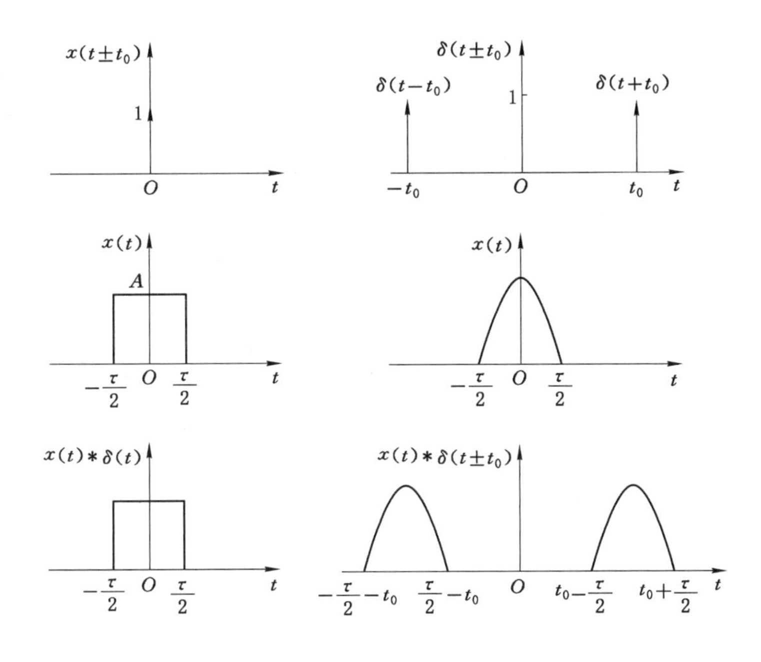

图 2-21　连续信号与函数的卷积

任一频率的频谱密度函数都相等。如图 2-22 所示，δ 函数具有无限宽广的频谱，而且在所有的频段上都是等强度的，这种频谱常称为均匀谱或白噪声。

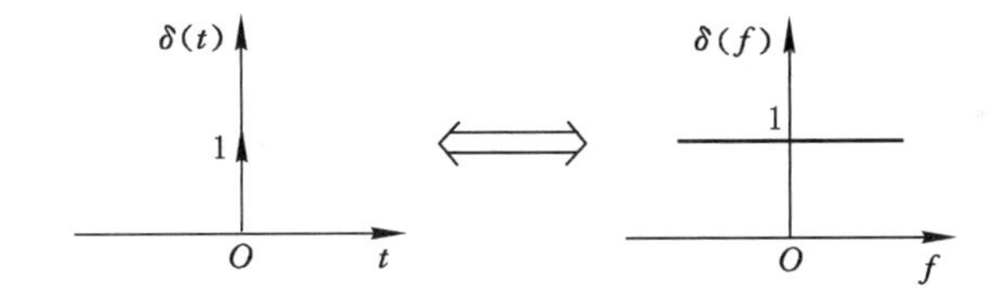

图 2-22　δ 函数及其频谱

δ 函数是偶函数，即 $\delta(t)=\delta(-t)$、$\delta(f)=\delta(-f)$，利用傅里叶变换的对称、时移、频移性质，可以得到如下常用的傅里叶变换对：

$$\delta(t\pm t_0)\Leftrightarrow e^{\pm j2\pi f t_0} \tag{2-42}$$

$$e^{\pm j2\pi f_0 t}\Leftrightarrow\delta(f\mp f_0) \tag{2-43}$$

2.4.3　正、余弦函数的频谱密度函数

由于正、余弦函数不满足绝对可积条件，因此不能直接进行傅里叶变换，正弦函数和余弦函数的频谱可用傅里叶级数描述。由欧拉公式，有

$$\sin 2\pi f_0 t=\frac{j}{2}(e^{-j2\pi f_0 t}-e^{j2\pi f_0 t})$$

$$\cos 2\pi f_0 t=\frac{1}{2}(e^{-j2\pi f_0 t}+e^{j2\pi f_0 t})$$

正、余弦函数是把频域中的两个函数向不同方向频移后之差或和的傅里叶逆变换，因而可求得正、余弦函数的傅里叶变换：

$$F[\sin 2\pi f_0 t]=\frac{\mathrm{j}}{2}[\delta(f+f_0)-\delta(f-f_0)]$$

$$F[\cos 2\pi f_0 t]=\frac{1}{2}[\delta(f+f_0)+\delta(f-f_0)]$$

根据傅里叶变换的奇偶、虚实性质，余弦函数在时域中为实偶函数，在频域中也为实偶函数；正弦函数在时域中为实奇函数，在频域中为虚奇函数，如图 2-23 所示。

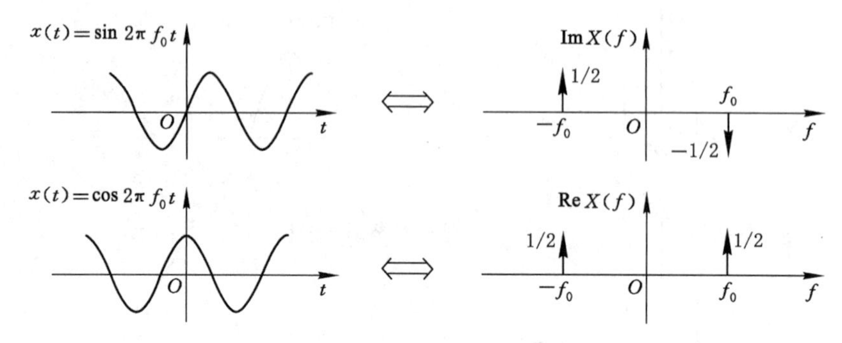

图 2-23　正、余弦函数及其频谱

2.5　随机信号

2.5.1　随机过程的一般关系

随机信号是工程中经常遇到的一种信号，其特点为：① 时间函数不能用精确的数学关系式来描述；② 不能预测它未来任何时刻的准确值；③ 对这种信号的每次观测结果都不同，但大量重复观测可以看到它具有统计规律，因而随机信号必须用概率统计方法来描述和研究。

在工程实际中，随机信号随处可见，如气温的变化、运输件的激振信号（车速、路面、驾驶条件影响）等。

产生随机信号的物理现象称为随机现象，对随机现象进行长时间的观测和记录，可以获得一个时间历程，称为样本函数 $x(t)$。在同样条件下，对该过程重复观测，可以得到互不相同的许多样本函数 $x_1(t), x_2(t), \cdots, x_i(t), \cdots$，如图 2-24 所示，即有式(2-44)。

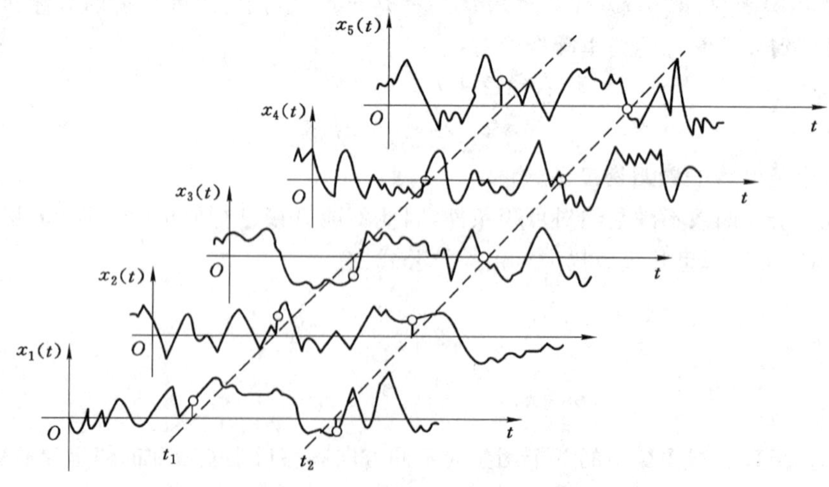

图 2-24　随机过程与样本函数

$$\{x(t)\}=\{x_1(t),x_2(t),\cdots,x_i(t),\cdots,x_N(t)\} \tag{2-44}$$

某随机现象可能产生的全部样本函数的集合(也称总体)称为随机过程。

2.5.2　随机信号的分类

随机过程可分为平稳过程和非平稳过程两类。平稳随机过程又分为各态历经过程(遍历性)和非各态历经过程两类,如图 2-25 所示。

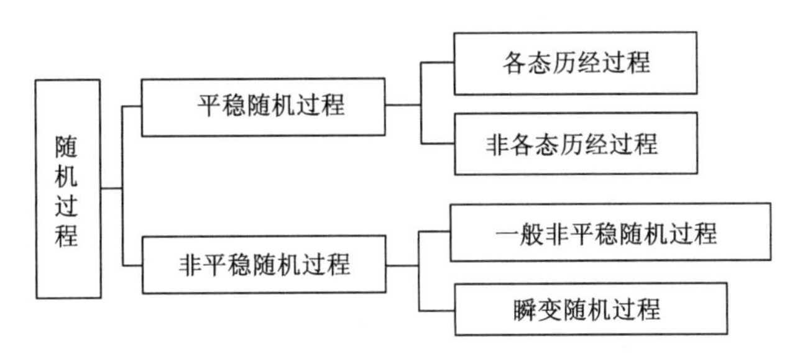

图 2-25　随机过程和分类

一般说来,任何一个样本函数都无法恰当地代表随机过程 $x_i(t)$。随机过程在任何时刻 t_k 的各统计特性采用总体平均方法来描述。所谓总体平均就是将全部样本函数在某时刻之值 $x_i(t)$相加后再除以样本函数的总数。例如随机过程在某一时刻 t_1 的平均值就是对所有样本函数的观测值取平均,即

$$\mu_x(t_1)=\lim_{N\to\infty}\frac{1}{N}\sum_{i=1}^{N}x_i(t) \tag{2-45}$$

随机过程在 t_1 和 $t_1+\tau$ 两个不同时刻之值的相关性,用两个瞬时值乘积的总体平均来计算,即自相关函数为

$$R_x(t_1,t_1+\tau)=\lim_{N\to\infty}\frac{1}{N}\sum_{i=1}^{N}x_i(t_1)x_i(t_1+\tau) \tag{2-46}$$

一般情况下,计算出来的 $\mu_x(t_1)$、$R_x(t_1,t_1+\tau)$将随着 t_1 的变化而变化,这样的随机过程称为非平稳随机过程。若 $\mu_x(t_1)$、$R_x(t_1,t_1+\tau)$不随 t_1 的变化而变化,这样的随机过程称为平稳随机过程。平稳随机过程的平均值是常数,自相关函数仅与时间 τ 有关,即

$$\mu_x(t_1)=\mu_x(t_2)=\mu_x(t_3)=\cdots=\mu_x \tag{2-47}$$

$$R_x(t_1,t_1+\tau)=R_x(t_2,t_2+\tau)=\cdots=R_x(\tau) \tag{2-48}$$

在平稳随机过程中,若任一单个样本函数的统计特征参数与该过程的集合统计特征参数是一致的,则这样的平稳随机过程称为各态历经(遍历性)过程,反之,为非各态历经过程。工程中大部分随机过程可近似地认为是具有遍历性的随机过程,以有限长度样本记录的观察分析来判断、分析整个随机过程。

2.5.3　随机过程的主要统计参数

用于描述各态历经随机信号的主要统计参数通常有均值、方差、均方值、均方根值、概率密度函数、相关函数、功率谱密度函数等。

1. 均值、均方值、均方根值和方差

各态历经随机信号 $x(t)$的平均值 μ_x 反映信号的静态分量,即常值分量,表示为

$$\mu_x=\lim_{T\to\infty}\frac{1}{T}\int_0^T x(t)\mathrm{d}t=E[x] \tag{2-49}$$

式中　T——样本的长度。

各态历经随机信号的均方值 Ψ_x^2 反映信号的能量或强度，表示为

$$\Psi_x^2 = \lim_{T\to\infty} \frac{1}{T}\int_0^T x(t)^2 \mathrm{d}t = E[x(t)^2] \tag{2-50}$$

均方根值 x_{rms} 为 Ψ_x^2 的算术平方根，即

$$x_{\mathrm{rms}} = \sqrt{\Psi_x^2} = \sqrt{\lim_{T\to\infty} \frac{1}{T}\int_0^T x(t)^2 \mathrm{d}t} \tag{2-51}$$

方差 σ_x^2 描述随机信号的动态分量，反映 $x(t)$ 偏离均值的波动情况，表示为

$$\sigma_x^2 = \lim_{T\to\infty} \frac{1}{T}\int_0^T (x(t)-\mu_x)^2 \mathrm{d}t = \Psi_x^2 - \mu_x^2 \tag{2-52}$$

标准差 σ_x 为方差的算术平方根，即

$$\sigma_x = \sqrt{\sigma_x^2} = \sqrt{\Psi_x^2 - \mu_x^2} \tag{2-53}$$

2. 概率密度函数

随机信号的概率密度函数表示的是信号幅值落在指定区间内的概率。它随所取范围的幅值而变化，因此是幅值的函数。设有某一各态历经信号的样本函数 $x(t)$（图 2-26），在观测时间 T 内，$x(t)$ 的值落在 $(x, x+\Delta x)$ 区间内的时间为

$$T_x = \Delta t_1 + \Delta t_2 + \cdots = \sum_{i=1}^{n} \Delta t_i$$

当样本函数的记录时间 $T\to\infty$ 时，比值 $\frac{T_x}{T}$ 就是幅值落在区间 $[x < x(t) \leqslant x+\Delta x]$ 的概率，记为

$$P_{\mathrm{r}}[x < x(t) \leqslant x+\Delta x] = \lim_{T\to\infty} \frac{T_x}{T}$$

其中，$T_x = \sum_{i=1}^{n} \Delta t_i$，为幅值落在 $(x, x+\Delta x)$ 区间的时间总和。

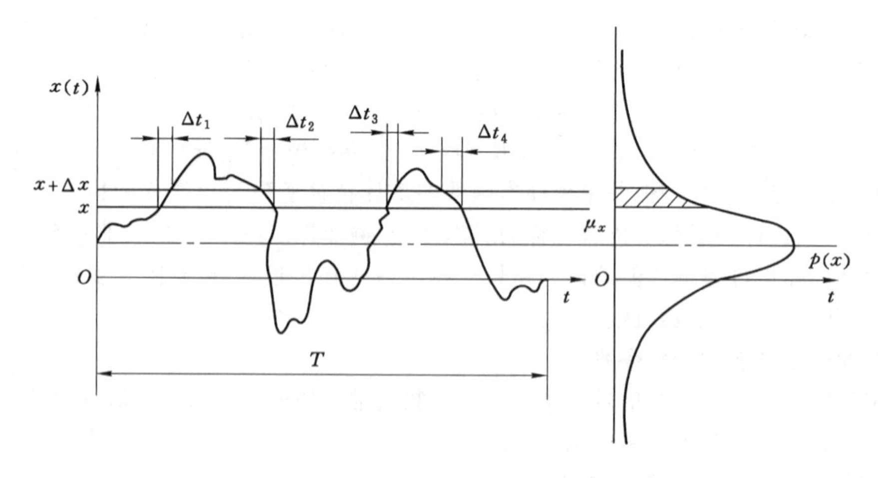

图 2-26　概率密度函数的计算

定义幅值概率密度函数 $p(x)$ 为

$$p(x)=\lim_{\Delta x\to 0}\frac{P_{\mathrm{r}}[x<x(t)\leqslant x+\Delta x]}{\Delta x}=\lim_{\Delta x\to 0}\frac{1}{\Delta x}\left[\lim_{T\to\infty}\frac{T_x}{T}\right] \tag{2-54}$$

概率密度函数提供了随机信号幅值分布的信息，是随机信号的主要特征参数之一。

在工程实际中，信号的概率密度分析主要应用于以下几个方面：

(1) 不同的随机信号有不同的概率密度函数图形，可以借此来识别信号的性质。图 2-27所示是常见的四种随机信号的概率密度函数图形。

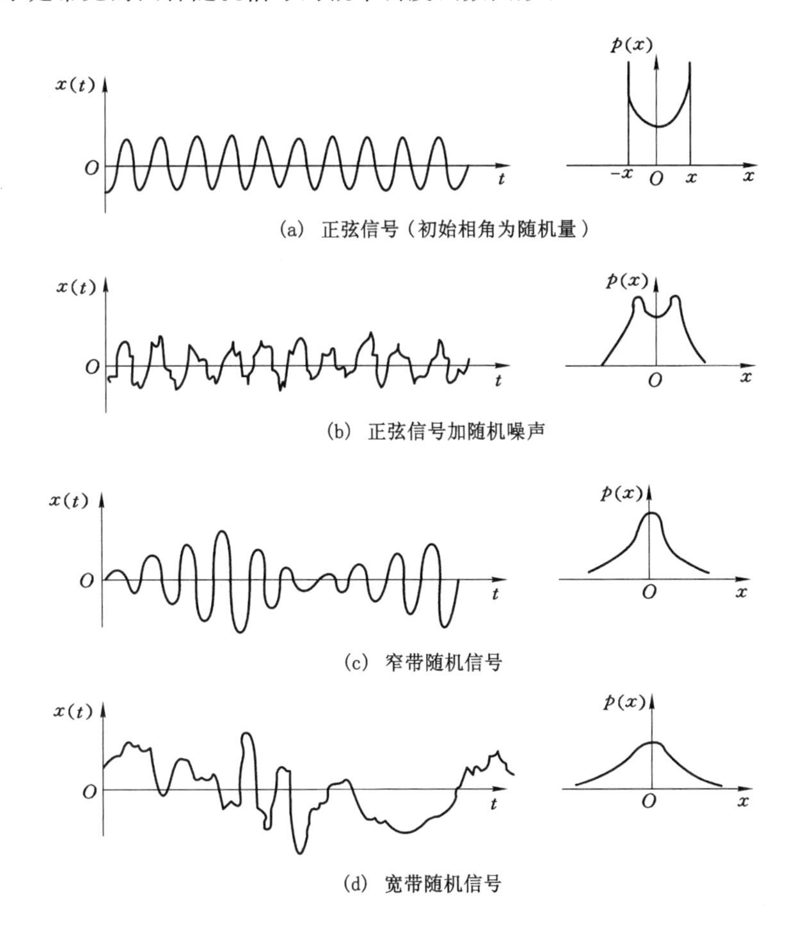

图 2-27　常见的四种随机信号的概率密度函数图形

如图 2-27 所示，若该信号是初相位随机变化的周期信号，其 $p(x)$-x 曲线如图 2-27(a)所示；若原信号中含有的周期成分越多，周期成分占的比重越大，则 $p(x)$-x 曲线的“马鞍形”现象就越明显[图 2-27(b)]；若原信号是一窄带随机信号，则 $p(x)$-x 曲线只分布在一个很小的范围内，且在此范围之外全为零[图 2-27(c)]；若原信号是一包含频率范围很宽的纯随机信号，则 $p(x)$-x 曲线是标准的正态分布曲线[图 2-27(d)]。

(2) 概率密度函数的计算与试验数据可作为产品设计的依据，也可以用于机械零部件疲劳寿命的估计和疲劳试验。

(3) 概率密度函数可用于机器的故障诊断。其基本做法是将机器正常与不正常两种状态的 $p(x)$-x 曲线进行比较，判断它的运行状态。图 2-28 所示为某车床主轴箱新、旧两种状态的噪声声压的概率密度函数。显然，该主轴箱在全新状态下运行正常，产生的噪声是由大量的、无规则的、量值较小的随机冲击所引起的，因而其声压幅值的概率密度分布比较集中[图 2-28(a)]，冲击能量的方差较小。当主轴箱使用较长时间而出现运转不正常时，在随机噪声中出现了有规律的、周期性的冲击，其量值也比随机冲击的大[图 2-28(b)]。

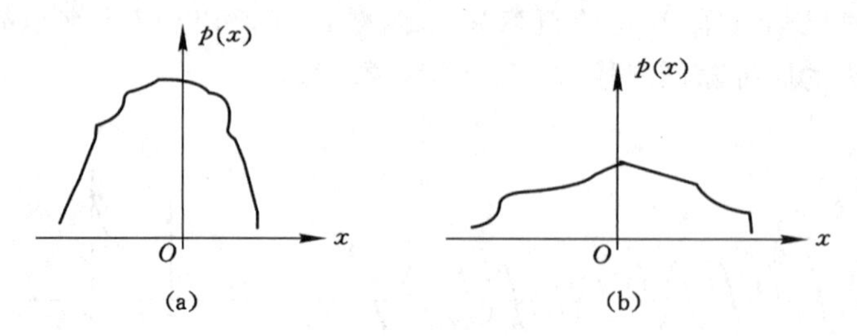

图 2-28　概率密度函数用于机器的故障诊断示意图

2.6　相关及其应用

在测试信号分析中，相关是一个非常重要的概念。所谓“相关”，是指变量之间的线性关系，对于确定性信号来说，两个变量之间可用函数关系来描述，两者一一对应并且为确定的数值。两个随机变量之间就不具有这样的关系，然而，若两个变量之间存在某种内在的物理联系，那么，通过大量统计就会发现二者之间存在某种虽不精确但具有能表征其特性的近似关系。图 2-29 表示两个随机变量 x 和 y 组成的数据点的分布情况。

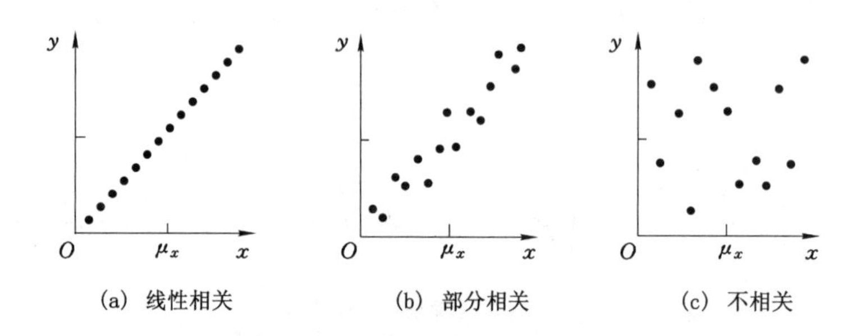

图 2-29　两个变量之间的关系

两个随机变量 x 和 y 之间的相关程度用相关系数 ρ_{xy} 表示。

$$\rho_{xy}=\frac{E[(x-\mu_x)(y-\mu_y)]}{\sqrt{E[(x-\mu_x)^2]E[(y-\mu_y)^2]}} \tag{2-55}$$

式中　μ_x,μ_y——随机变量 x、y 的均值；

σ_x,σ_y——随机变量 x、y 的标准差。

由柯西-施瓦茨不等式$\{E[(x-\mu_x)(y-\mu_y)]\}^2\leqslant E[(x-\mu_x)^2]E[(y-\mu_y)^2]$可知，相关系数 ρ_{xy} 在-1 和 1 之间，即$-1\leqslant\rho_{xy}\leqslant 1$。当 $\rho_{xy}=\pm 1$ 时，两个随机变量之间是理想的线性相关；$\rho_{xy}=0$ 时，表明两变量之间完全不相关。

2.6.1　自相关函数

随机信号的自相关函数 $R_x(\tau)$是信号 $x(t)$与其自身延时 τ 后的 $x(t+\tau)$的乘积的平均

值，各态历经随机过程的自相关函数定义为

$$R_x(\tau)=\lim_{x\to\infty}\frac{1}{T}x(t)x(t+\tau)\mathrm{d}t \tag{2-56}$$

$R_x(\tau)$总是实偶函数，在 $\tau=0$ 时取得最大值，并且有 $R_x(0)=\Psi_x^2$。

自相关函数从时域上给出了平稳随机过程的基本统计特性。

应当说明，信号的性质不同，自相关函数的表达式也不同。对于周期信号和非周期信号同样可以进行相关分析，其自相关函数的表达式分别为：

周期信号

$$R_x(\tau)=\frac{1}{T}\int_0^T x(t)x(t+\tau)\mathrm{d}t \tag{2-57}$$

非周期信号

$$R_x(\tau)=\int_{-\infty}^{\infty} x(t)x(t+\tau)\mathrm{d}t \tag{2-58}$$

其自相关系数为

$$\rho_x(\tau)=\frac{R_x(\tau)-\mu_x^2}{\sigma_x^2} \tag{2-59}$$

自相关函数的性质如下：

(1) 自相关函数是偶函数，即

$$R_x(\tau)=R_x(-\tau)$$

(2) 当 $\tau=0$ 时，自相关函数取得最大值，即

$$R_x(0)=R_x(\tau)_{\max}$$

自相关函数描述的是信号自身在一个时刻与另一个时刻取值之间的相似关系，显然当 $\tau=0$ 时，是信号在同一时刻自身的比较，其波形完全相同，当然取得最大值。

(3) 周期信号的自相关函数仍是同频的周期函数，但失去了相位信息。

由于周期信号 $x(t)$的波形呈周期性的变化，τ 平移了一个周期，其相似程度也以相同周期呈周期性的变化，所以周期信号的自相关函数仍是同频的周期函数。

【例 2-4】 求正弦函数的自相关函数。

解　由 $R_x(\tau)=\frac{1}{T}\int_0^T x(t)x(t+\tau)\mathrm{d}t$，得

$$\begin{aligned}R_x(\tau)&=\frac{1}{T}\int_0^T x(t)x(t+\tau)\mathrm{d}t\\&=\frac{1}{T}\int_0^T x_0^2\sin(\omega t+\varphi)\sin[\omega(t+\tau)+\varphi]\mathrm{d}t\end{aligned}$$

令 $\omega t+\varphi=\theta$，则有

$$\begin{aligned}R_x(\tau)&=\frac{x_0^2}{2\pi}\int_0^{2\pi}\frac{1}{2}[\cos\omega\tau-\cos(2\theta+\omega\tau)]\mathrm{d}\theta\\&=\frac{x_0^2}{2}\cos\omega\tau\end{aligned}$$

正弦函数的自相关函数是一个余弦函数，在 $\tau=0$ 时有最大值。它保留了幅值信息和频率信息，但丢失了原正弦函数中的初始相位信息。

若 $x(t)$是随机信号，当时移 τ 很大或 $\tau\to\infty$时，$x(t)$与 $x(t+\tau)$之间不存在内在的依从性，彼此不相似，则 $\rho_x(\tau\to\infty)=0$ 或 $\rho_x(\tau\to\infty)=\mu_x^2$。图 2-30 给出了随机信号的自相关函数曲线。

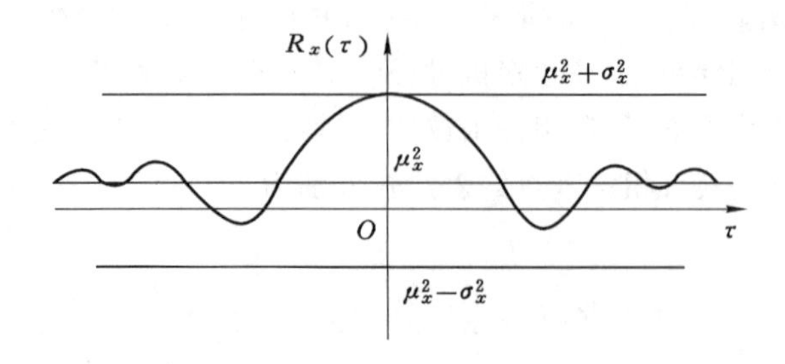

图 2-30　随机信号自相关函数曲线

四种典型信号的自相关图如图 2-31 所示，稍加对比就可以看出，自相关函数是区别信号类型的一个非常有效的手段。只要信号中含有周期成分，其自相关函数在 τ 很大时都不衰减，并具有明显的周期性。不含周期成分的随机信号，当 τ 稍大时自相关函数就将趋于零。

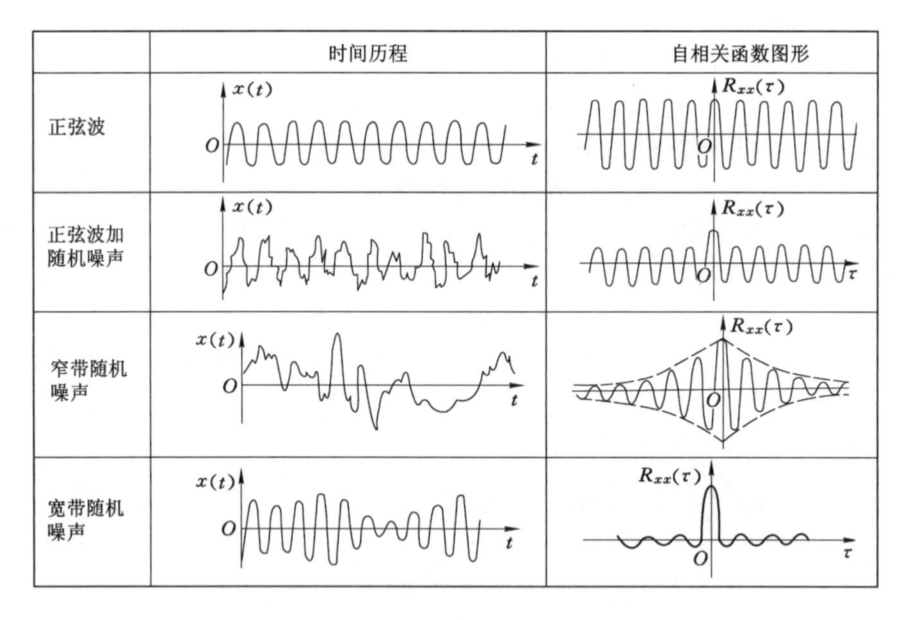

	时间历程	自相关函数图形
正弦波	$x(t)$, O, t	$R_{xx}(\tau)$, O
正弦波加随机噪声	$x(t)$, O, t	$R_{xx}(\tau)$, O, τ
窄带随机噪声	$x(t)$, O, t	$R_{xx}(\tau)$, O
宽带随机噪声	$x(t)$, O, t	$R_{xx}(\tau)$, O, τ

图 2-31　四种典型信号的自相关函数

2.6.2　互相关函数

对于各态历经过程，两个随机变量 x 和 y 的互相关函数定义为

$$R_{xy}(\tau)=E[x(t)y(t+\tau)]=\lim_{T\to\infty}\frac{1}{T}\int_0^T x(t)y(t+\tau)\mathrm{d}t \tag{2-60}$$

$R_{xy}(\tau)$是一个可正可负的实函数，但不是偶函数，也不是奇函数，在 $\tau=0$ 处也不一定取得最大值。

互相关函数描述了一个信号的取值对另一个信号的依赖程度，显然自相关函数是互相关函数的特殊情况。

互相关函数的性质如下：

(1) 互相关函数不是偶函数，但有

$$R_{xy}(\tau)=R_{yx}(-\tau) \tag{2-61}$$

所以，书写与计算互相关函数时，需注意下标的书写。

(2) 互相关函数的峰值不一定发生在 $\tau=0$ 的位置。图 2-32 表示了互相关函数一种可能的图形，从图中可以看到，互相关函数在 τ 偏离坐标原点一段距离后才取得最大值 $\mu_x\mu_y+\sigma_x\sigma_y$，$\tau$ 偏离原点的距离 τ_0 反映了 $x(t)$、$y(t)$两信号取得最大相似程度的时间间隔。

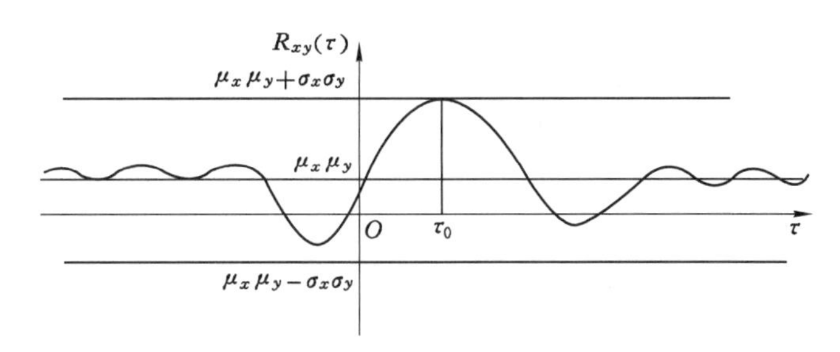

图 2-32　互相关函数的性质

(3) 周期信号的互相关函数也是同频的周期信号，而且还保留了原信号的相位信息。

【例 2-5】　求 $x(t)=x_0\sin(\omega t+\theta)$和 $y(t)=y_0\sin(\omega t-\varphi)$互相关函数 $R_{xy}(\tau)$。

解　因为信号是周期信号，可以用共同周期内的平均值代替其整个历程的平均值，故

$$\begin{aligned}R_{xy}(\tau)&=E[x(t)y(t+\tau)]=\lim_{T\to\infty}\frac{1}{T}\int_0^T x(t)y(t+\tau)\mathrm{d}t\\&=\lim_{T\to\infty}\frac{1}{T}\int_0^T x_0\sin(\omega t+\theta)y_0\sin[\omega(t+\tau)+\theta-\varphi]\mathrm{d}t\\&=\frac{1}{2}x_0y_0\cos(\omega\tau-\varphi)\end{aligned}$$

由此例可见，两个均值为零且具有相同频率的周期信号，其互相关函数保留了这两个信号的角频率 ω、对应的幅值 x_0 和 y_0 以及相位差 ϕ 的信息。

互相关函数在工程应用中有重要的价值。利用互相关函数可以测量系统的延时，如确定信号通过给定系统所滞后的时间。如果系统是线性的，则滞后的时间可以直接用输入、输出互相关图上峰值的位置来确定。利用互相关函数可识别、提取混淆在噪声中的信号。例如对一个线性系统激振，所测得的振动信号中含有大量的噪声干扰，根据线性系统的频率保持性，只有和激振频率相同的成分才可能是由激振所引起的响应，其他成分均是干扰，因此只要将激振信号和所测得的响应信号进行互相关处理，就可以得到由激振所引起的响应，消除噪声干扰的影响。

2.6.3　相关函数的应用

在工程上，通过对相关函数的测量与分析，利用相关函数本身所具有的特性，可以获得许多有用的重要信息。

(1) 自相关函数分析主要用来检测混淆在随机信号中的确定性信号。这是因为周期信

号或任何确定性信号在所有时差 τ 上都有自相关函数值，而随机信号当时差 τ 足够大时其自相关函数趋于零(假定为零均值随机信号)。

图 2-33 所示为在对汽车做平稳性试验时，在汽车车架处测得的振动加速度时间历程曲线[图 2-33(a)]及其自相关函数[图 2-33(b)]。由图 2-33 可看出，尽管测得的信号本身呈现杂乱无章的样子(说明混有一定程度的随机干扰)，但其自相关函数却有一定的周期性，其周期 T 为 50 ms，说明存在着周期性激励源，其频率 $f=1/T=20$ Hz。

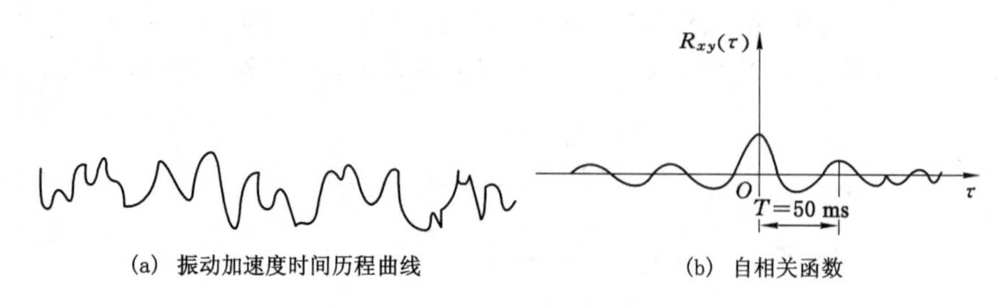

图 2-33 汽车车身振动的自相关分析

在机械等工程应用中，自相关分析有一定的使用价值。但一般说来，用它的傅里叶变换来解释混在噪声中的周期信号可能更好些。另外，由于自相关函数中丢失了相位信息，这使其应用受到限制。

在通信、雷达、声呐等工程应用中，常常要判断接收机接收到的信号当中有无周期信号。这时利用自相关分析是十分方便的。如图 2-34 所示，一个微弱的正弦信号被淹没在强干扰噪声之中，但在自相关函数中，当时差 τ 足够大时该正弦信号能清楚地显露出来。

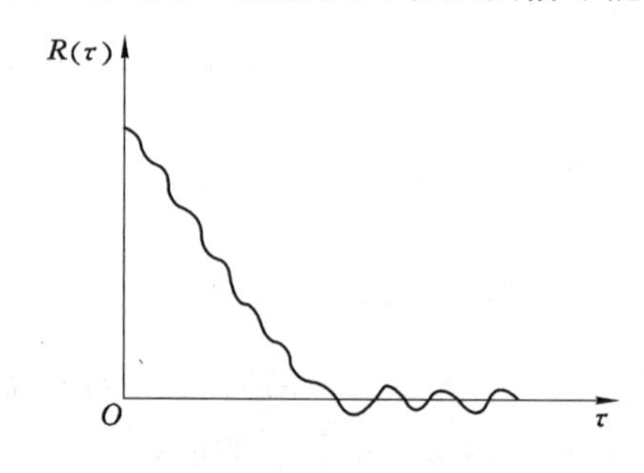

图 2-34 从强噪声中检测微弱的正弦信号

(2) 利用互相关函数可以测量系统的延时，如确定信号通过给定系统所滞后的时间。如果系统是线性的，则滞后的时间可以直接用输入、输出互相关图上峰值的位置来确定。

利用互相关函数可识别、提取混淆在噪声中的有用信号。根据线性系统的频率保持性，只有和激振频率相同的成分才可能是由激振所引起的响应，其他成分均是干扰。因此只要将激振信号和所测得的响应信号进行互相关处理，就可以得到由激振所引起的响应幅值和相位差，消除了噪声干扰的影响。

互相关技术还广泛地应用于各种测试中，典型的应用有相关定位与测速。

① 相关测速问题

设时间信号 $x(t)$ 通过一个非频变线性路径进行传递，传递中混入噪声 $n(t)$(如图 2-35

所示),最后测得一个 $y(t)$。

$$y(t)=ax(t-d/v)+n(t) \tag{2-62}$$

式中　d——传递距离;

v——速度。

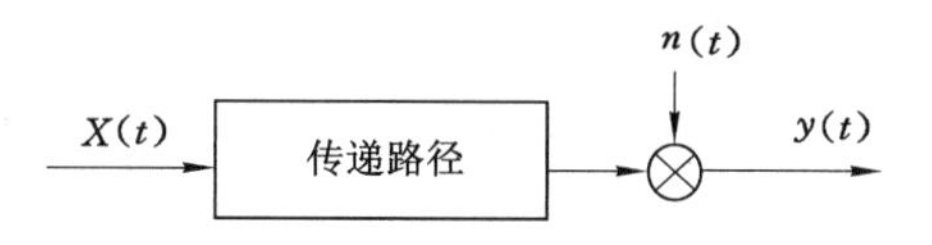

图 2-35　相关测速原理图

输入、输出的互相关函数为

$$\begin{aligned}R_{xy}&=\lim_{T\to\infty}\frac{1}{T}\int_0^T x(t)y(t+\tau)\mathrm{d}t\\&=\lim_{T\to\infty}\frac{1}{T}\int_0^T x(t)[ax(t-d/v+\tau)+n(t)]\mathrm{d}t\\&=aR_{xy}(\tau-d/v)\end{aligned} \tag{2-63}$$

互相关函数峰值出现在 $\tau=d/v$ 处,已知 v 或距离 d 便可从互相关测量上求得 d 或 v,这就引申出相关测速和定位问题。

工程中常用两个间隔一定距离的传感器测量运动物体的速度(非接触测量)。图 2-36 所示是非接触测定热轧钢带运动速度的示意图,其测试系统由性能相同的两组光电池、透镜、可调延时器和其他相关器件组成。当运动的热轧钢带表面的反射光经透镜聚焦在相距为 d 的两个光电池上时,反射光通过光电池转换为电信号,经可调延时器延时,再进行相关处理。当可调延时 τ 等于钢带上某点在两个测点之间经过所需的时间时,互相关函数有最大值。所测钢带的运动速度 $v=d/\tau$。

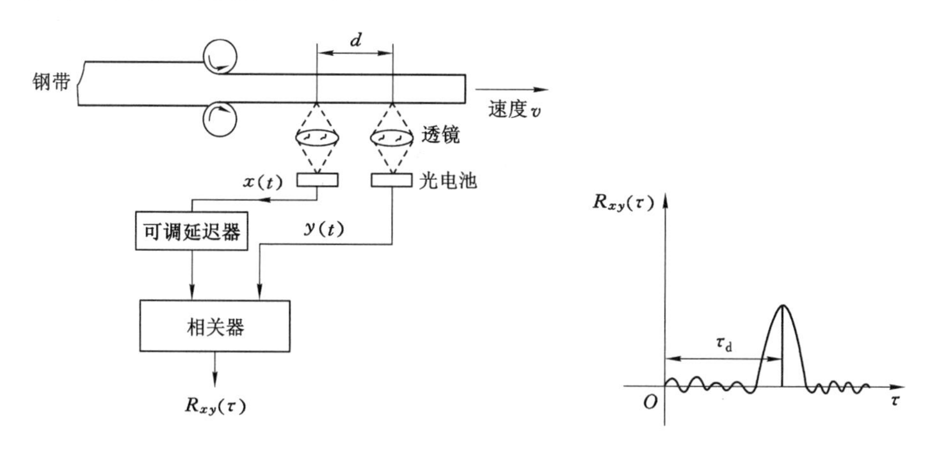

图 2-36　非接触测定热轧钢带运动速度

同理,利用相关测速的原理,在汽车前后轴上放置传感器,可以测量汽车在冰面上行驶时,车轮滑动加滚动的车速;在船体底部前后一定距离,安装两套向水底发射、接受声呐的装置,可以测量航船的速度;在高炉输送煤粉的管道中,相距一定距离安装两套电容式相关测速装置,可以测量煤粉的流动速度和单位时间内的输煤量。

② 相关定位

图 2-37 所示为输油管裂损位置测定示意图。漏损处 K 为向两侧传播声响的声源。在两侧管道上分别放置传感器 1 和 2,因为两传感器与漏损处不等距,所以漏油的声响传至两传感器时就有时差 τ_m,互相关函数在 $\tau=\tau_m$ 处取最大值,由 τ_m 可确定漏损处的位置为 $S=\frac{1}{2}v\tau_m$,式中,S 为两传感器的中点至漏损处的距离;v 为声响通过管道的传播速度。

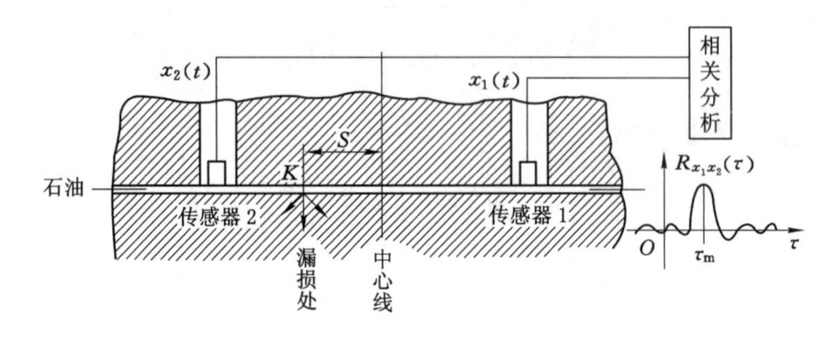

图 2-37　确定输油管裂损位置

③ 传递通道的相关测定

相关分析方法可以应用于工业噪声传递通道的分析和隔离、复杂管路振动的传递和振源的判别等。图 2-38 所示是汽车司机座振动传递途径的识别示意图。在发动机、司机座、后桥上放置 3 个加速度传感器,将输出并放大的信号进行相关分析,可以看到:发动机与司机座的相关性较差,而后桥与司机座的相关性较大,可以认为司机座的振动主要是由汽车后轮的振动所引起的。

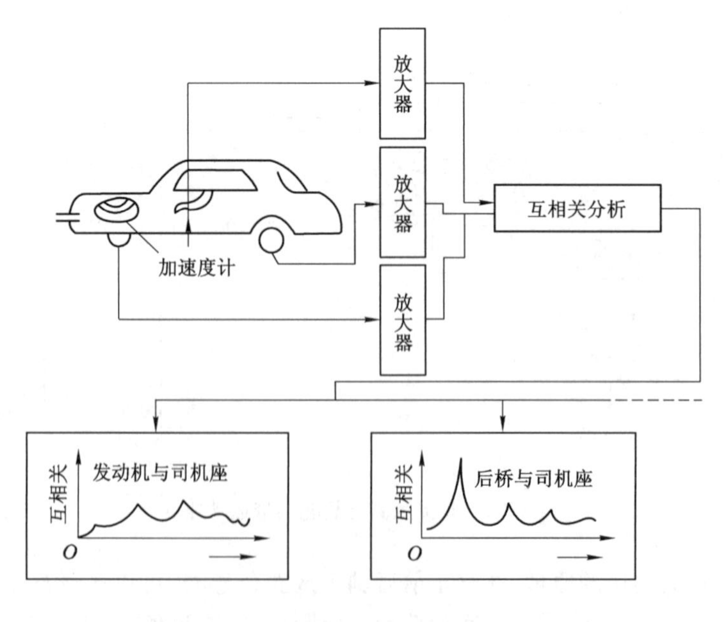

图 2-38　车辆振动传递途径的识别

④ 检测混淆在噪声中的信号

互相关分析还有一类重要应用是检测混淆在噪声中的信号。例如，旋转机械的转子由于动不平衡所引起的振动信号是与转子同频的周期信号，设为 $x(t)=A\sin(\omega_0 t+\varphi_x)$。测振传感器测得的信号不可能是单纯的 $x(t)$，而是混有各种随机干扰噪声 $n(t)$ 的信号。虽然自相关分析可以提取 $x(t)$，但只反映 $x(t)$ 的幅值(对应动不平衡量的大小)，丢失了相位信息(对应动不平衡量的方位)，无法进行动平衡的调整。如果设法从转子上取出一个同频的参考信号 $y(t)=B\sin(\omega_0 t+\varphi_y)$，可以用它去和检测到的信号 $x(t)+n(t)$ 做互相关处理。由于噪声 $n(t)$ 与 $y(t)$ 是频率不相关的，两者的互相关函数恒为零，只有 $x(t)$ 与 $y(t)$ 的互相关函数 $R_{xy}(\tau)$ 存在，即

$$R_{xy}(\tau)=\frac{AB}{2}\cos(\omega_0 t+\varphi_y-\varphi_x) \tag{2-64}$$

式中，$AB/2$ 反映动不平衡量的大小。峰值的时间偏移量 τ_0 与相位差之间的关系为：

$$\tau_0=\frac{\varphi_y-\varphi_x}{\omega_0} \tag{2-65}$$

测出 τ_0，根据已知的 ω_0 和 φ_y 即可求出 φ_x，这就测定了动不平衡量的方位，据此才可能进行动平衡的调整。互相关分析一定要参考一个与被提取信号同频的信号，这样才能把所需信息提取出来，而自相关分析则不用参考信号。因此互相关分析的系统要复杂一些。

需要强调的是，自相关分析只能检测(或提取)混在噪声中的周期信号。而从原理上看，互相关分析不限于从噪声中提取周期信号，也有可能提取非周期信号，只要能设法建立相应的参考信号。

2.7　功率谱及其应用

我们已经熟悉，在对一个作为时间函数的(周期或非周期的)确知信号进行傅里叶分析时，常将它分解成若干个(有限或无限多个)简谐振动的叠加，以揭示它的频谱结构。那么是否可用类似的方法来研究随机过程的结构呢？如果可行，具体又应从何处着手？

前面已经提到，自相关函数可描述随机信号的重要统计特性。定性地讲，如果自相关函数随 τ 的增加而迅速减小，那么该过程是随时间迅速变化的；反之，变化缓慢的过程为随 τ 缓慢减小的自相关函数。可以推测，自相关函数含有过程变化频率的信息。确定性信号的傅里叶变换是该信号的频谱。那么是否可以把傅里叶变换直接用到随机信号的分析中呢？

频谱是描述组成给定过程的各谐波分量的频率和振幅关系的函数。对于随机函数，由于它的振幅或相位是随机的，因而不能作出确定的频谱图。但随机过程的均方值可以用来表示随机函数的强度，这样随机过程的频谱就可以不用频率 f 上的振幅来表示，而用频率 f 到 $f+\Delta f$ 范围内的均方值来描述。

2.7.1　功率谱密度函数

功率谱密度的定义是单位频带内的“功率”(均方值)，数学上，功率谱密度-频率关系曲线下的面积就是均方值 $E[x^2(t)]$。如果把 $x(t)$ 看作电流，则 $x^2(t)$ 表示该电流在负载上消耗的功率。由此可见，谱密度的物理意义是 $x(t)$ 消耗的功率在频率轴上的分布，因此 $X_x(f)$ 也称为功率谱。谱密度函数可以作为一个描述平稳随机过程的新特征，它从频率的

角度来描述随机过程，而自相关函数从时间的角度来描述随机过程。

假定 $x(t)$ 是零均值的随机过程，即 $\mu_x=0$(如果原随机过程是非零均值的，可以进行适当处理使其均值为零)，又假定 $x(t)$ 中没有周期分量，那么当 $\tau\to\infty$ 时，$R_x(\tau)\to 0$。这样，自相关函数 $R_x(\tau)$ 可满足傅里叶变换的条件 $\int_{-\infty}^{\infty}|R_x(\tau)|\mathrm{d}\tau<\infty$。由此得到 $R_x(\tau)$ 的傅里叶变换和逆变换分别为

$$\begin{cases}S_x(f)=\int_{-\infty}^{\infty}R_x(\tau)\mathrm{e}^{-\mathrm{j}2\pi f\tau}\mathrm{d}\tau\\ R_x(\tau)=\int_{-\infty}^{\infty}S_x(f)\mathrm{e}^{\mathrm{j}2\pi f\tau}\mathrm{d}f\end{cases}\tag{2-66}$$

定义 $S_x(f)$ 为 $x(t)$ 的自功率谱密度函数，简称自谱或自功率谱。由于 $S_x(f)$ 和 $R_x(\tau)$ 之间是傅里叶变换对的关系，两者是唯一对应的，所以 $S_x(f)$ 中包含着 $R_x(\tau)$ 的全部信息。因为 $R_x(\tau)$ 为实偶函数，所以 $S_x(f)$ 亦为实偶函数。由此常用在 $f=0\sim\infty$ 范围内的 $G_x(f)=2S_x(f)$ 来表示信号的全部功率谱，并把 $G_x(f)$ 称为 $x(t)$ 信号的单边功率谱(图 2-39)。

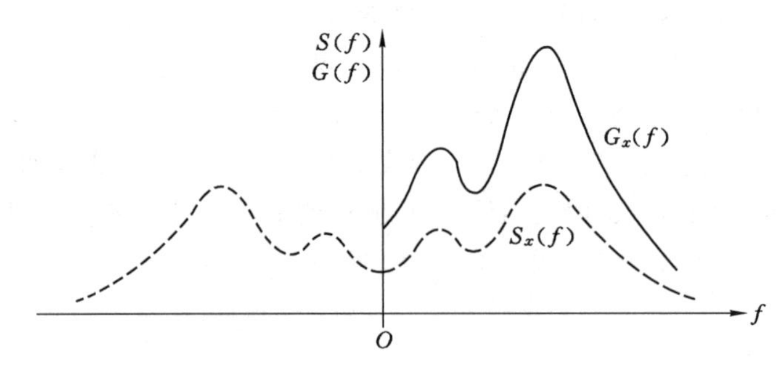

图 2-39 单边功率谱与双边功率谱

若 $\tau=0$，根据自相关函数 $R_x(\tau)$ 和自功率谱函数 $S_x(f)$ 的定义，有

$$R_x(0)=\lim_{T\to\infty}\frac{1}{T}\int_0^T x^2(t)\mathrm{d}t=\int_{-\infty}^{\infty}S_x(f)\mathrm{d}f\tag{2-67}$$

由此可见，$S_x(f)$ 曲线和频率轴所包围的面积就是信号的平均功率，$S_x(f)$ 就是信号的功率密度沿频率轴的分布，故称 $S_x(f)$ 为自功率谱密度函数。

由傅里叶变换的性质可知：信号的时域总能量 $\int_{-\infty}^{\infty}x^2(t)\mathrm{d}t$ 与对应的频域总能量 $\int_{-\infty}^{\infty}|X(f)|^2\mathrm{d}f$ 满足帕什瓦(Parseval)能量积分等式，即

$$\int_{-\infty}^{+\infty}x^2(t)\mathrm{d}t=\int_{-\infty}^{+\infty}|X(f)|^2\mathrm{d}f$$

对上式两端同时进行求平均功率的运算，有

$$\lim_{T\to\infty}\frac{1}{T}\int_{-\infty}^{+\infty}x^2(t)\mathrm{d}t=\lim_{T\to\infty}\frac{1}{T}\int_{-\infty}^{+\infty}|X(f)|^2\mathrm{d}f$$

综合以上两式及式(2-67)得

$$R_x(\tau=0)=\lim_{T\to\infty}\frac{1}{T}\int_{-\infty}^{-\infty}x^2(t)\mathrm{d}t=\int_{-\infty}^{\infty}S_x(f)\mathrm{d}f=\lim_{T\to\infty}\frac{1}{T}\int_{-\infty}^{-\infty}|X(f)|^2\mathrm{d}f$$

故有下式成立

$$S_x(f)=\lim_{T\to\infty}\frac{1}{T}\mid X(f)\mid^2 \tag{2-68}$$

由式(2-68)可以得出以下两点结论：

(1) 信号$x(t)$的自功率谱密度函数$S_x(f)$不仅可以从其自相关函数的傅里叶变换中获得，也可以从信号的幅值频谱中获得。无论采用何种方法获得$S_x(f)$，都将使自功率谱密度函数中仅含有原信号的幅值和频率信息，而丢失了原信号的相位信息。

(2) 自功率谱密度函数$S_x(f)$和信号的幅值频谱函数均反映了原信号$x(t)$的频率结构，但它们具有各自的量纲，而且$S_x(f)$反映的是信号幅值频谱的平方。所以，在$S_x(f)$中突出了信号中的高幅值分量(主要矛盾)，使原信号$x(t)$的主要频率结构特征更为明显(或者说自谱的谱峰比幅值频谱的更陡峭)，也使得自功率谱密度分析比幅值频谱分析的实用价值更大、用途更广。

两个随机信号$x(t)$和$y(t)$的互功率谱密度函数(简称互谱)是它们的互相关函数$R_{xy}(\tau)$的傅里叶变换，记作$S_{xy}(f)$。

$$S_{xy}(f)=\int_{-\infty}^{\infty}R_{xy}(\tau)e^{-j2\pi f\tau}d\tau \tag{2-69}$$

其逆变换为

$$R_{xy}(\tau)=\int_{-\infty}^{\infty}S_{xy}(f)e^{j2\pi f\tau}dt \tag{2-70}$$

互相关函数$R_{xy}(\tau)$并非偶函数，因此$S_{xy}(f)$具有虚、实两部分。同样，$S_{xy}(f)$保留了$R_{xy}(\tau)$的全部信息。

2.7.2　功率谱密度函数的物理意义

$S_x(f)$ 和 $S_{xy}(f)$ 是在频域内描述随机信号的函数。式(2-67) 图解含义如图 2-40 所示。图 2-40(a) 所示是原始的随机信号 $x(t)$；图 2-40(b) 所示为 $x^2(t)/T$ 的函数曲线；图 2-40(c) 所示为 $x(t)$ 的自相关函数 $R_x(\tau)$；图 2-40(d) 所示为 $R_x(\tau)$ 的傅里叶变换 $S_x(f)$，即自谱函数曲线。根据式(2-67)，$S_x(f)$ 曲线下的总面积与 $x^2(t)/T$ 曲线下的总面积相等。按一般的物理概念理解，$x^2(t)$ 是信号 $x(t)$ 的能量，则 $x^2(t)/T$ 是信号 $x(t)$ 的功率，而$\lim_{T\to\infty}\frac{1}{T}\int_0^T x^2(t)dt$ 就是信号 $x(t)$ 的总功率，这一总功率与 $S_x(f)$ 曲线下的总面积相等。所以 $S_x(f)$ 曲线下的总面积就是信号 $x(t)$ 的总功率。由 $S_x(f)$ 曲线可知，这一总功率是无数个在不同频率上的功率元 $S_x(f)df$ 的总和。$S_x(f)$ 波形的起伏表示了总功率在各频率处的功率元分布的变化情况，称 $S_x(f)$ 为随机信号 $x(t)$ 的功率谱密度函数。用同样的方法，可以解释互谱密度函数 $S_{xy}(f)$。

2.7.3　功率谱的应用

1. 获取系统的频率结构特性

自功率谱密度$S_x(f)$为自相关函数$R_x(\tau)$的傅里叶变换，故$S_x(f)$包含着$R_x(\tau)$中的全部信息。自功率谱密度$S_x(f)$反映信号的频域结构，这一点和幅值谱$|X(f)|$一致，但是自功率谱密度所反映的是信号幅值的二次方，因此其频域结构特征更为明显，如图 2-41 所示。

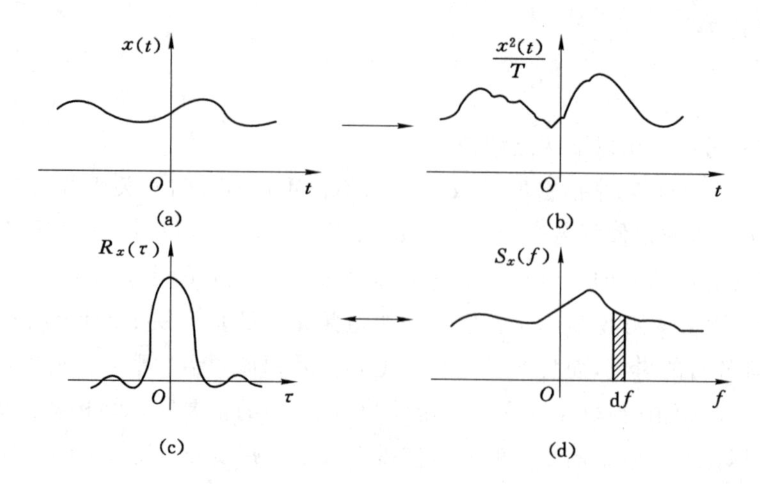

图 2-40　自功率谱的几何图形解释

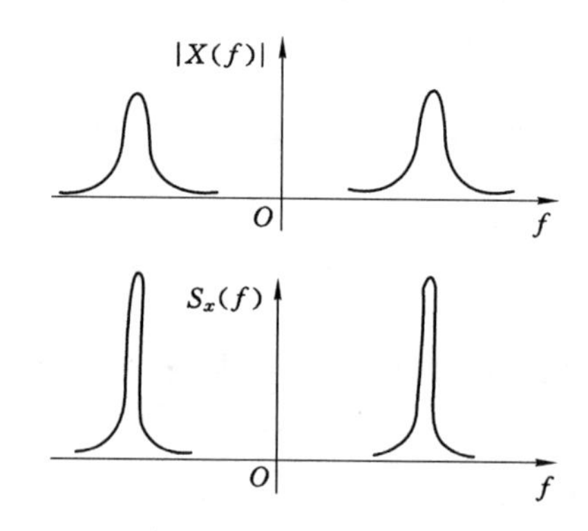

图 2-41　幅值谱与自功率谱

对于一个线性系统(图 2-42)，若其输入为 $x(t)$，输出为 $y(t)$，系统的频率响应函数为 $H(f)$，则

$$Y(f)=H(f)X(f) \tag{2-71}$$

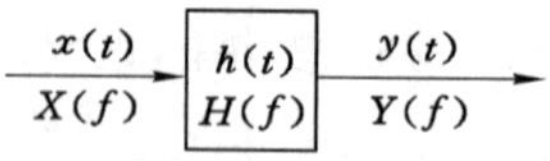

$x(t)$ / $X(f)$ →	$h(t)$ / $H(f)$	→ $y(t)$ / $Y(f)$

图 2-42　单输入、单输出系统

不难证明，输入、输出的自功率谱密度与系统频率响应函数的关系如下

$$S_y(f)=|H(f)|^2 S_x(f) \tag{2-72}$$

通过输入、输出自谱的分析，就能得出系统的幅频特性。但是在这样的计算中丢失了相位信息，因此不能得出系统的相频特性。

对于一个线性系统(图 2-42)，同样可以证明

$$S_{xy}(f)=H(f)S_x(f) \tag{2-73}$$

故由输入的自谱和输入、输出的互谱就可以直接得到系统的频率响应函数。式(2-73)与式(2-72)不同，得到的 $H(f)$ 不仅含有幅频特性，而且含有相频特性。这是因为互相关函数包含相位信息。

2. 利用互谱排除噪声影响

对线性系统，其频率响应函数为 $H(f)=S_{xy}(f)/S_x(f)$。设有一系统由两线性环节串联而成(图 2-43)。系统有输入 $x(t)$、输出 $y(t)$，$n(t)$ 是系统中混入的干扰，它由输入端的干扰 $n_1(t)$、两环节串联时的干扰 $n_2(t)$ 和输出端的干扰 $n_3(t)$ 组成。系统的输出 $y(t)$ 为

$$y(t)=x'(t)+n_1'(t)+n_2'(t)+n_3'(t)$$

式中　$x'(t)$，$n_1'(t)$，$n_2'(t)$——系统对 $x(t)$、$n_1(t)$ 和 $n_2(t)$ 的响应。

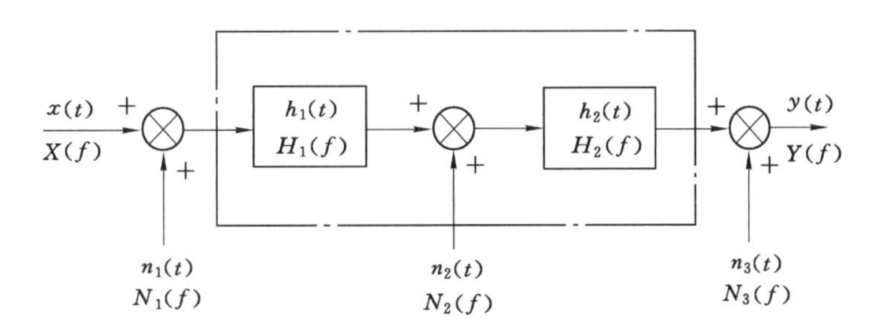

图 2-43　受外界干扰的系统

输入 $x(t)$ 与输出 $y(t)$ 的互相关函数为

$$R_{xy}(\tau)=R'_{xx}(\tau)+R'_{xn_1}(\tau)+R'_{xn_2}(\tau)+R'_{xn_3}(\tau) \tag{2-74}$$

由于输入 $x(t)$ 和噪声 $n_1(t)$、$n_2(t)$ 和 $n_3(t)$ 独立，故相应的互相关函数 $R'_{xn_1}(\tau)$、$R'_{xn_2}(\tau)$ 和 $R'_{xn_3}(\tau)$ 值均为 0，所以有

$$R_{xy}(\tau)=R'_{xx}(\tau) \tag{2-75}$$

$$H(f)=\frac{S_{xy}(t)}{S_x(f)}=\frac{R'_{xx}(f)}{S_x(f)} \tag{2-76}$$

式中　$H(f)=H_1(f)H_2(f)$——所研究系统的频率响应函数。

这样，在求系统频率响应函数时就剔除了混入的干扰 $n(t)$ 对输出 $y(t)$ 的影响，这是这种分析方法突出的优点。但是由于输入信号的自谱 $S_x(f)$ 无法排除输入端测量噪声的影响，因而会形成测量的误差。

3. 功率谱在设备故障诊断中的应用

图 2-44 所示是汽车变速器上加速度信号的功率谱图。图 2-44(a)所示是变速器正常工作谱图，图 2-44(b)所示为机器运行不正常时的谱图。可以看到图 2-44(b)比图 2-44(a)增加了 9.2 Hz 和 18.4 Hz 两个谱峰，这两个频率为设备故障的诊断提供了依据。

谱分析技术在其他领域，如通信、航天、地球物理、资源考察、生物信息、语言识别与处理、人工智能等方面也获得了卓有成效的应用。

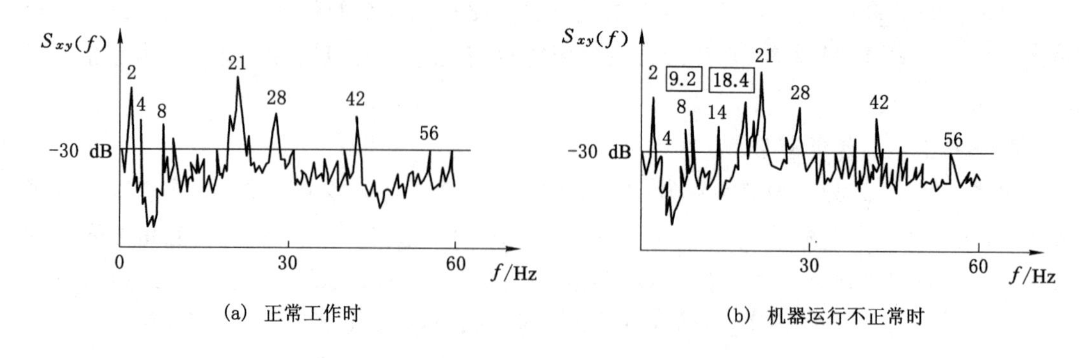

(a) 正常工作时　　(b) 机器运行不正常时

图 2-44　汽车变速器上加速度信号的功率谱图

2.8　本章小结

根据信号的不同特征，信号有不同的分类方法。采用信号“域”的描述方法可以突出信号不同的特征。信号的时域描述以时间为独立变量，其强调信号的幅值随时间变化的特征；信号的频域描述以角频率为独立变量，其强调信号的幅值和相位随频率变化的特征。

周期信号一般可以利用傅里叶级数进行展开，包括三角函数展开和复指数展开。利用周期信号和傅里叶级数展开可以获得其离散频谱。常见周期信号的频谱具有离散性、谐波性和收敛性。

把非周期信号看作周期趋于无穷大的周期信号，有助于理解非周期信号的频谱。利用傅里叶变换可以获得非周期信号的连续频谱，理解、掌握并能灵活运用频谱函数的含义、傅里叶变换的主要性质和典型信号的频谱具有重要意义。

对于周期信号，同样可以利用傅里叶变换获得其离散频谱，该频谱和利用傅里叶级数的复指数展开的方法获得的频谱是一样的。幅值域分析、相关分析和功率谱分析是随机信号分析处理的重要手段。

本章内容主要包括：随机信号的基本概念及其主要特征参数，随机信号的幅值域分析方法；自相关的概念及性质，自相关函数；互相关的概念及性质，互相关函数；随机信号的功率谱分析，自谱和互谱的概念和应用。

2.9　本章习题

2-1　以下信号，哪个是周期信号？哪个是准周期信号？哪个是瞬变信号？它们的频谱各具有哪些特征？

(1) $\cos 2\pi f_0 t \cdot e^{-\pi t}$。

(2) $\sin 2\pi f_0 t + 4\sin f_0 t$。

(3) $\cos 2\pi f_0 t + 2\cos 3\pi f_0 t$。

2-2　求信号 $x(t)=x_0 \sin \omega t$ 的有效值（均方根值）$x_{\rm rms}$。

2-3　用傅里叶级数的三角函数展开式和复指数展开式，求周期三角波(图 2-45)的频谱，并作频谱图。

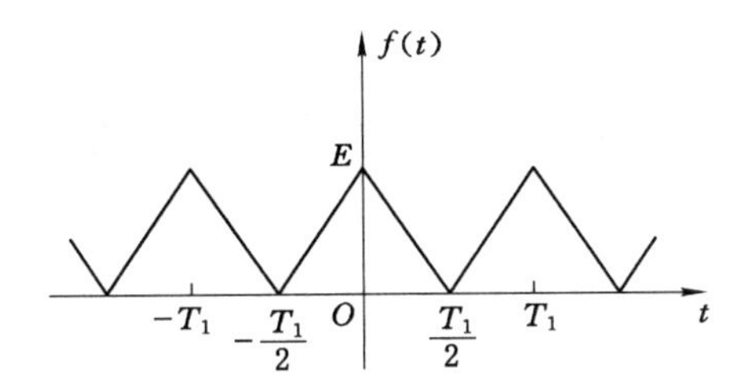

图 2-45　第 2-3 题图

2-4　求指数函数 $x(t)=Ae^{-at}(a>0,t\geqslant 0)$ 的频谱。

2-5　已知余弦信号 $x(t)=\cos(\omega_0 t+\varphi)$，$y(t)=\cos(\omega_0 t-\varphi)$，试作幅值谱图与相位谱图，并比较。

2-6　求正弦信号 $x(t)=x_0\sin\omega t$ 的绝对均值 $\mu_{|x|}$ 和均方根 x_{rms}。

2-7　已知正弦信号 $x(t)=A\cos(\omega_0 t+\varphi)$，求其自相关函数。

2-8　已知两个正弦信号 $x(t)=A\sin(\omega_0 t+\theta)$，$y(t)=A\sin(\omega_0 t+\theta-\varphi)$，求其互相关函数。

2-9　判断下列表述是否正确，并简述其理由：

(1) 有限个周期信号之和，必形成新的周期信号。

(2) 周期信号不能用傅里叶变换完成其频域描述。

(3) 信号在时域上平移后，其幅值频谱和相位频谱都会发生变化。

(4) 一个在时域有限区间内有值的信号，其频谱可延伸至无限频率。

第3章 测试系统的特性

【学习要求】

由于测试系统特性的影响，信号经过测试系统传递与转换后，会出现测量失真。为了实现准确测量、改善与评价测试系统的特性，必须了解测试系统的基本特性，学生应做到以下几点：

(1) 能够利用测试装置的静态特性指标评价测试装置的性能。

(2) 能够分析与评价测试装置的动态特性，包括频域指标和时域指标两个方面。

(3) 根据测试装置实现信号不失真传递的条件，可以给出把波形失真限制在一定误差范围内的方法。

【知识图谱】

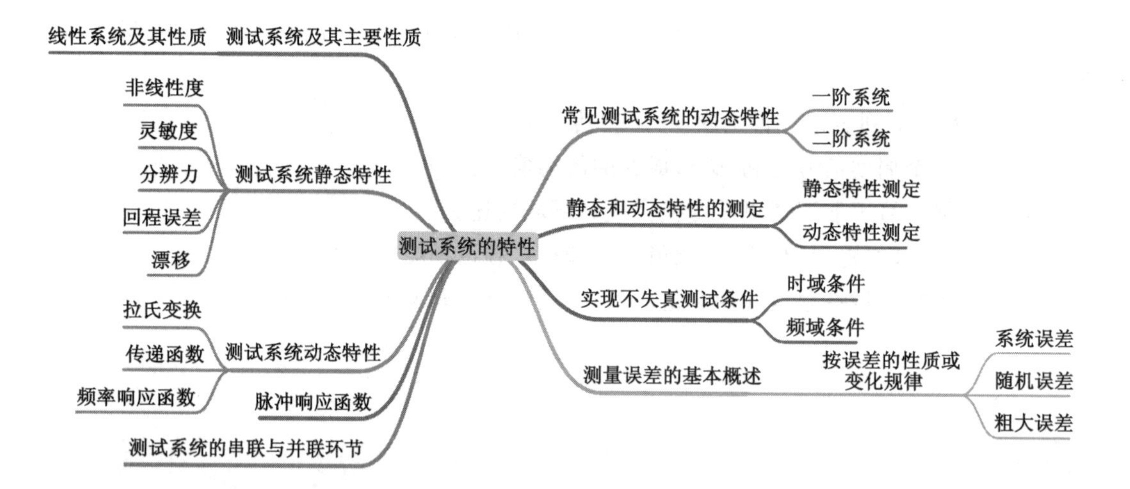

测试系统由传感器、信号调理、信号传输、信号处理、显示记录等环节组成。测试系统的复杂程度取决于被测信息检测的难易程度及所采用的试验方法。对测试系统的基本要求是可靠、实用、通用、经济，这亦应成为考虑测试系统组成的前提条件。

本章将讨论测试系统及其与输入、输出的关系，以及测试系统的误差组成。

测试的目的是获取被测对象的状态、运动或特征等方面的信息。用于测取信息并进行必要的数学处理的各种设备，称为测试装置。对于一个测试装置，其输入信号可能是一个不随时间变化的静态量，也可能是一个随时间变化的动态信号，甚至是一个持续时间很短的瞬态信号。为实现信号的测量而选择或者设计测试装置时，就必须考虑这些测试装置能否准确获取被测量的量值及其变化；而是否能够实现准确测量，则决定于测试装置的特性。本章主要介绍测试装置及其主要特性，这也是实现准确测量所必需的知识。

3.1 测试系统及其主要性质

一般把外界对系统的作用称为系统的输入或激励，而将系统对输入的反应称为系统的输出或响应，在图3-1中，$x(t)$表示测试系统随时间变化的输入，$y(t)$表示测试系统随时间变化的输出。理想的测试系统应该具有单值的、确定的输入-输出关系，即对应每一输入量，都应只有单一的输出量与之对应，以输出与输入呈线性关系为最佳，知道其中的一个量就可以确定另外一个量。实际测试系统往往无法在较大范围内满足这种要求，只能在较小的工作范围内和在一定误差允许范围内满足这种要求。

图3-1 测试系统图

3.1.1 线性系统

当系统的输入 $x(t)$和输出 $y(t)$之间的关系用常系数线性微分方程式来描述时，则称该系统为定常线性系统或时不变线性系统，如式(3-1)所示。

$$a_n\frac{\mathrm{d}^n y(t)}{\mathrm{d}t^n}+a_{n-1}\frac{\mathrm{d}^{n-1}f(t)}{\mathrm{d}t^{n-1}}+\cdots+a_1\frac{\mathrm{d}y(t)}{\mathrm{d}t}+a_0y(t)$$
$$=b_m\frac{\mathrm{d}^m x(t)}{\mathrm{d}t^m}+b_{m-1}\frac{\mathrm{d}^{m-1}x(t)}{\mathrm{d}t^{m-1}}+\cdots+b_1\frac{\mathrm{d}x(t)}{\mathrm{d}t}+b_0x(t) \tag{3-1}$$

式中 t——时间自变量；

$a_n,a_{n-1},\cdots,a_1,a_0$ 和 $b_m,b_{m-1},\cdots,b_1,b_0$——系数，均为不随时间变化的常数。

对于测试系统，其结构及所用元器件的参数决定了系数 $a_n,a_{n-1},\cdots,a_1,a_0$ 和 $b_m,b_{m-1},\cdots,b_1,b_0$ 的大小及量纲。一个实际的物理系统由于其组成中的各元器件的参数并非始终能保持常数，如电子元件中的电阻、电容、半导体器件等，其特性等会受温度的影响，这些都会导致系统微分方程参数 $a_n,a_{n-1},\cdots,a_1,a_0$ 和 $b_m,b_{m-1},\cdots,b_1,b_0$ 的时变性，所以理想的定常系数线性系统是不存在的。在工程实际中，常以满足足够的精确度要求来认定多数常见物理系统的参数 $a_n,a_{n-1},\cdots,a_1,a_0$ 和 $b_m,b_{m-1},\cdots,b_1,b_0$ 是时不变的常数，而把一些时变线性系统当作定常系数线性系统来处理。本书以下的讨论仅限于定常系数线性系统。

3.1.2 线性系统的性质

若以 $x(t)$，$y(t)$表示定常系数线性系统输入与输出，则定常系数线性系统具有以下主要性质。

1. 叠加原理

当几个输入同时作用于线性系统时，其响应等于各个输入单独作用于该系统的响应之和，即

若 $$x_1(t)\rightarrow y_1(t);\quad x_2(t)\rightarrow y_2(t)$$

则有

$$x_1(t) \pm x_2(t) \rightarrow y_1(t) \pm y_2(t) \tag{3-2}$$

叠加原理表明，对于线性系统，一个输入的存在并不影响另一个输入的响应，各个输入产生的响应是互不影响的，因此对于一个复杂的输入，就可以将其分解成一系列简单的输入之和，系统对复杂激励的响应便等于这些简单输入的响应之和。

2. 比例特性

若线性系统的输入扩大 a 倍，则其响应也将扩大 a 倍，即对于任意常数 a，必有

$$ax(t) \rightarrow ay(t) \tag{3-3}$$

3. 微分特性

线性系统对输入导数的响应等于对该输入响应的导数，即

$$\frac{\mathrm{d}x(t)}{\mathrm{d}t} \rightarrow \frac{\mathrm{d}y(t)}{\mathrm{d}t} \tag{3-4}$$

4. 积分特性

若线性系统的初始状态为零(当输入为零时，其响应也为零)，则对输入积分的响应等于对该输入响应的积分，即

$$\int_0^t x(t)\mathrm{d}t \rightarrow \int_0^t y(t)\mathrm{d}t \tag{3-5}$$

例如，在已测得某一物体振动的加速度后，便可利用积分特性做数学运算，求得其速度和位移。

5. 频率保持性

若线性系统的输入为某一频率的简谐信号，则其稳态响应必是同一频率的简谐信号，即

$$x(t) = x_0 \mathrm{e}^{\mathrm{j}\omega t} \rightarrow y(t) = y_0 \mathrm{e}^{\mathrm{j}(\omega t + \varphi)}$$

线性系统的频率保持性在测试工作中具有非常重要的作用。因为在实际测试中，测试得到的信号常常会受到其他信号或噪声的干扰，这时依据频率保持特性可以认定测得信号中只有与输入信号相同的频率成分才是真正由输入引起的输出。同样，在故障诊断中，根据测试信号的主要频率成分，在排除干扰的基础上，依据频率保持特性推出输入信号也应包含该频率成分，通过寻找产生该频率成分的原因，就可以诊断出故障的原因。

3.1.3 测试装置的特性

为了获得准确的测试结果，对测试装置提出多方面的性能要求。这些性能大致上可分为两种：静态特性和动态特性。对于那些用于静态测量的装置，一般只需利用静态特性指标来评价其测量质量。在动态测量中，不仅需要用静态特性指标，而且需要用动态特性指标来描述测试仪器的质量，因为这两方面的特性都将影响测量结果。

尽管这两方面的特性都影响测试结果，并且两者彼此也有某些联系，但是它们的分析和测试方法都有明显的差异，因此为了简明、方便，在目前阶段，仍然把它们分开处理。

3.2 测试系统的静态特性

在式(3-1)描述的线性系统中，当系统的输入 $x(t)=x$(常数)，即输入信号的幅值不随

时间变化或其随时间变化的周期远远大于测试时间时，输入与输出的各阶导数均为零，式(3-1)变成

$$y=\frac{b_0}{a_0}x=S_x \tag{3-6}$$

该式称为系统的静态特性方程。由静态特性方程所确定的图形称为测试系统的定度曲线，也称校准曲线或标定曲线。图 3-2 是几种典型的定度曲线。理想的定度曲线的输入-输出应呈线性关系，相应地通过试验所得系统的输入-输出关系曲线则称为实际定度曲线。也就是说，理想线性系统其输出与输入之间是呈单调、线性比例关系的，即输入、输出关系是一条理想的直线，斜率 $S=\frac{b_0}{a_0}$，为常数。

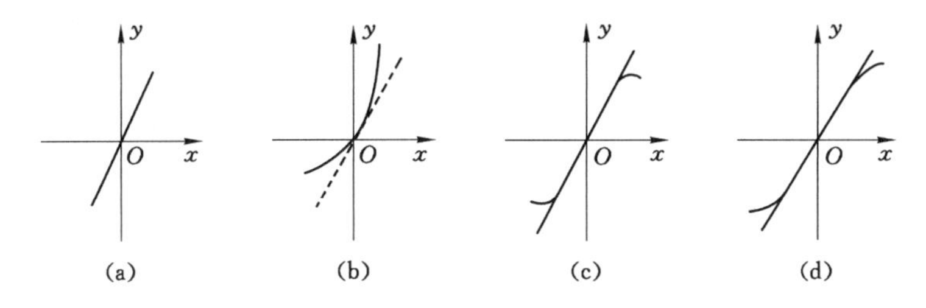

图 3-2　几种典型的定度曲线

但是实际测试系统并非理想定常系数线性系统，输入、输出曲线并不是理想的直线，式(3-6)实际上变成

$$y=S_1x+S_2x^2+S_3x^3+\cdots \tag{3-7}$$

所以应在进行测试之前或定期求取测试装置的定度曲线，以保证测量结果精确可靠。求取静态定度曲线时，通常以标准量作为输入，测试出对应的输出，根据输入、输出值在坐标图上作出输入-输出曲线。标准量的误差应比所要求的测量误差小一个数量级。

测试系统的静态特性，即在静态测量情况下描述实际测试装置与理想定常线性系统的接近程度。根据定度曲线便可以研究测试系统的静态特性，表征系统或装置静态特性的参数主要有非线性度、灵敏度、分辨力、回程误差和漂移等。

3.2.1　非线性度

非线性度是指测试系统的输入、输出关系保持常值线性比例关系的程度。在静态测量中，通常用试验测定的办法求得系统的输入、输出关系曲线，该曲线称为定度(标定)曲线。定度曲线偏离其拟合直线的程度为非线性度(图 3-3)，即在系统的标称输出范围(全量程)A 内，定度曲线与该拟合直线的最大偏差 B 与 A 的百分比，即

$$\text{非线性度}=\frac{B}{A}\times 100\%$$

测试系统的非线性度是无量纲的，通常用百分数来表示，它是测试系统的一个非常重要的精度指标。至于拟合直线的确定，目前国内外还没有统一的标准，常用的主要有两种，即端基直线和独立直线。

端基直线是指连接测量范围上下限点的直线，如图 3-4 所示。显然用端基直线代替实际的输入、输出曲线，其求解过程比较简单，但是其非线性度较大。

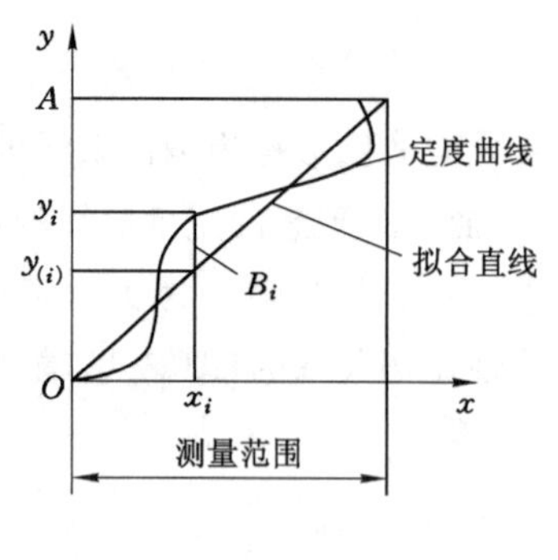

图 3-3　非线性误差

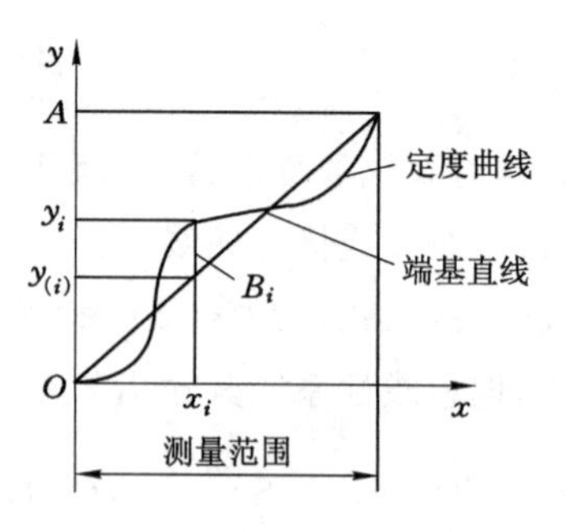

图 3-4　端基直线

独立直线是指使输入与输出曲线上各点的线性误差 B_i 的平方和最小，即 $\sum B_i^2$ 最小的直线(图 3-5)。

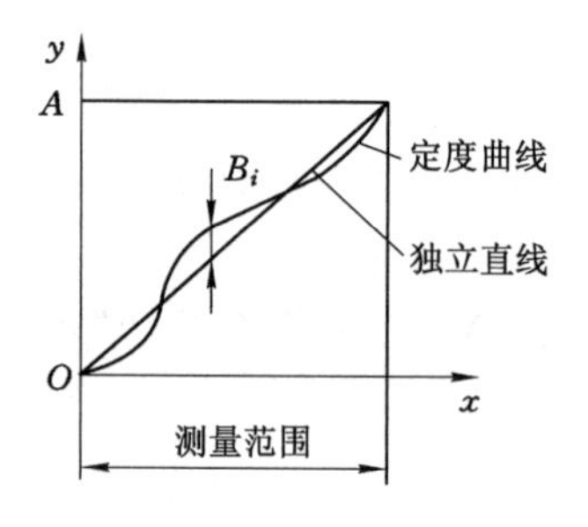

图 3-5　独立直线

3.2.2　灵敏度

灵敏度表征的是测试系统对输入信号变化的一种反应能力。若系统的输入有一个增量 Δx，引起输出产生相应增量 Δy，则定义灵敏度 S 为

$$S = \lim_{\Delta x \to 0} \frac{\Delta y}{\Delta x} = \frac{\mathrm{d}y}{\mathrm{d}x} \tag{3-8}$$

对于定常线性系统，其灵敏度恒为常数。但是，实际的测试系统并非定常线性系统，因此其灵敏度也不为常数。

灵敏度的量纲取决于输入-输出的量纲。当输入与输出的量纲相同时，灵敏度是一个无量纲的常数，常称之为放大倍数。

3.2.3　分辨力

分辨力是指测试系统所能检测出来的输入量的最小变化量，通常是以最小单位输出量所对应的输入量来表示。

一个测试系统的分辨力越高，表示它所能检测出的输入量的最小变化量值越小。对于数字测试系统，其输出显示系统的最后一位所代表的输入量即该系统的分辨力；对于模拟测试系统，用其输出指示标尺最小分度值的一半所代表的输入量来表示其分辨力。分辨力也称为灵敏阈或灵敏限。

3.2.4　回程误差

由于仪器仪表中磁性材料的磁滞、弹性材料的迟滞现象，以及机械结构中的摩擦和游隙等原因，在测试过程中输入量在递增加载过程中的定度曲线与输入量在递减卸载过程中的定度曲线往往不重合，如图 3-6 所示。对应同一输入量的两条定度曲线之差的最大值与标称的输出范围之比，称为回程误差，即

$$\text{回程误差}=\frac{h_{i\max}}{A}\times 100\%$$

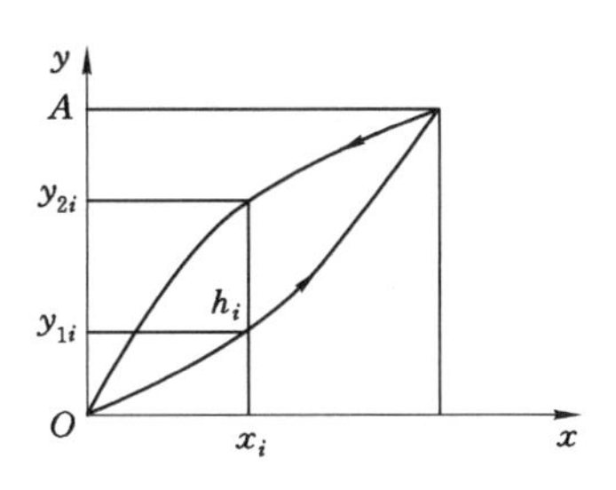

图 3-6　回程误差

3.2.5　漂移

漂移是指测试系统在输入不变的条件下，输出随时间变化的趋势。在规定的条件下，当输入不变时，在规定时间内输出的变化，称为点漂。在测试系统测试范围最低值处的点漂称为零点漂移，简称零漂。

产生漂移的原因有两个方面：一是仪器自身结构参数的变化，另一个是周围环境变化（如温度、湿度等）对输出的影响。最常见的漂移是温漂，即由于周围的温度变化而引起输出的变化，进一步引起测试系统的灵敏度和零位发生漂移，即灵敏度漂移和零点漂移。

3.2.6　信噪比

信号功率与干扰（噪声）功率之比称为信噪比，记为 SNR，单位为分贝（dB）。

$$\mathrm{SNR}=10\lg\frac{N_s}{N_n}$$

式中　N_s——信号功率；

　　　N_n——噪声功率。

有时也用信号电压和噪声电压来表示信噪比，信噪比 SNR 为

$$\mathrm{SNR}=10\lg\frac{V_s}{V_n}$$

式中　V_s——信号电压；

　　　V_n——噪声电压。

例如，用某仪器测量某信号时，SNR＝65 dB。此时，表示信号电压与干扰电压之比 $V_s/V_n=10^{6.25}$，噪声电压还不到信号电压的千分之一。

以上是描述测试系统静态特性的常用指标。在选择或设计一个测试系统时，要根据被测对象的情况、精度要求、测试环境等因素经济合理地选取各项指标。

3.3 测试系统的动态特性

在工程实际中，大多遇到的是动态信号，测试系统对于随时间变化的动态信号的响应特性称为动态特性。

众所周知，水银体温计在腋下保持足够的时间，其读数才能正确地反映人体温度；换言之，输出(示值)滞后于输入(体温)，这被称为该装置的时间响应。用机械式惯性测振仪测量振动体的振幅时，会发现当振动的频率很低时，测振仪的指针摆动能够跟上振动体的幅值变化，随着振动频率增加，指针摆幅逐渐减小，以至趋于不动，即在高频时不能准确反映其振动量的大小，其原因在于构成测振仪的质量-弹簧系统动态特性不能适应被测量的快速变化。此现象反映了装置对输入的频率响应。时间响应和频率响应是动态测试过程中表现出的重要特征，也是研究测试装置动态特性的主要内容。在对传感器动态特性进行分析时，采用最典型、最简单、易实现的正弦信号和阶跃信号作为标准输入信号。对于正弦输入信号，传感器的响应称为频率响应或稳态响应；对于阶跃输入信号，则称为传感器的阶跃响应或瞬态响应。

例如图 3-7 所示的物体受冲击力作用，其输出 $y(t)$ 随输入 $x(t)$ 的变化关系，就称为该系统的动态特性。

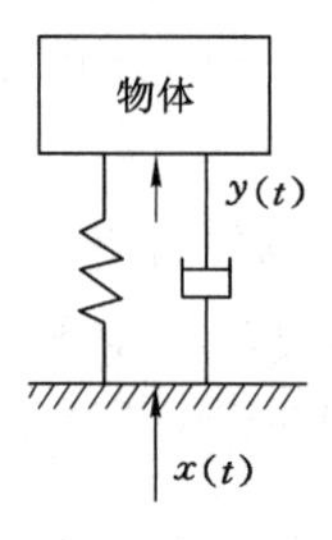

图 3-7　物体受冲击模型

一般情况下，在测量范围内，测试系统都可以认为是线性系统，因此就可以用式(3-1)描述测试系统及输入 $x(t)$ 和输出 $y(t)$ 之间的关系。通过拉普拉斯变换建立其相应的传递函数，该传递函数能描述测试装置的固有动态特性；通过傅里叶变换建立其相应的频率响应函数，以此来描述测试系统的特性。

3.3.1 拉普拉斯变换(拉氏变换)

若 $f(t)$ 是时间 t 的函数，并且当 $t \leqslant 0$ 时，$f(t)=0$，则函数 $f(t)$ 的拉普拉斯变换定义为

$$F(s)=\int_{0}^{\infty} f(t)\mathrm{e}^{-st}\mathrm{d}t \tag{3-9}$$

记作 $F(s)=L[f(t)]$。若已知 $F(s)$，求 $f(t)$，则称为拉氏逆变换，记为 $f(t)=L^{-1}[F(s)]$，式中，s 为复变数，$s=a+\mathrm{j}b$，且 $a>0$。

拉氏变换是一种积分变换，在测试中最常用的拉氏交换性质是微分定理，即当函数 $f(t)$ 的初值及各阶导数的初值为零时，其 n 阶导数的拉斯变换等于 s^n 与拉氏变换 $F(s)$ 的乘积。

$$L[f^{(n)}(t)]=s^nF(s) \tag{3-10}$$

3.3.2　传递函数

若线性系统的初始状态为零，即在考察时刻以前，其输入量、输出量及其各阶导数均为零，设 $X(s)$、$Y(s)$ 分别为输入 $x(t)$ 和输出 $y(t)$ 的拉普拉斯变换，则对式(3-1)进行拉普拉斯变换，得

$$(a_ns^n+a_{n-1}s^{n-1}+\cdots+a_1s+a_0)Y(s)=(b_ms^m+b_{m-1}+\cdots+b_1s+b_0)X(s)$$

输出量和输入量的拉氏变换 $Y(s)$、$X(s)$ 之比，定义为系统的传递函数，记为 $H(s)$。即

$$H(s)=\frac{Y(s)}{X(s)}=\frac{b_ms^m+b_{m-1}s^{m-1}+\cdots+b_1s+b_0}{a_ns^n+a_{n-1}s^n+\cdots+a_1s+a_0} \tag{3-11}$$

式中，s 为复变数，$s=\sigma+j\omega$。

传递函数是在复数域中对系统特性的一种解析描述，它包含了瞬态、稳态时间响应和频率响应的全部信息。传递函数具有以下特点：

(1) $H(s)$ 描述了系统本身的动态特性，与输入量 $x(t)$ 及系统的初始状态无关。

(2) $H(s)$ 是对物理系统特性的一种数学描述，与系统的具体物理结构无关。$H(s)$ 是将实际的物理系统抽象成数学模型[式(3-1)]后，经拉普拉斯变换后得出的，所以同一传递函数可以表征具有相同传输特性的不同物理系统。

(3) $H(s)$ 中的分母取决于系统的结构，分子则表示系统同外界之间的联系，如输入点的位置、输入方式、被测量及测点布置情况等。分母中 s 的幂次 n 代表系统微分方程的阶数，如当 $n=1$ 或 $n=2$ 时，分别称为一阶系统或二阶系统。

一般测试系统都是稳定系统，其分母中 s 的幂次总是高于分子中 s 的幂次($n>m$)。

3.3.3　频率响应函数

传递函数是在复数域中描述和考察系统的特性的，比起在时域中用微分方程来描述系统特性有许多优点。但是工程中的许多系统却极难建立其微分方程式和传递函数。

频率响应函数是在频率域中描述系统特性的。与传递函数相比较，频率响应易通过试验来建立。利用它和传递函数的关系，由它极易求出传递函数。因此频率响应函数是通过试验研究系统的重要工具。

1. 频率响应函数的定义

根据定常系数线性系统的频率保持性，系统在简谐信号 $x(t)=X_0\sin\omega t$ 的激励下，所产生的稳态输出也是同频率的简谐信号——$y(t)=Y_0\sin(\omega t+\varphi)$。但输入与输出的幅值及相位并不相同，其幅值比 $A=Y_0/X_0$、相位 φ 均是频率 ω 的函数。因此，定常系数线性系统在简谐信号激励下，其稳态输出信号和输入信号的幅值之比定义为系统的幅频特性，记为 $A(\omega)$；稳态输出时与输入的相位差定义为系统的相频特性，记为 $\varphi(\omega)$。两者统称为系统的频率特性，所以系统的频率特性是指系统在简谐信号激励下，其稳态输出时与输入的幅值比、相位差随激励频率 ω 变化的特性。

应用复数 $H(\omega)$来表示系统的频率特性，复数的模表示为幅值比 $A(\omega)$，复数的幅角表示为相位差 $\varphi(\omega)$，将其写成指数形式，即

$$H(\omega)=A(\omega)e^{j\varphi(\omega)} \tag{3-12}$$

$H(\omega)$表示系统的频率特性，通常将 $H(\omega)$称为系统的频率响应函数。

2. 频率响应函数的求法

在已知系统传递函数的情况下，令 $H(s)$中 s 的实部为零，即 $s=j\omega$，便可以求得频率响应函数 $H(\omega)$。对于定常线性系统，频率响应函数 $H(\omega)$有

$$H(\omega)=\frac{Y(j\omega)}{X(j\omega)}=\frac{b_m(j\omega)^m+b_{m-1}(j\omega)^{m-1}+\cdots+b_0}{a_n(j\omega)^n+a_{n-1}(j\omega)^{n-1}+\cdots+a_0} \tag{3-13}$$

式中　$j=\sqrt{-1}$。

例如，某一阶段测试系统的传递函数 $H(s)=\frac{1}{0.005s+1}$，将 $s=j\omega$ 代入，则其频率响应函数为

$$H(\omega)=\frac{1}{j0.005\omega+1}=\sqrt{1+(0.005\omega)^2}\,e^{-\arctan(0.005\omega)}$$

其幅频特性为

$$A(\omega)=\sqrt{1+(0.005\omega)^2}$$

相频特性为

$$\varphi(\omega)=-\arctan(0.005\omega)$$

以 ω 为自变量，作出 $A(\omega)$-ω、$\varphi(\omega)$-ω 图形，即得到幅频特性曲线和相频特性曲线。从曲线上可以看出测试系统的幅值比和相位差激励频率的变化情况。

此外，频率响应函数可以通过试验测得，这是频率响应函数的最大优点。需要注意的是，频率响应函数描述的是系统简谐输入和其稳态输出的关系，因此在测试系统频率响应函数时，必须在系统响应达到稳态阶段时进行测量。

综上所述，传递函数 $H(s)$是在复数域中描述和考察系统特性的，与在时域中用微分方程来描述和考察系统的特性相比有许多优点。频率响应函数是在频域中描述和考察系统特性的，与传递函数相比，频率响应函数易通过试验来建立，且其物理概念清楚。

3.3.4 脉冲响应函数

1. 单位脉冲函数(δ 函数)

满足下列条件的函数，称为单位脉冲函数。

$$\delta(t)=\begin{cases}\infty & t=0\\ 0 & t\neq 0\end{cases} \tag{3-14}$$

$\delta(t)$又称为 δ 函数或狄拉克函数。实际上它是一个宽度为零、幅值为无穷大，而面积为1的脉冲(图 3-8)。

某些具有冲击性的物理现象，如电网线路中的短时冲击干扰、数字电路中的采样脉冲、力学中的瞬间作用力、材料的突然断裂及撞击、爆炸等都是通过 δ 函数来分析的。

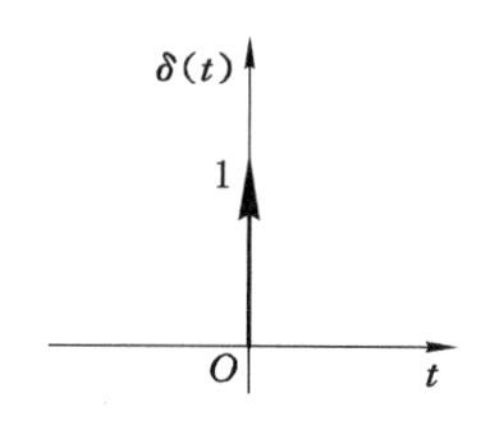

图 3-8　单位脉冲函数

2. 脉冲响应函数

若输入为单位脉冲，即 $x(t)=\delta(t)$，由于单位脉冲函数的拉普拉斯变换为 1，即 $X(s)=L[\delta(t)]=1$，因此，有 $Y(s)=H(s)X(s)=H(s)$。经拉普拉斯反变换，有 $y(t)=L^{-1}[Y(s)]=L^{-1}[H(s)]=h(t)$。

$h(t)$常称为系统的脉冲响应函数。脉冲响应函数可作为系统特性的时域描述。

这样，系统特性在时域可以用脉冲响应函数 $h(t)$来描述，在频域可以用频率响应函数 $H(\omega)$来描述，在复数域可以用传递函数 $H(s)$来描述，其间转换如图 3-9 所示。

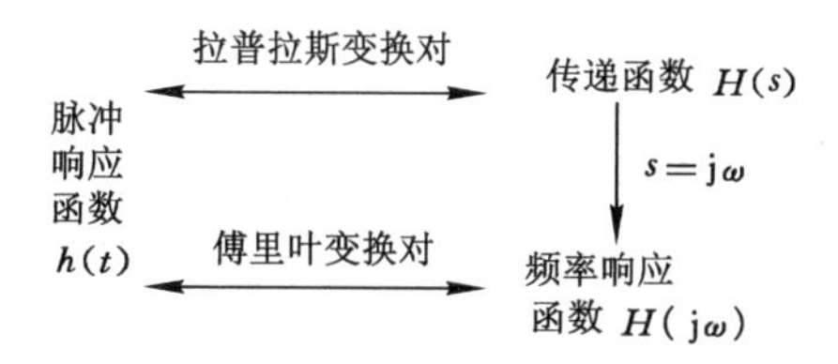

图 3-9　时域、复数域及频域

3.3.5　测试系统的串联和并联环节

一个测试系统，通常由若干个环节组成，系统的传递函数与各个环节的传递函数之间的关系取决于各环节之间的结构形式。

图 3-10 所示是由两个传递函数分别为 $H_1(s)$和 $H_2(s)$的环节经串联后组成的测试系统 $H(s)$，其传递函数为

$$H(s)=\frac{Y(s)}{X(s)}=\frac{Z(s)}{X(s)}\cdot\frac{Y(s)}{Z(s)}=H_1(s)\cdot H_2(s) \tag{3-15}$$

即两个环节串联后的传递函数等于各个传递函数的乘积。

与此类似，由 n 个环节串联组成的系统的传递函数为

$$H(s)=\prod_{i=1}^{n}=H_i(s) \tag{3-16}$$

图 3-11 所示为由两个传递函数分别为 $H_1(s)$和 $H_2(s)$的环节经并联后组成的测试系统 $H(s)$，其传递函数为

$$H(s)=\frac{Y(s)}{X(s)}=\frac{Y_1(s)+Y_2(s)}{X(s)}=H_1(s)+H_2(s) \tag{3-17}$$

同样，由 n 个环节并联组成的系统的传递函数为

$$H(s)=\sum_{i=1}^{n}H_i(s) \tag{3-18}$$

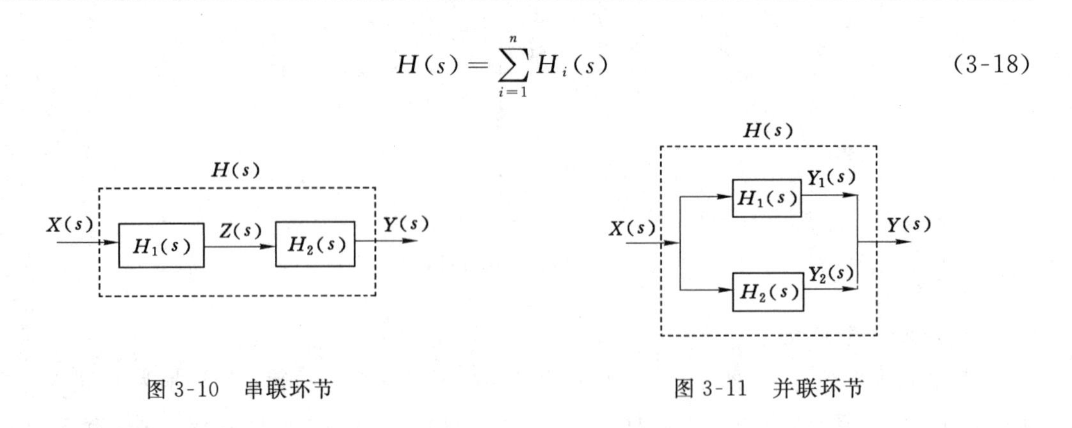

图 3-10　串联环节　　　图 3-11　并联环节

3.4　常见测试系统的动态特性

常见的测试系统是一阶或二阶系统，任何一个高于二阶的系统都可以看成若干个一阶和二阶系统的串联或并联，因此一阶或二阶系统是分析和研究高阶系统的基础。

3.4.1　一阶系统

1. 一阶系统的特性

一阶常系数微分方程描述的系统称为一阶系统。液柱式温度计、忽略质量的弹簧-阻尼系统、RC 低通滤波器等都是一阶系统，如图 3-12 所示。对于图 3-12(b)所示的 RC 低通滤波器，$U_i=x(t)$，$U_0=y(t)$，由电工学知识可知

$$\begin{cases}U_i=iR+U_0\\U_0=\dfrac{1}{C}\displaystyle\int i\,\mathrm{d}t\end{cases}$$

$$U_0=\frac{1}{C}\int i\,\mathrm{d}t=\frac{1}{C}\int\frac{U_i-U_0}{R}\mathrm{d}t$$

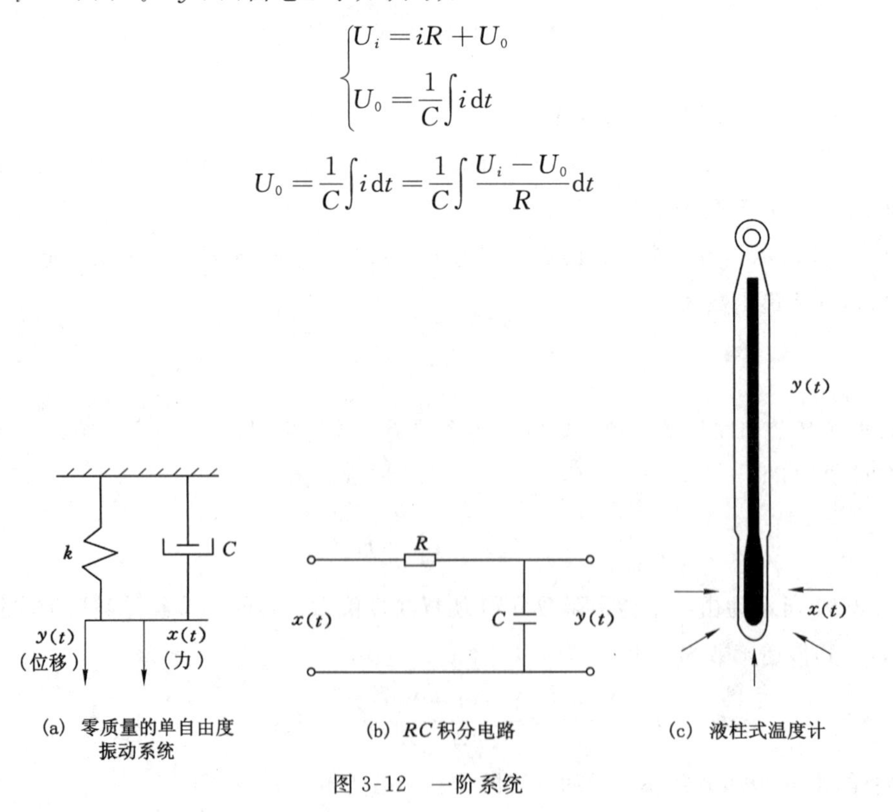

(a) 零质量的单自由度振动系统　(b) RC 积分电路　(c) 液柱式温度计

图 3-12　一阶系统

两边微分得微分方程

$$RC\frac{\mathrm{d}U_0}{\mathrm{d}t}+U_0=U_i$$

两边进行拉氏变换得

$$RCsU_0+U_0=U_i$$

系统的传递函数为

$$H(s)=\frac{Y(s)}{X(s)}=\frac{U_0}{U_i}=\frac{1}{RCs+1}$$

一般情况下，一阶系统的微分方程为

$$a_1\frac{\mathrm{d}y(t)}{\mathrm{d}t}+a_0y(t)=b_0x(t) \tag{3-19}$$

可写成

$$\tau\frac{\mathrm{d}y(t)}{\mathrm{d}t}+y(t)=Sx(t) \tag{3-20}$$

式中　τ——系统的时间常数，$\tau=\frac{a_1}{a_0}$；

S——系统灵敏度，$S=\frac{b_0}{a_0}$。

对于具体系统而言，S 是一个常数。为了方便分析，可令 $S=1$，并以这种归一化系统作为研究对象，其传递函数为

$$H(s)=\frac{Y(s)}{X(s)}=\frac{1}{\tau s+1} \tag{3-21}$$

其频率响应函数为

$$H(\mathrm{j}\omega)=\frac{1}{\tau\mathrm{j}\omega+1}=\frac{1}{1+(\tau\omega)^2}-\mathrm{j}\frac{\tau\omega}{1+(\tau\omega)^2} \tag{3-22}$$

其幅频特性和相频特性为

$$A(\omega)=\frac{1}{\sqrt{1+(\tau\omega)^2}} \tag{3-23}$$

$$\varphi(\omega)=-\arctan(\tau\omega)$$

其中，负号表示输出信号滞后于输入信号。

一阶系统的伯德图和奈奎斯特图分别如图 3-13 和图 3-14 所示，而以无量纲系数 $\tau\omega$ 为横坐标所绘制的幅频、相频特性曲线如图 3-15 所示。

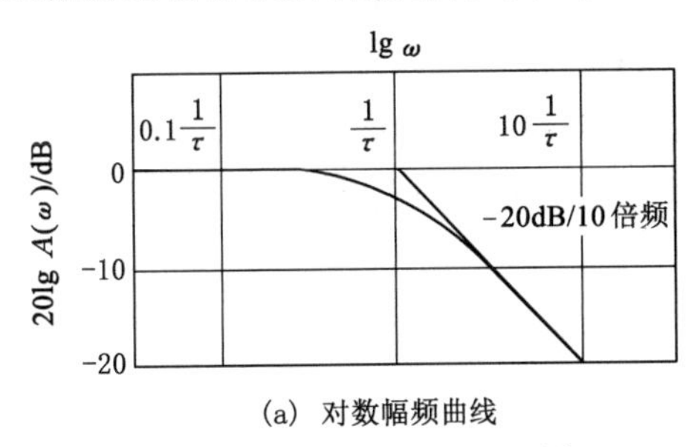

(a) 对数幅频曲线

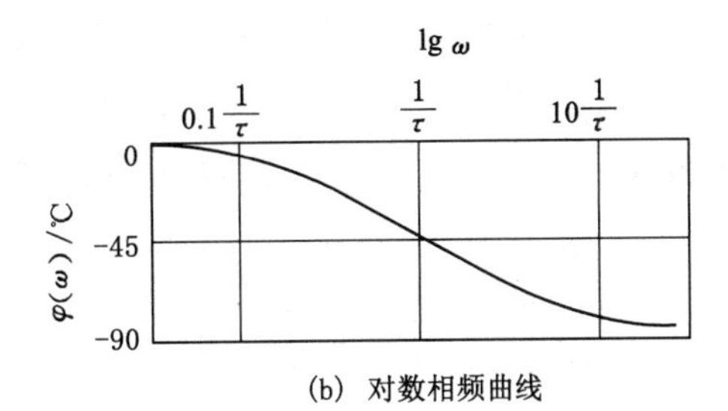

(b) 对数相频曲线

图 3-13　一阶系统的伯德图

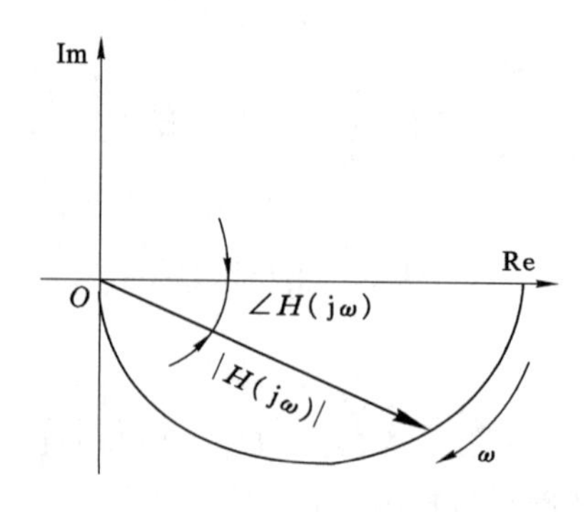

图 3-14　一阶系统的奈奎斯特图

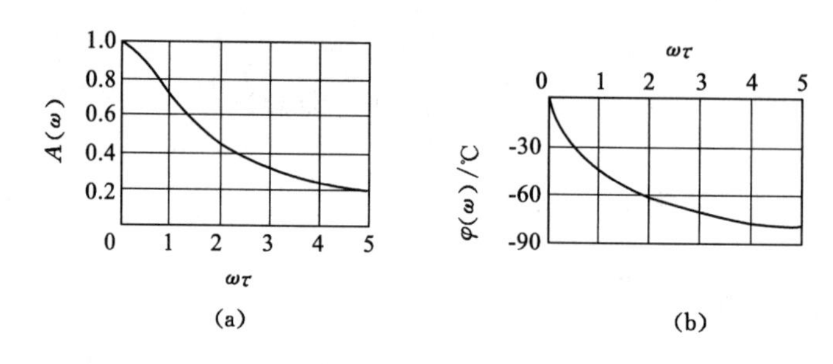

图 3-15　一阶系统的幅频、相频特性曲线

在一阶系统特性中，有几点应特别注意：

(1) 当激励频率 $\omega\tau \ll 1$ 时，$A(\omega) \approx 1$（误差不超过 2%），输出、输入幅值几乎相等。相位差随 ω 的增大而增大；当 ω 从 $0 \to \infty$ 时，$\varphi(\omega)$ 从 $0 \to -90°$；在 $\omega\tau = 1$ 处，$\varphi(\omega) = -45°$，故一阶测试装置适用于测量缓慢或低频的被测量。$A(\omega)$ 和 $\varphi(\omega)$ 的变化表示输出和输入之间差异，叫作稳态响应动误差。

(2) 时间常数 τ 是反映一阶系统特性的重要参数，实际上决定了该装置适用的频率范围。在 $\omega\tau$ 较小时，幅值和相位的失真都较小。在 $\omega\tau = 1$ 处，设系统灵敏度 $S = 1$，$A(\omega) = 0.707$（-3 dB），相角滞后 45°。因此，为减小一阶测试系统的稳态误差，增大工作频率范围，应尽可能采用时间常数 τ 小的测试系统。

(3) 一阶系统的伯德图可以用一条折线来近似描述。这条折线在 $\omega < 1/\tau$ 段为 $A(\omega) = 1$ 的水平线；在 $\omega > 1/\tau$ 段为 -20 dB/10 倍频（或 -6 dB/倍频）斜率的直线。$1/\tau$ 点称转折频率，在该点折线偏离实际曲线的误差最大（为 -3 dB）。

其中，所谓的"-20 dB/10 倍频"是指频率每增加 10 倍，$A(\omega)$ 下降 20 dB。如在图 3-13 中，在 $\omega = (1/\tau) \sim (10/\tau)$ 之间，斜直线通过纵坐标相差 20 dB 的两点。

2. 一阶系统在典型输入下的响应

典型的输入信号有阶跃函数、斜坡函数、脉冲函数等，由前述可知，测试系统的输入、输出与传递函数之间有关系式

$$Y(s) = H(s) \cdot X(s)$$

对上式做拉普拉斯反变换，有

$$y(t)=L^{-1}[Y(s)]=L^{-1}[H(s)\cdot X(s)]$$

式中，L^{-1}表示拉普拉斯反变换。

以下的讨论中，均假设系统的静态灵敏度 $S=1$。

(1) 在单位脉冲输入下的响应

设输入为

$$x(t)=\delta(t)$$

由于 $X(s)=1$，则有

$$y(t)=h(t)=L^{-1}\left[\frac{1}{\mathrm{j}\tau\omega+1}\right]=\frac{1}{\tau}\mathrm{e}^{-t/\tau} \tag{3-24}$$

其脉冲响应函数如图3-16所示。

(2) 在单位阶跃输入下的响应

单位阶跃输入的定义为

$$x(t)=\begin{cases}0 & t<0\\ 1 & t\geqslant 0\end{cases} \tag{3-25}$$

如图3-17所示，其拉普拉斯变换为

$$X(s)=\frac{1}{s}$$

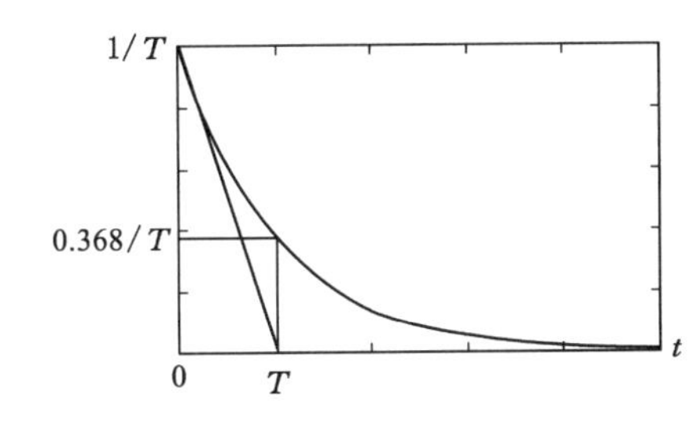

图3-16　一阶系统的脉冲响应函数

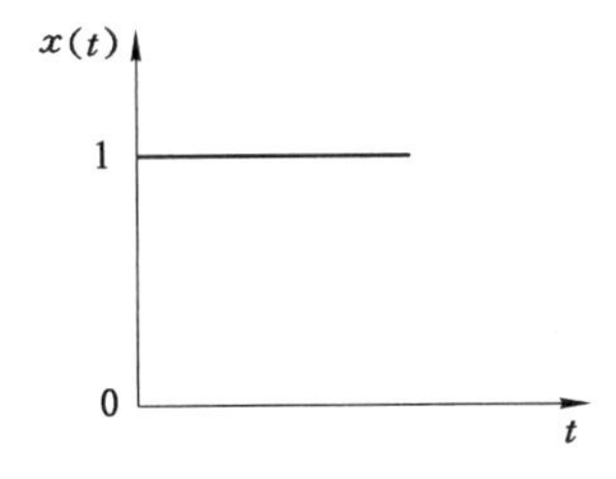

图3-17　单位阶跃函数

单位阶跃响应函数为

$$y(t)=L^{-1}\left[\frac{1}{\mathrm{j}\tau\omega+1}\cdot\frac{1}{s}\right]=1-\mathrm{e}^{-t/\tau} \tag{3-26}$$

由图3-18可知，一阶系统在单位阶跃激励下的稳态输出误差为零，并且进入稳态的时间 $t\to\infty$。系统的初始上升斜率为 $1/\tau$。当 $t=4\tau$ 时，$y(4\tau)=0.982$，误差小于2%；当 $t=5\tau$ 时，$y(5\tau)=0.993$，误差小于1%；理论上系统的响应时间趋于无穷大时达到稳态。毫无疑义，一阶装置的时间常数越小越好。

一般来说，在研究动态特性时，通常只能根据“规律性”的输入来考虑传感器的响应。复杂周期信号可以分解为各种谐波，所以可用正弦周期输入信号来代替；其他瞬变输入不如阶跃输入对系统的影响剧烈，可用阶跃输入代表。因此，通常使用的“标准”输入只有两种：正弦输入和阶跃输入。传感器动态特性的分析及标定都以这两种输入为依据。当采用正弦输

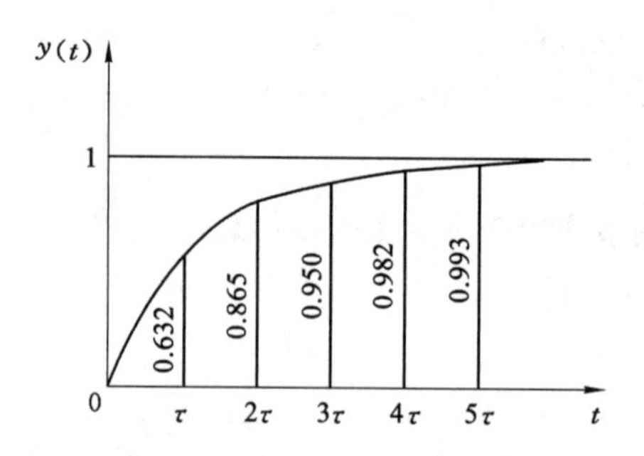

图 3-18　一阶系统的单位阶跃响应

入作为评价依据时，一般使用幅频特性与相频特性进行描述，评价指标为频带宽度，简称带宽，即传感器输出增益变化不超出某一规定分贝值的频率范围，相应的方法称为频率响应法。当采用阶跃输入作为评价依据时，常用上升时间、响应时间、超调量等参数来综合描述，相应的方法称为阶跃响应法，如图 3-19 所示。

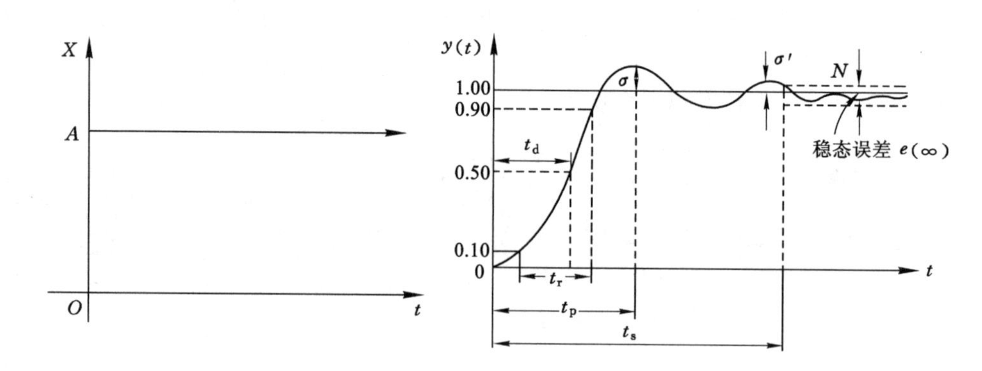

图 3-19　阶跃响应过程中的特性参数

阶跃响应性能指标主要包括稳态值 y_s、延迟时间 t_d、上升时间 t_r、峰值时间 t_p、调整时间 t_s 和超调量 σ，定义如下：

稳态值 y_s：当时间趋于无穷大时，阶跃响应的输出值，$y_s=y(\infty)$。

延迟时间 t_d：指响应曲线第一次达到其终值一半所需的时间。

上升时间 t_r：输出阶跃响应达到 90%稳态值时所对应的时刻。

峰值时间 t_p：输出阶跃响应峰值 y_m 所对应的时刻。

超调量 σ：输出阶跃响应峰值 y_m 与稳态值 y_s 之差所占稳态值 y_s 的百分比，$\sigma=(y_m-y_s)/y_s$。

调整时间 t_s：输出阶跃响应进入稳态值 $y_s\pm\Delta$ 误差带范围内所对应的时刻，一般取$\Delta=0.02$ 或 $\Delta=0.05$。

虽然传感器的种类和形式很多，但它们一般可以简化为一阶或二阶系统（高阶环节可以分解为若干低阶环节），因此一阶和二阶传感器是最基本的。传感器的输入量随时间变化的规律是各种各样的，下面在对传感器动态特性进行分析时，采用最普遍、最简单、易实现的阶跃信号和正弦信号作为标准输入信号。对于阶跃输入信号，传感器的响应称为阶跃响应或瞬态响应。对于正弦输入信号，则称为传感器的频率响应或稳态响应。

(3) 在单位正弦输入下的响应

设系统的输入为

$$x(t)=\sin\omega(t)\quad(t>0)$$

其拉氏变换为

$$X(s)=\frac{\omega}{s^2+\omega^2}$$

系统的响应为(图 3-20)

$$y(t)=\frac{1}{\sqrt{1+(\omega\tau)^2}}\left[\sin(\omega t+\varphi_1)-\mathrm{e}^{-t/\tau}\cos\varphi_1\right]\tag{3-27}$$

式中　$\varphi_1=-\arctan\omega\tau$。

由图 3-20 可见，正弦输入的响应函数仍为同频率的正弦函数，只是幅值和相位不同。

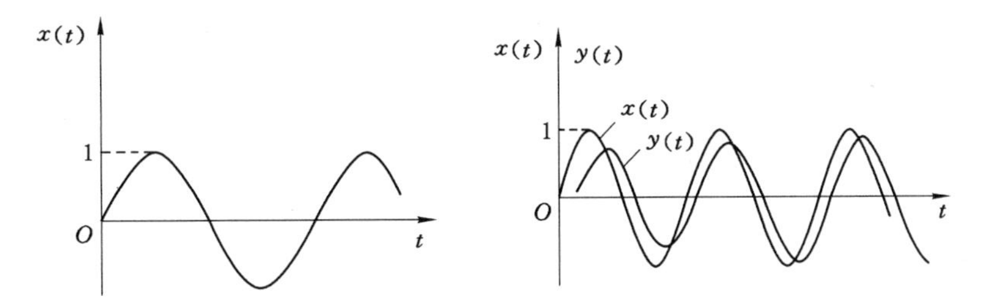

图 3-20　单位正弦输入信号及对其输入的响应

3.4.2　二阶系统

1. 二阶系统的特性

可用二阶常系数微分方程描述的系统称为二阶系统。弹簧-质量-阻尼系统和 RLC 电路等都是二阶系统，如图 3-21 所示。

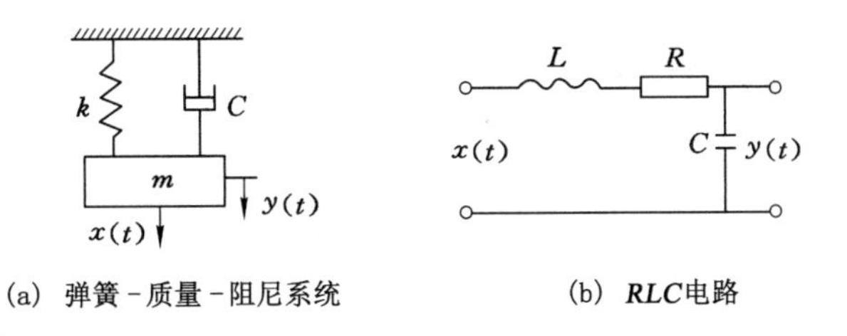

图 3-21　二阶系统实例

二阶系统的微分方程为

$$\frac{\mathrm{d}^2y(t)}{\mathrm{d}t^2}+2\zeta\omega_{\mathrm{n}}\frac{\mathrm{d}y(t)}{\mathrm{d}t}+\omega_{\mathrm{n}}^2y(t)=S\omega_{\mathrm{n}}^2x(t)$$

式中　ζ——系统的阻尼比，$\zeta<1$；

ω_n——系统的固有频率；

S——系统的灵敏度。

二阶系统的传递函数如式(3-28)所示，频率响应函数及幅频特性和相频特性分别如式(3-29)～式(3-31)所示。

$$H(s)=\frac{S\omega_n^2}{s^2+2\zeta\omega_n S+\omega_n^2} \tag{3-28}$$

$$H(\omega)=\frac{S}{1-\left(\frac{\omega}{\omega_n}\right)+2j\xi\frac{\omega}{\omega_n}} \tag{3-29}$$

$$A(\omega)=\frac{S}{\sqrt{[1-(\omega/\omega_n)^2]^2+4\xi^2(\omega/\omega_n)^2}} \tag{3-30}$$

$$\varphi(\omega)=-\arctan\frac{2\xi(\omega/\omega_n)}{1-(\omega/\omega_n)^2} \tag{3-31}$$

图 3-22 所示为二阶系统的频率响应特性曲线，图 3-23、图 3-24 所示分别为相应的伯德图和奈奎斯特图。由式(3-30)、式(3-31)和图 3-22 可见，二阶传感器频率响应特性的好坏主要取决于系统的固有频率和阻尼比。当 $\xi<1$、$\omega\ll\omega_n$ 时，$A(\omega)\approx1$，$\varphi(\omega)$很小，此时传感器的输出 $y(t)$再现了输入 $x(t)$的波形。通常，固有频率 ω_n 至少应大于被测信号频率 ω 的 3～5 倍。

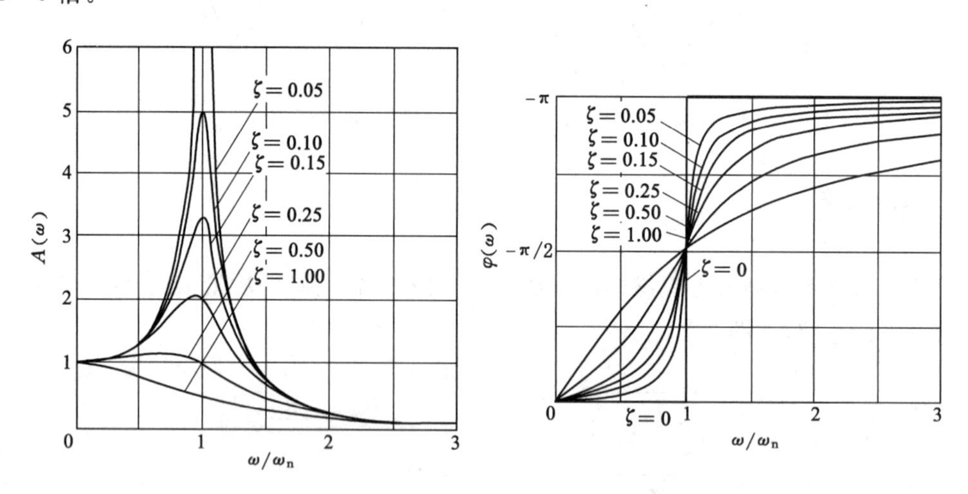

图 3-22　二阶系统的频率响应特性曲线

为了减小动态误差和扩大频率响应范围，一般需要提高传感器固有频率 ω_n，而固有频率 ω_n 与传感器运动部件质量 m 和弹性敏感元件的刚度 k 有关，即 $\omega_n=\sqrt{k/m}$，增大刚度 k 或减小质量 m 均可提高其固有频率，但刚度 k 的增加会使传感器灵敏度降低。所以，在实际应用中，应综合各种因素来确定传感器的各个特征参数。

2. 二阶系统在典型输入下的响应

为讨论方便，仍假设静态灵敏度 $S=1$。

(1) 在单位脉冲输入下的响应

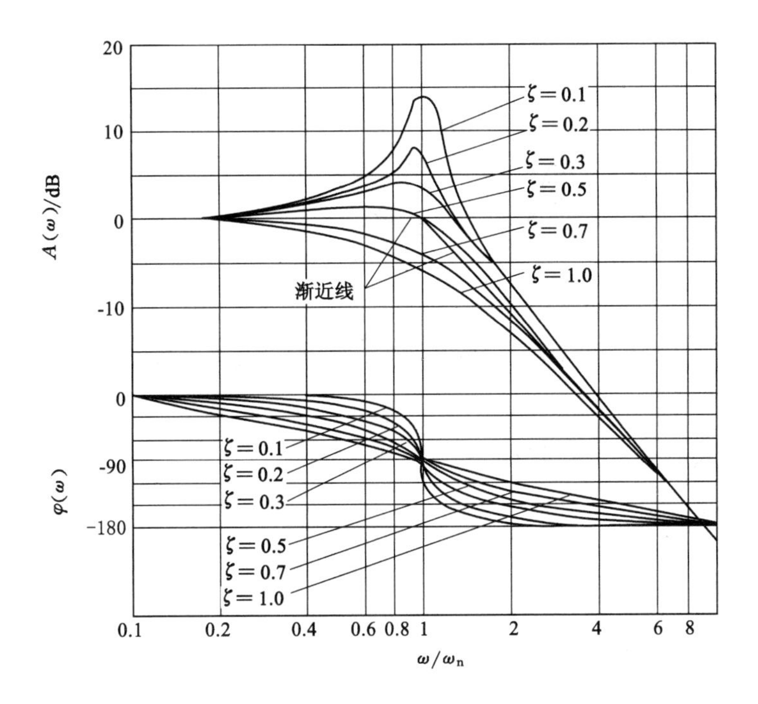

图 3-23　二阶系统的伯德图示意

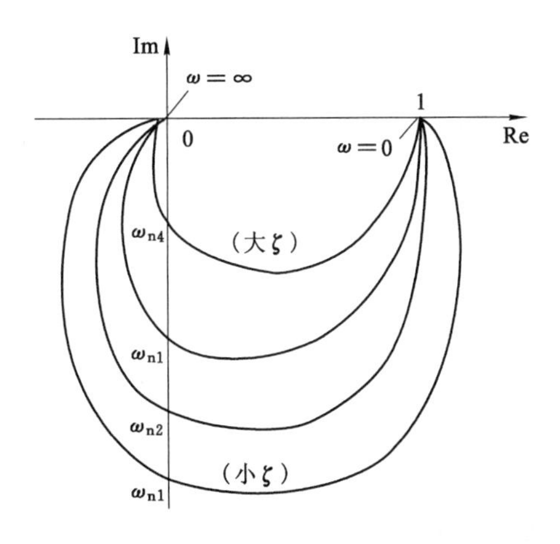

图 3-24　二阶系统的奈奎斯特图示意

单位脉冲响应函数为

$$h(t)=\frac{\omega_n}{\sqrt{1-\zeta^2}}e^{-\zeta\omega_n t}\sin(\sqrt{1-\zeta^2}\,\omega_n t)$$

其曲线是一条幅值按指数规律衰减的正弦曲线，如图 3-25 所示。

(2) 在单位阶跃输入下的响应

单位阶跃响应函数为

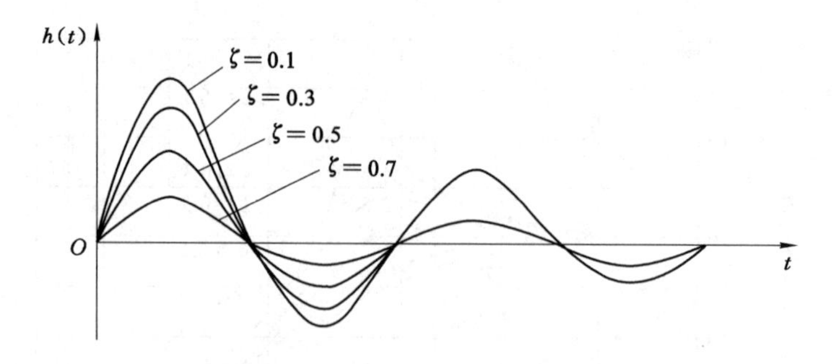

图 3-25　二阶系统的单位脉冲响应函数曲线

$$y(t)=1-\frac{e^{-\zeta\omega_n t}}{\sqrt{1-\zeta^2}}\sin(\omega_d t+\varphi) \tag{3-32}$$

式中　$\omega_d=\omega_n\sqrt{1-\zeta^2}$；

$\varphi=-\arctan\frac{\sqrt{1-\zeta^2}}{\zeta}(\zeta<1)$。

其曲线如图 3-26 所示。

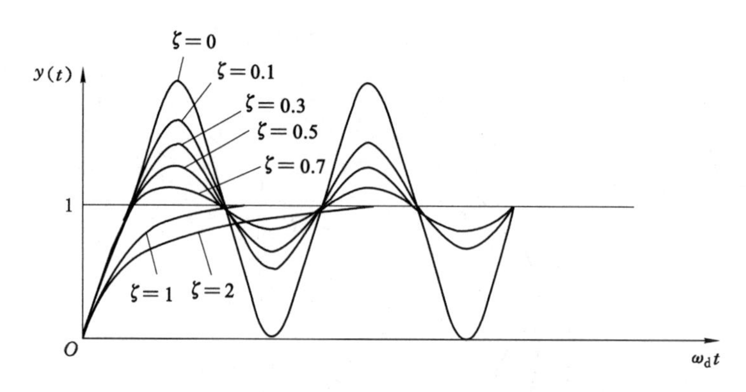

图 3-26　二阶系统的单位阶跃响应曲线

二阶测试系统的单位阶跃响应有如下性质：

① 阶跃响应曲线的形状有三种，其形状只取决于 ξ。$\xi>1$ 时，曲线缓慢上升，逐渐趋于 1，但不会超过 1；$\xi<1$ 时，曲线呈减幅振动，逐渐趋于 1；$\xi=1$ 时，介于两者之间，不产生振动；$\xi=0$ 时，产生持续振荡永无休止。由此可以明显地看出输入、输出之间的差异，输出需要一定的时间然后才能达到稳态值。

② 进入稳态的时间取决于系统的固有频率 ω_n 和阻尼比 ξ。ω_n 越大，系统响应越快。ξ 值过大，则趋于稳态的时间过长；ξ 值过小，由于产生振荡之故，趋于稳态的时间仍然很长，因此，为提高响应速度，通常选取 $\xi=0.6\sim0.8$。同时，计算表明，当二阶装置的阻尼比 ξ 等于 0.6～0.8 时，最大超调量不超过 10%，达到稳态的时间最短，幅频特性 $A(\omega)$ 的变化不超过 5%，同时相频特性 $\varphi(\omega)$ 也接近直线，产生的相位失真也很小，整个稳态误差在 2%～5%

的范围内。因此，二阶系统的阻尼比通常选择为 $\xi=0.6\sim0.8$。

③ 二阶系统在单位阶跃激励下的稳态输出误差为零。

(3) 在单位正弦输入下的响应

在单位正弦输入下二阶系统的频率响应为

$$y(t)=A(\omega)\sin[\omega t+\varphi(\omega)]-\mathrm{e}^{-\xi\omega_n t}[K_1\cos\omega_d t+K_2\sin\omega_d t] \tag{3-33}$$

式中，$A(\omega)$、$\varphi(\omega)$分别为二阶系统的幅频和相频特性，K_1 和 K_2 是与 ω_n 和 ξ 有关的系数。

系统的响应首先是过渡阶段，随着时间的增加而衰减，以至消失。经过某一时刻后，进入稳态响应阶段，输出信号仍为同频率的正弦波。不同的是，在不同频率下，其幅值响应和相位滞后都不相同，它们都是输入频率的函数。因此，可以用不同频率的正弦信号去激励测试系统，观察其输出幅值的变化和相位滞后，从而获得系统的动态特性。这是系统动态标定常用的方法之一。

二阶系统的频率响应有如下性质：

① 二阶系统的频率响应随阻尼比 ξ 不同而不同。为在较宽的频率范围内减小稳态响应的动态误差，阻尼比 ξ 应设计为 0.65～0.8。

② 二阶系统的频率响应随固有频率 ω_n 不同而不同。固有频率 ω_n 越大，稳态响应误差小的工作频率范围越宽，系统响应越快，反之，则工作频率范围越窄，一般工作频率取 $\omega<(0.6\sim0.8)\omega_n$。

【例 3-1】 一个力传感器是二阶测试系统，其固有频率为 800 rad/s，阻尼比为 0.4。若用这只传感器测量以 400 rad/s 正弦变化的力，那么振幅将产生多大的误差？相位偏移多少？若用固有频率为 1 000 rad/s，阻尼比为 0.6 的传感器进行测量，结果又如何？

解　设输入幅值为 1，则输出幅值为

$$A(\omega)=\frac{1}{\sqrt{[1-(\omega/\omega_n)^2]+4\xi^2(\omega/\omega_n)^2}}$$

$$=\frac{1}{\sqrt{[1-(400/800)^2]^2+4\times0.4^2\times(400/800)^2}}=1.18$$

则振幅产生 18% 的误差。

$$\varphi(\omega)=-\arctan\frac{2\xi(\omega/\omega_n)}{1-(\omega/\omega_n)}=-\arctan\frac{2\xi(400/800)}{1-(400-800)^2}=-28^\circ$$

可见振幅误差和相位偏移都较大。若用 $\omega_n=1\ 000$ rad/s，$\xi=0.6$ 的传感器测量，则有 $A=1.03$，$\varphi=-30^\circ$，即振幅产生 3% 的误差，振幅误差大大下降。

【例 3-2】 某一阶测试装置的传递函数为 $\frac{1}{0.04s+1}$，若用它测量频率为 0.5 Hz、1 Hz、2 Hz的正弦信号，试求其幅度误差。

解　一阶系统的频率响应函数的幅频特性为

$$A(\omega)=\frac{1}{\sqrt{1+(\omega\tau)}}$$

因为 $\omega=2\pi f$，当 $\tau=0.04$ 时有

$$A(\omega)=\frac{1}{\sqrt{1+(\omega\tau)}}=\frac{1}{\sqrt{1+(0.08\pi f)}}$$

幅度误差$=[1-A(\omega)]\times100\%$。

根据已知条件，有：

当 $f=0.5$ Hz 时，$A(\omega)=0.78\%$。

当 $f=1$ Hz 时，$A(\omega)=3.01\%$。

当 $f=2$ Hz 时，$A(\omega)=10.64\%$。

3.5 测试系统静态特性和动态特性的测定

为了保证测试结果的精度，测试系统在出厂前或使用前需要进行定度或定期校准，对测试系统的静态特性和动态特性进行测定。

3.5.1 测试系统静态特性的测定

测试系统的静态特性测定，是选择经过校准的"标准"静态量作为测试系统的输入，求出其输入、输出特性曲线。所采用的"标准"输入量误差应当是所要求测试结果误差的$\frac{1}{5}\sim\frac{1}{3}$或更小。具体的标定过程如下。

1. 作输入、输出特性曲线

将"标准"输入量在满量程范围内均匀地分成 n 个点 $x_i(i=1,2,\cdots,n)$，按正反行程进行相同的 m 次测量（每次测量都包括一个正行程和一个反行程），得到 $2m$ 条输入、输出特性曲线，如图 3-27 所示。

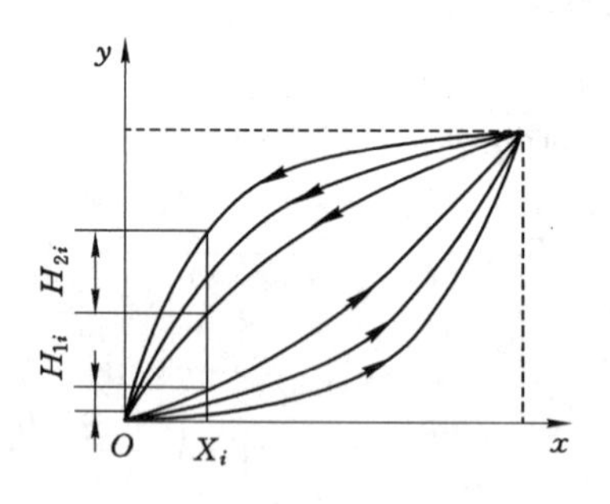

图 3-27 正反程输入、输出曲线

2. 重复性误差 H_1 和 H_2

正行程的重复性误差为

$$H_1=\frac{|H_{1i}|_{\max}}{A}\times100\% \tag{3-34}$$

式中 H_{1i}——输入量 $x_i(i=1,2,\cdots,n)$所对应的正行程的重复性误差；

A——测试系统的满量程值；

$|H_{1i}|_{\max}$——在满量程 A 内正行程中各点重复性误差的最大值。

计算反行程的重复性误差为

$$H_2 = \frac{|H_{2i}|_{max}}{A} \times 100\% \tag{3-35}$$

式中　H_{2i}——输入量 $x_i(i=1,2,\cdots,n)$ 所对应的反行程的重复性误差；

$|H_{2i}|_{max}$——在满量程内反行程中各点重复性误差的最大值。

3. 作正反行程的平均输入、输出曲线

计算正行程曲线：

$$\bar{y}_{1i} = \frac{1}{m}\sum_{j=1}^{m}(y_{1ij}) \tag{3-36}$$

计算反行程曲线：

$$\bar{y}_{2i} = \frac{1}{m}\sum_{j=1}^{m}(y_{2ij}) \tag{3-37}$$

式中，y_{1ij} 和 y_{2ij} 分别为第 j 次正行程和反行程所对应的坐标值，$j=1,2,\cdots,m$。

4. 求回程误差

$$h = \frac{|\bar{y}_{2i} - \bar{y}_{1i}|_{max}}{A} \times 100\% \tag{3-38}$$

5. 作定度曲线

定度曲线为：

$$y_i = \frac{1}{2}(\bar{y}_{1i} + \bar{y}_{2i}) \tag{3-39}$$

将定度曲线作为测试系统的实际输入-输出特性曲线，这样可以消除各种误差的影响，使其更接近实际输入-输出曲线。

6. 求作拟合直线，计算非线性误差和灵敏度

根据定度曲线，按最小二乘法求作拟合直线，然后根据非线性误差 $=\frac{B}{A}\times 100\%$ 求非线性误差。拟合直线的斜率即为灵敏度。

3.5.2 测试系统动态特性的测定

测试系统动态特性是其内在的一种属性，这种属性只有系统受到激励之后才能显现出来，并隐含在系统的响应之中。因此，研究测试系统动态特性的标定，应首先研究采用何种输入信号作为系统的激励，其次要研究如何从系统的输出响应中提取系统的动态特性参数。

常用的动态标定方法有阶跃响应法和频率响应法，下面仅介绍阶跃响应法。

阶跃响应法是以阶跃信号作为测试系统的输入，通过对系统输出响应的测试，从中计算出系统的动态特性参数。这种方法实质上是一种瞬态响应法，即通过对输出响应的过渡过程的测试，来标定系统的动态特性。

1. 一阶系统动态特性参数的求取

对于一阶系统来说，时间常数 τ 是唯一表征系统动态特性的参数，由图 3-18 可见，当输出响应达到稳态值的 63.2%时，所需要的时间就是一阶系统的时间常数。显然，这种方法很难做到精确的测试，同时，又没涉及测试的全过程，所以求解的结果精度较低。

为获得较高精度的测试结果，一阶系统的单位阶跃响应式可以改写成

$$1-y(t)=e^{-t/\tau}$$

或者

$$\ln[1-y(t)]=-\frac{1}{\tau}\cdot t$$

通过求直线 $\ln[1-y(t)]=-\frac{1}{\tau}\cdot t$ 的斜率，即可求出时间常数 τ。

2. 二阶系统动态特性参数的求取

二阶测试系统都设计成 $\xi=0.6\sim0.8$ 的欠阻尼系统，它的阶跃响应是一条衰减的正弦曲线，其单位阶跃响应函数式为

$$y(t)=1-\frac{e^{-\xi\omega_n t}}{\sqrt{1-\xi^2}}\sin(\omega_d t+\varphi)\quad(0<\xi<1)$$

响应的振动频率 $\omega_d=\omega_n\sqrt{1-\xi^2}$（称之为有阻尼固有频率），周期为 $t_p=\frac{2\pi}{\omega_d}$，即各峰值所对应的时间为 $t_p=0,\pi/\omega_d,2\pi/\omega_d,\cdots$，如图 3-28 所示。

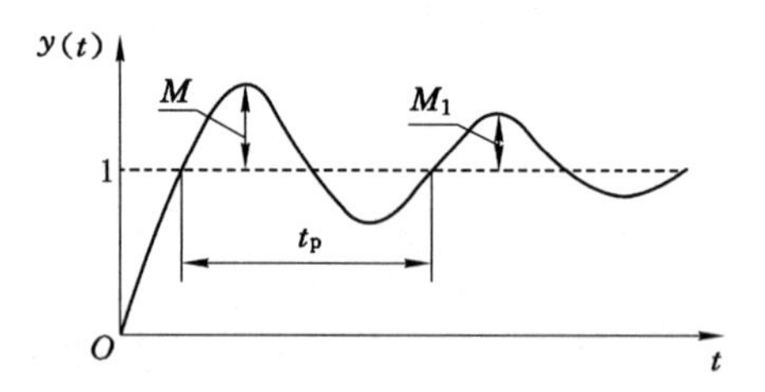

图 3-28　欠阻尼二阶系统的阶跃响应

显然，当 $t=\pi/\omega_d$ 时，$y(t)$取得最大值，该值称为最大超调量 M，其与阻尼比 ξ 的关系可由下式求得

$$M=y(t)_{max}-1=e^{-\frac{\xi\pi}{\sqrt{1-\xi^2}}}\tag{3-40}$$

或者

$$\xi=\sqrt{\frac{1}{\left(\frac{\pi}{\ln M}\right)^2+1}}$$

因此从输出曲线上测出最大超调量 M，根据上式可求出系统的阻尼比 ξ。

如果测得的瞬态响应时间过长，则可利用任意两个相隔 n 个周期数的超调量 M_i 和 M_{i+n}来求取阻尼比。设 M_i 和 M_{i+n}所对应的时间分别为 t_i 和 t_{i+n}，则

$$t_{i+n}=t_i+\frac{2\pi n}{\omega_n\sqrt{1-\xi^2}}$$

将其代入二阶系统的阶跃响应函数式可得

$$\ln\frac{M_i}{M_{i+n}}=\frac{2\pi n\xi}{\sqrt{1-\xi^2}}$$

整理后得

$$\zeta=\sqrt{\frac{\left(\ln\frac{M_i}{M_{i+n}}\right)^2}{\left(\ln\frac{M_i}{M_{i+n}}\right)+4\pi^2n^2}}$$

系统的固有频率可由下式求得

$$\omega_{\mathrm{n}}=\frac{\omega_{\mathrm{d}}}{\sqrt{1-\zeta^2}}=\frac{2\pi}{t_{\mathrm{p}}\sqrt{1-\zeta^2}}$$

式中，振荡周期 t_{p} 可从图 3-28 所示曲线上直接测得。

3.6 实现不失真测试的条件

测试的目的是获得被测对象的信息，使测试系统的输出信号能够真实、准确地反映出被测对象的信息，这种测试称为不失真测试。对任何测试装置，总是要求具有好的频率响应特性、高的灵敏度、快速响应和小的时间滞后，但是，全面满足这些要求是困难的。

设测试系统的输入为 $x(t)$，若要实现不失真测试，则该系统的输出 $y(t)$ 应满足

$$y(t)=A_0x(t-t_0) \tag{3-41}$$

其中，A_0，t_0 为常数。式(3-41)即为测试系统在时域内实现不失真测试的条件。此时，测试系统的输出波形与输入波形相似，只是幅值放大到 A_0 倍，相位偏移了 t_0，如图 3-29 所示。

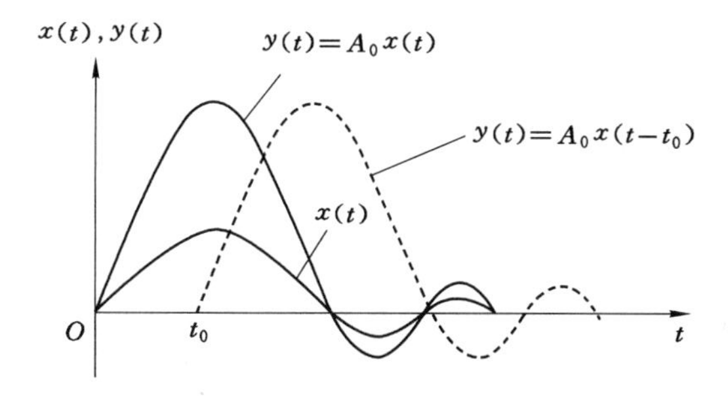

图 3-29　不失真测试条件

对式(3-41)进行傅里叶变换得

$$Y(\mathrm{j}\omega)=A_0\mathrm{e}^{-\mathrm{j}t_0\omega}X(\mathrm{j}\omega) \tag{3-42}$$

当测试系统的初始状态为零时，即当 $t<0$ 时，$x(t)=0$，$y(t)=0$，测试系统的频率响应函数为

$$H(\mathrm{j}\omega)=\frac{Y(\mathrm{j}\omega)}{X(\mathrm{j}\omega)}=A_0\mathrm{e}^{-\mathrm{j}t_0\omega} \tag{3-43}$$

其幅频特性和相频特性为

$$\begin{cases}A(\omega)=A_0=\mathrm{const}\\ \varphi(\omega)=-t_0\omega\end{cases} \tag{3-44}$$

式(3-44)即为测试系统在频域内实现不失真测试的条件,即幅频特性曲线是一条平行于 ω 轴的直线,相频特性曲线是斜率为 $-t_0$ 的直线。

应该指出的是,上述不失真测试的条件是指波形不失真的条件,而幅值和相位都发生了变化,因此在测试过程中要根据不同的测试目的,合理地利用这个条件,否则将会得到相反的结果。如果测试的目的只是精确地测出输入波形,那么上述条件完全可以满足要求。但如果测出的结果要用来作为反馈控制信息,这就要特别注意,输出信号的波形相对输入信号的波形在相位或者说在时间上是有滞后的,这种滞后有可能导致系统的稳定性遭到破坏。因此,在这种情况下,要根据不同的情况,对输出信号在幅值和相位上进行适当的处理之后,再用作反馈信号。

任何一个测试系统不可能在非常宽广的频带内都满足不失真的测试条件,我们将 $A(\omega)$ 不等于常数时所引起的失真称为幅值失真,$\varphi(\omega)$ 与 ω 之间的非线性关系所引起的失真称为相位失真。一般情况下,测试系统既有幅值失真又有相位失真。为此,只能尽量地采取一定技术手段将波形失真控制在一定的误差范围之内。

由于测试系统通常由若干个测试装置组成,因此只有保证每一个测试装置都满足不失真测试的条件,才能使最终输出的波形不失真。绝对的不失真是不可能的,但必须把失真程度控制在一定的范围内。

3.7 测量误差的基本概念

测量,一般是指以确定被测量的量值为目的的一系列试验操作。在这一过程中,不可避免地存在误差,没有误差的测量是不存在的。一些参数的计算及测量数据处理,同样含有误差。误差和测量有着密切的关系。这里介绍测量误差的一些基本概念。

3.7.1 真值

真值即真实值,是指在一定条件下,被测量客观存在的实际值。真值通常是各未知量,一般所说的真值分为理论真值、规定真值和相对真值。

理论真值:也称绝对真值,如三角形三内角之和恒为 180°。

规定真值:国际上公认的某些基准量值。如国际计量局提出新的“米”的定义为“一米等于光在 1.299 792 458 秒之内所行进路径的长度”。这个米基准就被当作计量长度的规定真值。

相对真值:是指计量器具按精度不同分为若干等级,高一等级的指示值即为低一等级的真值,此真值称为相对真值。例如在力值的传递标准中,用二等标准测力计校准三等标准测力计,此时二等标准测力计的指示值即为三等标准测力计的相对真值。

2.7.2 误差

测量结果和被测量的真值总是不一致的,二者之差称为测量误差。测量误差可用绝对误差和相对误差来表示。

绝对误差是指测得的值与真值之差,即

$$绝对误差=测得的值-真值$$

相对误差是指绝对误差与被测真值的比值，通常用百分数表示，即

$$相对误差=\frac{绝对误差}{被测真值}\times 100\%$$

当被测真值为未知数时，可用测得值(或测得值的算术平均值)代替被测真值计算。对于不同的被测量值，用绝对误差往往很难评定其测量精度的高低，通常都用相对误差来评定。

3.7.3　误差的分类

根据测量误差的性质和特点，可将误差分为系统误差、随机误差和疏失误差(或称粗大误差)三大类。

1. 系统误差

系统误差是指在相同测试条件下，多次测量同一被测量时，测量误差的大小和符号保持不变或按一定的函数规律变化的误差，服从确定的分布规律。

系统误差主要是由于测量设备的缺陷、测量环境变化、测量时使用的方法不完善、所依据的理论不严密或采用了某些近似公式等所造成的。

系统误差的种类较多，根据需要可以有不同的分类方法。

(1) 根据系统误差变化与否分为恒值系统误差与变值系统误差。

① 恒值系统误差是不随试验条件变化而保持恒定的系统误差，如仪表的零点偏移、刻度不准而产生的测量误差。

② 变值系统误差是随着试验条件的变化而变化的系统误差，如测量电路中各种电气元件的参数随温度而变化所产生的测量误差。

(2) 按误差产生的原因，分为以下几种。

① 工具误差：也称为仪器误差，这是由于测量所用工具(仪器、量具等)本身不完善而产生的误差。

② 装置误差：由于测量设备和电路的安装、布置及调整不得当而产生的误差，如测试设备没有调整到水平、垂直、平行等理想状态，以及未能对中、方向不准等所产生的误差。

③ 环境误差：由于外界环境(温度、湿度、电磁场等)的影响而产生的误差。各类仪器仪表都有在一定条件下的性能参数或者精度指标，即所谓基本精度，而使用时如果环境条件不满足使用要求，其误差会增加，此即所谓附加误差。

④ 方法误差：也称理论误差，是由于测量方法本身所形成的误差，或者由于测量所依据的理论本身不完善等原因而产生的误差。

⑤ 人员误差：视差、观测误差、估读误差和读数误差等都属于人员误差。

(3) 根据误差的变化规律分为常值性的、累进性的、周期性的及按复杂规律变化的系统误差。

上述是从不同的角度对误差进行分类，由于每一种具体的误差，其产生的原因、自身的规律及人们对其掌握的程度都各不相同，所以对其分析研究及消除和补偿方法也不尽相同。

由于系统误差具有一定的规律，因此它是可以预测的，可通过试验的方法找出，予以消除。

2. 随机误差

在同一测试条件下，多次重复测量同一量时，误差大小、符号均以不能准确预测的方式变化着的误差称为随机误差。

产生随机误差的因素很多，大部分因素未知，有些因素虽然知道，但无法准确控制。例如温度、湿度及空气的净化程度等对测量都有影响，在测量时虽力求将它们控制为某个定值，然而在每一次测量时，它们都存在微小的变化。

由于随机误差无规律特性，因而众多随机误差之和有正负抵消的可能。随着测量次数的增加，随机误差平均值愈来愈小，这种性质通常称为抵偿性，因此，通常采用增加测量次数的方法来消除随机误差的影响。

系统误差与随机误差的划分是相对的，二者在一定条件下可以相互转化，即同一误差既可以是系统误差，又可以成为随机误差。

随机误差既不能用试验方法消去，也不能修正。虽然它的变化无一定规律可循，但是在多次重复测量时，其总体服从统计规律。实践证明，随机误差的统计特性大多服从正态分布，根据随机误差的统计规律，便可以对其大小及测量结果的可靠性等做出估计。随机误差的大小表明测量结果的精确度。

3. 疏失误差

疏失误差是指在一定的测量条件下，测得的值明显偏离其真值，既不具有确定分布规律，也不具有随机分布规律。疏失误差是由于测试人员对仪器不了解或因思想不集中、粗心大意而导致读数的错误，使测量结果明显偏离真值。

疏失误差就数值大小而言，通常明显地超过正常条件下的系统误差和随机误差。含有疏失误差的测量值称为坏值或异常值。正常的测量结果中不应含有坏值，应予以剔除，但不能主观随便除去，必须根据检验方法的某些准则判断哪个测量值是坏值。

需要注意的是，在实际测量中，系统误差、随机误差和疏失误差并不是一成不变的，它们在一定条件下可以相互转化。较大的系统误差或随机误差都可以当成疏失误差来处理。就是同一种因素对测量数据的影响，也要视其影响的大小和对这种影响规律掌握的程度，当成不同的误差来处理。

对这三种误差的处理方法各不相同：对于含有疏失误差的测量值应予以剔除；对于随机误差的影响用统计的方法来消除或减弱；对于系统误差则主要靠测量过程中采取一定的技术措施，或对测量值进行必要的修正来减弱其影响。

3.7.4 测量不确定度

由于在实际测量中，真值是未知的，因此建立在与真值比较基础上的评定方法难以对误差进行定量计算。为此，国际标准化组织 ISO 制定了一个详细而实用的指导性文件《测量不确定度表示指南》，使不确定度成为一个明确的、具有可操作性的概念。

不确定度是指由于测量误差的存在而对被测量值不能确定的程度。它是与测量结果相关联的参数，表征合理地赋予被测量值的分散性。此定义中的参数可为标准差（或为标准差的倍数）或为置信区间的宽度。测量不确定度一般包括许多分量。有些分量根据系列测量结果的统计分布算出，并用试验标准偏差表征；其他的分量也可用标准偏差表征，只是根据经验或其他信息，通过假设的概率分布计算出来。显而易见，不确定度的所有分量对分散都有影响。

测量不确定度是说明测量水平的极其重要的指标。不确定度愈小，测量水平就愈高；反之，不确定度愈大，测量水平就愈低。

一个完整的测量结果应包括被测量值的估计值及分散性参数两个部分。标准不确定度的计算有两种不同的途径：A 类计算法和 B 类计算法。

A 类计算法：对一系列测量值进行统计分析以计算出标准偏差。

B 类计算法：用其他方法估算出的近似的标准方差。该计算法通常以一组比较可靠的信息为基础。这种可靠信息包括：以前的测量数据；对有关材料和仪器性能的了解；厂商的技术指标；检定证书或其他证书中提供的数据及赋予参考数据的不确定度。

下列各方面是测量不确定度的可能来源：

① 被测量的定义不完整；

② 被测量定义值的复现不理想；

③ 取样的代表性不够，即被测量的样本可能不完全代表定义的被测量；

④ 对被测量受环境条件影响的认识不足或对环境条件测量不完善；

⑤ 对模拟式仪器的读数有偏差；

⑥ 仪器分辨率或识别门限有限；

⑦ 测量标准或标准物质的值不准确；

⑧ 从外部资料得到并在数据处理中应用的常数及其他参数值不准确；

⑨ 测量方法和程序中的近似和假设；

⑩ 在相同条件下，被测量重复观测中的变动性。

3.8　本章小结

测试是为了准确地了解被测物理量。被测物理量经过测试系统的各个变换环节传递获得的观测输出量是否真实地反映了被测物理量，这与测试系统的特性有着密切关系。本章重点讨论了测试系统的基本特性。

理想测试系统的特点包括叠加性、比例性、微分特性、积分特性和频率保持性等。

测试系统的静态特性指标分为灵敏度、非线性度和回程误差。

测试系统动态特性的描述分为传递函数、频响函数和权函数及三者之间的关系。重点是理解和掌握频率响应、幅频特性曲线的物理意义和应用场景。

测试系统动态不失真测试的频率响应特性：$A(\omega)=A_0=$常数和 $\varphi(\omega)=-t_0\omega$。

测试系统动态特性参数的测试方法包括稳态响应法、脉冲响应法和阶跃响应法。

3.9　本章习题

3-1　说明线性系统的频率保持性在测量中的作用。

3-2 在使用灵敏度为 80 nC/MPa 的压电式力传感器进行压力测量时，首先将它与增益为 5 mV/nC 的电荷放大器相连，电荷放大器接到灵敏度为 25 mm/V 的笔试记录仪上，试求该压力测试系统的灵敏度。当记录仪的输出变化到 30 mm 时，压力变化为多少？

3-3 某一阶线性装置输入一阶跃信号，其输出在 2 s 内达到输入信号最大值的 20%，试求：① 该装置的时间常数；② 经过 40 s 后的输出幅值。

3-4 用一时间常数为 2 s 的温度计测量炉温，当炉温在 200～400 ℃之间，并以 150 s 为周期按正弦规律变化时，温度计输出的变化范围是多少？

3-5 一气象气球携带一种时间常数为 15 s 的温度计，以 15 m/s 的上升速度通过大气层，设温度随所处的高度以每升高 30 m 下降 0.15 ℃的规律变化，气球将温度和高度的数据用无线电送回地面，在 3 000 m 处所记录的温度为 −1 ℃。试问实际出现 −1 ℃的真实高度是多少。

3-6 用一阶系统对 100 Hz 的正弦信号进行测量时，如果要求振幅误差在 10%以内，时间常数应为多少？如果用该系统对 50 Hz 的正弦信号进行测试，则此时的幅值误差和相位误差是多少？

3-7 某一阶测试装置的传递函数为 $H(s)=\dfrac{1}{0.04s+1}$，若用它测量频率为 0.5 Hz、1 Hz、2 Hz 的正弦信号，试求其幅值误差。

3-8 用传递函数为 $H(s)=\dfrac{1}{0.002\,5s+1}$ 的一阶测试装置进行周期信号测量。若将幅值误差限制在 5%以下，试求所能测量的最高频率成分。此时的相位差是多少？

3-9 假设将一力传感器作为二阶系统处理。已知传感器的固有频率为 800 Hz，阻尼比为 0.14，那么，使用该传感器作为频率 400 Hz 正弦变化的外力测试时，其振幅和相位角各为多少？

3-10 某测试装置的固有频率为 100 Hz，阻尼比为 0.7，为了保证输出信号的幅值误差在 1%之内，求输入信号的频率范围。若阻尼比变为 0.6 和 0.8，输入信号的频率范围又分别是多少？

3-11 求周期信号 $x(t)=0.5\cos 10t+\cos(10t-45^\circ)$ 通过传递函数为 $H(s)=\dfrac{1}{0.005s+1}$ 的装置后所得到的稳态响应。

3-12 将信号 $\cos\omega t$ 输入一个传递函数为 $H(s)=\dfrac{1}{\tau s+1}$ 的一阶装置后，试求其包括瞬态过程在内的输入 $y(t)$ 表达式。

第4章 传 感 器

【学习要求】

传感器是将被测量转换成某种电信号的器件，其性能将直接影响整个测试装置的精度和可靠性，掌握传感器的原理及特点对于使用传感器具有重要的作用。

学习本章，学生应达到如下要求：可以根据测量任务的具体要求和现场的实际情况，综合考虑传感器的动态性能、精度以及对使用环境的要求等多种因素正确地选用传感器。

【知识图谱】

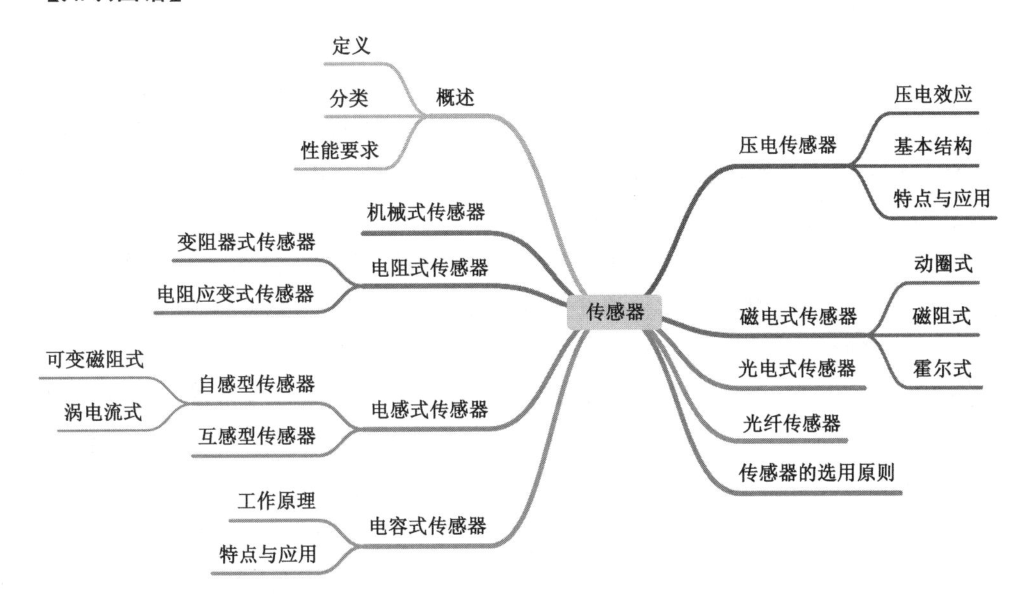

国家标准《传感器通用术语》(GB/T 7665—2005)对传感器下的定义是：“能感受被测量并按照一定的规律转换成可用信号的器件或装置，通常由敏感元件和转换元件组成。”

传感器的作用类似于人的感觉器官。它把被测量，如力、位移、温度等，转换为易测信号，传送给测量系统的信号调理环节。

传感器也可以认为是人类感官的延伸，因为借助传感器可以去探索那些人们无法用感官直接测量的事物，例如用热电偶可以测得炽热物体的温度，用超声波探测器可以测量大海深度，用红外线传感器可从高空探测地面上的植被和污染情况等，因此传感器是人们认识自然界的有力工具，是测量仪器与被测事物之间的接口。

在工程上也把提供与输入量有给定关系的输出量的器件称为测量变换器。传感器就是输入量为被测量的测量变换器。

传感器处于测试装置的输入端,其性能将直接影响整个测试系统的工作质量。

近年来,随着测量、控制及信息技术的发展,传感器作为这些领域的一个重要构成因素,被视为20世纪末的关键技术之一。深入研究传感器的原理和应用、研制新型传感器,对于社会生产、经济贸易、科学技术和日常生活中自动测量和自动控制的发展,以及人类观测研究自然界的深度和广度都具有重要的实际意义。

4.1 传感器概述

4.1.1 传感器分类

工程中应用的传感器种类繁多,往往一种被测量可应用多种类型的传感器来检测。

传感器分类方法很多。按被测量,可分为位移传感器、力传感器、温度传感器等;按传感器工作原理,可分为机械式、电气式、光学式、流体式等;按信号变换特征分为物性型和结构型;根据敏感元件与被测对象之间的能量关系,可分为能量转换型与能量控制型;按输出信号类型,可分为模拟式和数字式;等等。其中,物性型传感器是依靠敏感元件材料本身物理化学性质的变化来实现信号的变换的。例如用水银温度计测量,是利用水银的热胀冷缩现象;压电测力计是利用石英晶体的压电效应。结构型传感器则是依靠传感器结构参量的变化实现信号转换的。例如,电容式传感器依靠极板间距离变化引起电容量的变化,电感式传感器依靠衔铁位移引起自感或互感的变化。

能量转换型传感器,也称无源传感器,是直接由被测对象输入能量使其工作的,例如热电偶温度计、弹性压力计等。在这种情况下,传感器由被测对象吸取能量,产生负载效应,导致被测对象状态的变化和测量误差。

能量控制型传感器,也称有源传感器,是从外部供给辅助能量使传感器工作的(图 4-1),并且由被测量来控制外部供给能量的变化。例如电阻应变计中电阻接于电桥上,电桥工作能量由外部供给,而由被测量变化所引起的电阻变化去控制电桥输出。

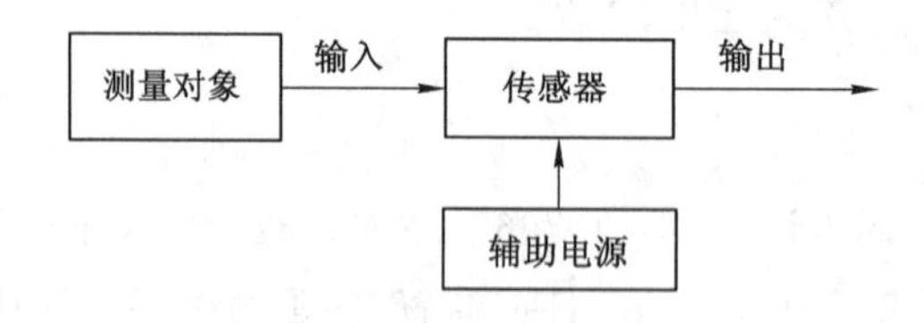

图 4-1 能量控制型传感器工作方式

需要指出的是,不同情况下,传感器可能只有一个,也可能有几个换能元件,还可能是一个小型装置。例如电容式位移传感器是位移→电容变化的能量控制型传感器,可以直接测量位移。而电容式压力传感器,则经过压力→膜片弹性变形(位移)→电容变化的转换过程。此时膜片是一个由机械量→机械量的换能件,由它实现第一次变换;同时与另一极板构成电容器,用来完成第二次转换。再如电容型伺服式加速度计(也称力反馈式加速度计),实际上是一个具有闭环回路的小型测量系统,如图 4-2 所示。这种传感器较一般开环式传感器具有更高的精确度和稳定性。

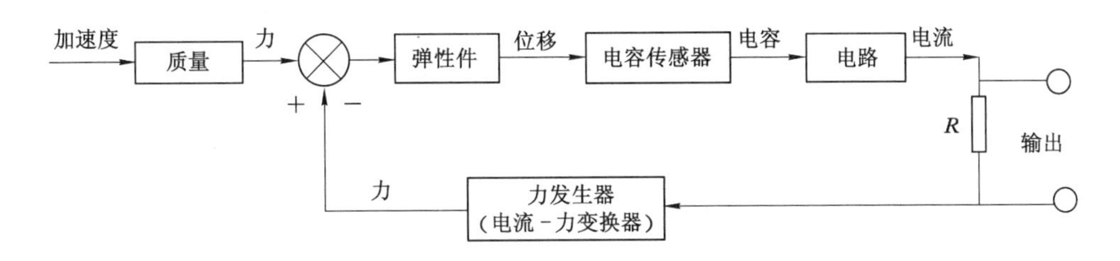

图4-2　电容型伺服式加速度计原理图

4.1.2　传感器的性能要求

无论何种传感器，尽管它们的原理、结构不同，使用环境、条件、目的不同，技术指标也不尽相同，但基本要求却是相同的，主要包括以下几点。

(1) 灵敏度高，输入和输出之间具有较好的线性关系。

(2) 噪声小并且具有抗外部噪声的性能。

(3) 滞后、漂移误差小。

(4) 动态特性良好。

(5) 接入测量系统时对被测量影响小。

(6) 功耗小，复现性好，有互换性。

(7) 防水及抗腐蚀等性能好，能长期使用。

(8) 结构简单，容易维修和校正。

(9) 低成本，通用性强。

4.2　机械式传感器

机械式传感器应用很广，在测试技术中，常常以弹性体作为传感器的敏感元件，故称之为弹性敏感元件。它的输入量可以是力、压力、温度等物理量，而输出则为弹性元件本身的弹性变形，这种变形经放大后带动仪表指针偏转，借助刻度指示出被测量的大小。这种传感器的典型应用有：用于测力或称重的环形测力计、弹簧秤等，用于测量流体压力的波纹膜片、波纹管等，用于温度测量的双金属片等，如图4-3所示。

利用机械式传感器做成的机械式指示仪表具有结构简单、可靠、使用方便、价格低廉、读数直观等优点。其弹性变形不宜过大，以减小线性误差。此外，由于放大和指示环节多为机械传动，不仅受间隙影响，而且惯性大，固有频率低，只适用于检测缓变或静态被测量。

为了提高测量的频率范围，可先用弹性元件将被测量转换成位移量，然后用其他形式的传感器(如电阻、电容、涡电流式等)将位移量转换成电信号输出。

弹性元件具有蠕变、弹性后效等现象。材料的蠕变与承载时间、载荷大小、环境温度等因素有关。而弹性后效则与材料应力松弛和内阻尼等因素有关。这些现象最终都会影响输出与输入的线性关系，因此应用弹性元件时，应从结构设计、材料选择和处理工艺等方面采

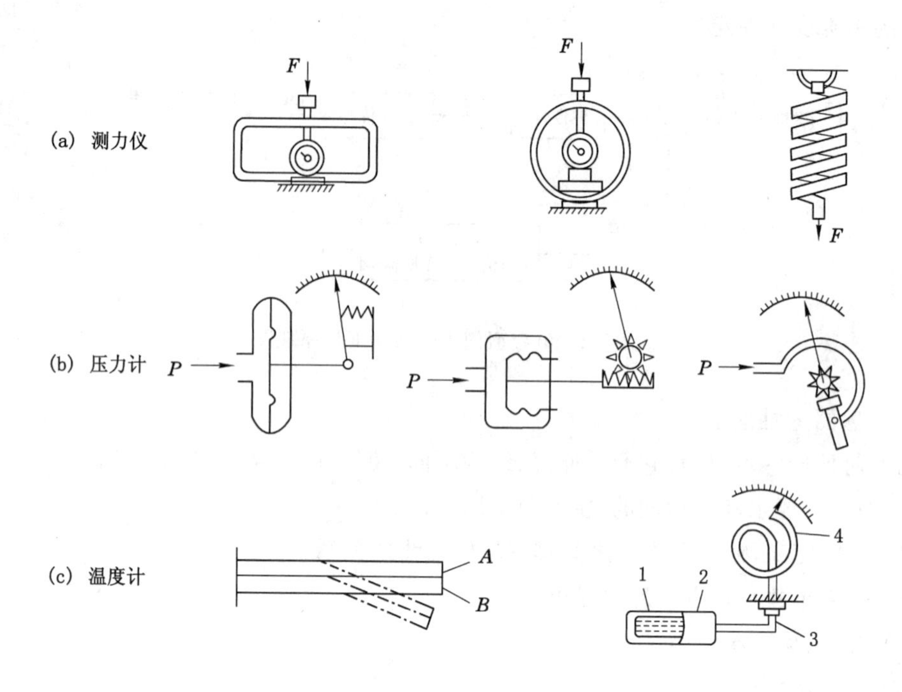

1—酒精;2—感温筒;3,4—波登管;A,B—双金属片。

图 4-3 典型机械式传感器

取有效措施。

近年来,在自动检测、自动控制技术中广泛应用的微型探测开关亦被看作机械式传感器。这种开关能把物体的运动、位置或尺寸变化转换为接通、断开信号。图 4-4 所示为这种开关中的一种,它由两个簧片组成,在常态下处于断开状态,可用于探测物体有无、位置、尺寸、运动状态等。

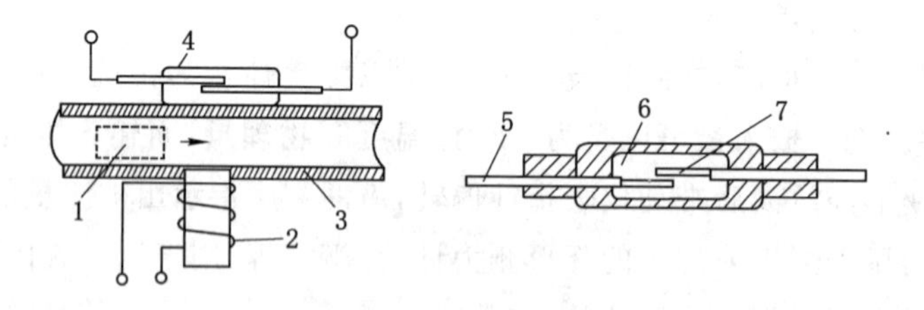

1—工件;2—电磁铁;3—导槽;4—簧片开关;5—电极;6—惰性气体;7—簧片。

图 4-4 微型探测开关

4.3 电阻式传感器

电阻式传感器是一种把被测量变化转换为电阻变化的传感器。按其工作原理可分为变阻器式和电阻应变式两类。

4.3.1 变阻器式传感器

变阻器式传感器也称为电位差计式传感器，它通过改变电位器触头位置，把位移转换为电阻的变化。电阻 R 根据下式计算：

$$R = \rho \frac{l}{A} \tag{4-1}$$

式中 ρ——电阻率；

l——电阻丝长度；

A——电阻丝截面积。

如果电阻丝直径和材质一定，则电阻随导线长度不同而变化。

常用变阻器式传感器有直线位移型、角位移型和非线性型等，如图 4-5 所示。

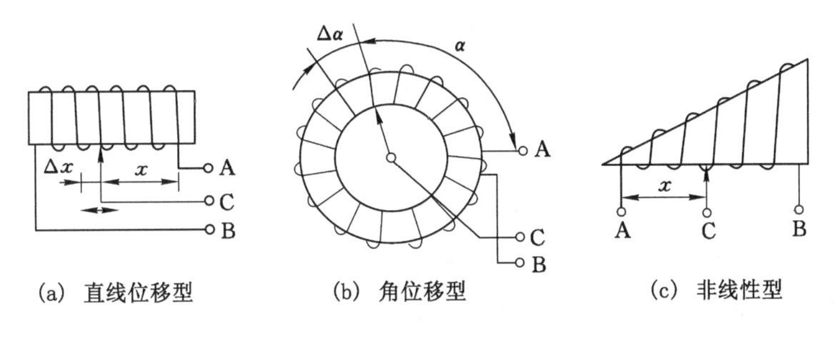

图 4-5 变阻器式传感器

图 4-5(a)所示为直线位移型。当被测位移变动时，触点 C 沿变阻器移动。若移动 x，则 C 点与 A 点之间电阻值

$$R = k_1 x$$

传感器灵敏度

$$S = \frac{dR}{dx} k_1$$

式中，k_1 为单位长度内的电阻值。当导线分布均匀时，k_1 为常数。这时传感器的输出(电阻)与输入(位移)呈线性关系。

图 4-5(b)所示为角位移型变阻器式传感器，其电阻值随转角变化而变化。其灵敏度为

$$S = \frac{dR}{d\alpha} = k_\alpha$$

式中 α——转角，rad；

k_α——单位弧度对应的电阻值。

图 4-5(c)所示是一种非线性变阻器式传感器，其骨架形状须根据所要求的输出 $f(x)$ 来确定。例如，输出 $f(x)=kx^2$，其中，x 为输入位移，要得到输出电阻值 $R(x)$ 与 $f(x)$ 的线性关系，变阻器骨架应制成直角三角形。如果输出要求为 $f(x)=kx^3$，则应采用抛物线形骨架。

变阻器式传感器的后接电路，一般采用电阻分压电路，如图 4-6 所示。在直流激励电压 u_0 作用下，这种传感器将位移变化变成输出电压的变化。当电刷移动 x 距离后，传感器的

输出电压 u_y 可用下式计算

$$u_y=\frac{u_0}{\frac{x_P}{x}+\frac{R_P}{R_L}\left(1-\frac{x}{x_P}\right)} \tag{4-2}$$

式中 R_P——变阻器的总电阻；

x_p——变阻器的总长度；

R_L——后接电路的输入电阻。

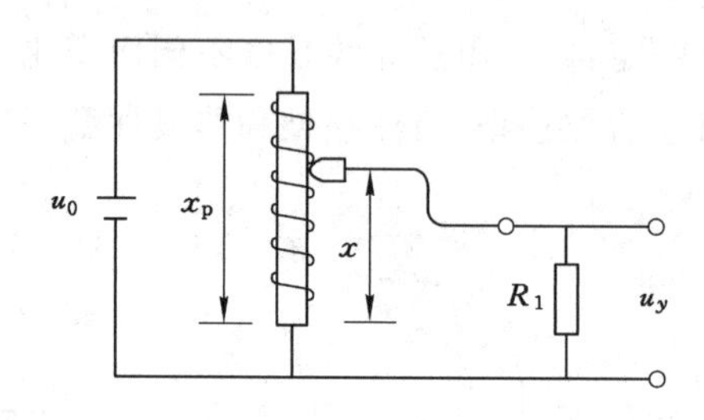

图 4-6 电阻分压电路

式(4-2)表明，为减小后接电路的影响，应使 $R_L \gg R_P$。

变阻器式传感器的优点是结构简单、性能稳定、使用方便，缺点是分辨力不高，因为受到电阻丝直径的限制。提高分辨力须使用更细的电阻丝，其绕制较困难，所以变阻器式传感器的分辨力很难小于 20 μm。

由于结构上的特点，这种传感器有较大的噪声。电刷和电阻元件之间接触面的变动和磨损、尘埃附着等，都会使电刷在滑动中的接触电阻发生不规则的变化，从而产生噪声。

变阻器式传感器被用于线位移、角位移测量，其输出在测量仪器中作为记录仪器或电子电位差计等的伺服信号。

4.3.2 电阻应变式传感器

电阻应变式传感器可以用于测量应变、力、位移、加速度、扭矩等参数。它具有体积小、动态响应快、测量精确度高、使用简便等优点，在航空、船舶、机械、建筑等行业获得广泛应用。

电阻应变式传感器可分为金属电阻应变片式与半导体应变片式两类。

1. 金属电阻应变片

常用的金属电阻应变片有丝式和箔式两种，其工作原理都是基于应变片发生机械变形时其电阻值发生变化。

金属丝电阻应变片(又称电阻丝应变片)出现较早，现仍在被广泛采用。其典型结构如图 4-7 所示。把一根具有高电阻率的金属丝(康铜或镍铬合金等，直径 0.025 mm 左右)绕成栅形，粘贴在绝缘的基片和覆盖层之间，由引出导线接于电路上。

金属箔式应变片则是用栅状金属箔片代替栅状金属丝。金属箔栅用光刻技术制造，适于大批量生产。其线条均匀，尺寸准确，阻值一致性好。箔片厚 1～10 μm，散热好，黏结情况好，传递试件应变性能好。因此目前使用的多是金属箔式应变片，如图 4-8 所示。

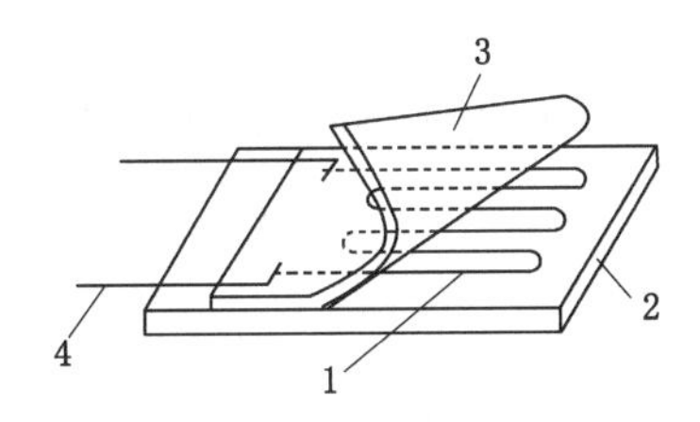

1—电阻丝；2—基片；3—覆盖层；4—引出线。

图 4-7　电阻丝应变片结构

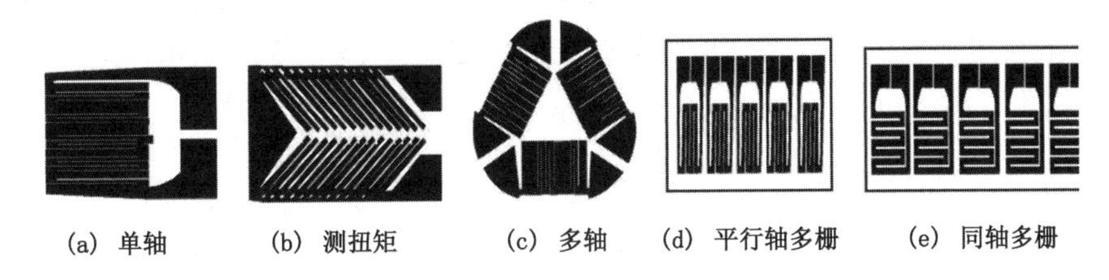

图 4-8　箔式应变片

把应变片用特制胶水粘固在弹性元件或需要测量变形的物体表面上，在外力作用下，电阻丝即随同该物体一起变形，其电阻值发生相应变化。由此，将被测量转换为电阻变化。由于电阻值 $R=\rho\dfrac{l}{A}$，其中长度 l、截面积 A、电阻率 ρ 均将随电阻丝的变形而变化，而 l、A、ρ 的变化又将引起 R 的变化。当每一可变因素分别有一增量 $\mathrm{d}l$、$\mathrm{d}A$ 和 $\mathrm{d}\rho$ 时，所引起的电阻增量为

$$\mathrm{d}R=\frac{\partial R}{\partial l}\mathrm{d}l+\frac{\partial R}{\partial A}\mathrm{d}A+\frac{\partial R}{\partial \rho}\mathrm{d}\rho \tag{4-3}$$

式中，$A=\pi r^2$，r 是电阻丝的半径。所以上式为

$$\mathrm{d}R=\frac{\rho}{\pi r^2}\mathrm{d}l-\frac{2\rho l}{\pi r^3}\mathrm{d}r+\frac{1}{\pi r^2}\mathrm{d}\rho=R\left(\frac{\mathrm{d}l}{l}-\frac{2\mathrm{d}r}{r}+\frac{\mathrm{d}\rho}{\rho}\right)$$

电阻的相对变化

$$\frac{\mathrm{d}R}{R}=\frac{\mathrm{d}l}{l}-\frac{2\mathrm{d}r}{r}+\frac{\mathrm{d}\rho}{\rho} \tag{4-4}$$

式中　$\dfrac{\mathrm{d}l}{l}$——电阻丝轴向相对变形，或称纵向应变，$\dfrac{\mathrm{d}l}{l}=\varepsilon$；

$\dfrac{\mathrm{d}r}{r}$——电阻丝径向相对变形，或称横向应变；

$\dfrac{\mathrm{d}\rho}{\rho}$——电阻丝电阻率相对变化，与电阻丝轴向正应力 σ 有关。

$$\frac{\mathrm{d}\rho}{\rho}=\lambda\sigma=\lambda E\varepsilon \tag{4-5}$$

式中　E——电阻丝材料的弹性模量；

λ——压阻系数，与材质有关。

当电阻丝沿轴向伸长时，必须径向缩小，两者之间的关系为

$$\frac{\mathrm{d}r}{r}=-\mu\frac{\mathrm{d}l}{l} \tag{4-6}$$

式中　μ——电阻丝材料的泊松比。

将式(4-5)、式(4-6)代入式(4-4)，则有

$$\frac{\mathrm{d}R}{R}=\varepsilon+2\mu\varepsilon+\lambda E\varepsilon=(1+2\mu+\lambda E)\varepsilon \tag{4-7}$$

其中，$(1+2\mu)\varepsilon$ 项是由电阻丝几何尺寸改变所引起的。对于同一电阻材料，$(1+2\mu)$是常数。$\lambda E\varepsilon$ 项是由电阻丝的电阻率随应变的改变所引起的。λE 对于金属电阻丝来说，是很小的，可以忽略。这样式(4-7)简化为

$$\frac{\mathrm{d}R}{R}\approx(1+2\mu)\varepsilon \tag{4-8}$$

式(4-8)表明了电阻相对变化率与应变呈正比。电阻应变片的应变系数或灵敏度可表示为

$$S=\frac{\mathrm{d}R/R}{\varepsilon}=1+2\mu=\text{常量} \tag{4-9}$$

用于制造电阻应变片的电阻丝的灵敏度 S 多在 1.7～4.6 之间。几种常用电阻丝材料物理性能见表 4-1。

表 4-1　常用电阻丝材料物理性能

材料名称	成分质量分数		灵敏度	电阻率	电阻温度系数	线胀系数
	元素	占比/%	S	$\rho/(\Omega\cdot\mathrm{mm}^2/\mathrm{m})$	$/(10^{-5}/℃)$	$/(10^{-6}/℃)$
康铜	Cu	57	1.7～2.1	0.49	−20～20	14.9
	Ni	43				
镍铬合金	Ni	80	2.1～2.5	0.9～1.1	110～150	14.0
	Cr	20				
镍铬铝合金	Ni	73	2.4	1.33	−10～10	13.3
	Cr	20				
	Al	3～4				
	Fe	余量				

一般市售电阻应变片的标准阻值有 60 Ω、120 Ω、350 Ω、600 Ω 和 1 000 Ω 等几种，其中以 120 Ω 较为常用。应变片的尺寸可根据使用要求来选定。

2. 半导体应变片

半导体应变片最简单的典型结构如图 4-9 所示。半导体应变片的使用方法与金属电阻应变片相同，即粘贴在弹性元件或被测物体上，其电阻值随被测试件的应变改变而变化。

半导体应变片的工作基于的是半导体材料的压阻效应。所谓压阻效应是指单晶半导体材料在沿某一轴向受到外力作用时，其电阻率 ρ 发生变化的现象。

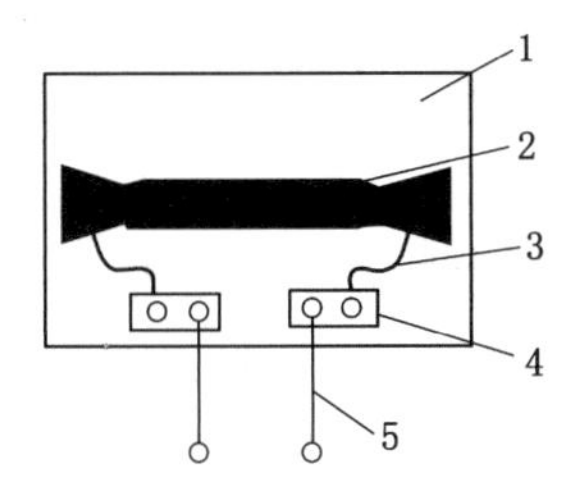

1—胶膜衬底；2—P 型半导体应变片(P-Si)；3—内引线；4—焊接板；5—外引线。

图 4-9　半导体应变片

由半导体知识可知，半导体在压力、温度及光辐射作用下，其电阻率 ρ 发生很大变化。

分析表明，单晶半导体在外力作用下，原子点阵排列规律发生变化，导致载流子迁移率及载流子浓度变化，从而引起电阻率变化。

在式(4-7)中，$(1+2\mu)\varepsilon$ 项是由几何尺寸变化所引起的，$\lambda E\varepsilon$ 是由于电阻率变化所引起的。对半导体而言，后者远远大于前者，是半导体应变片电阻变化的主要部分，故式(4-7)可简化为

$$\frac{\mathrm{d}R}{R} \approx \lambda E\varepsilon$$

这样半导体应变片灵敏度

$$S = \frac{\mathrm{d}R/R}{\varepsilon} = \lambda E$$

这一数值比金属丝电阻应变片的灵敏度大 50～70 倍。

以上分析表明，金属丝电阻应变片与半导体应变片的主要区别在于，前者利用导体形变引起电阻的变化，后者利用半导体的压阻效应。

几种常用半导体材料特性见表 4-2。从表中可以看出，不同材料、不同的载荷施加方向，压阻效应不同，灵敏度也不同。

表 4-2　几种常见半导体材料特性

材料	晶向	电阻率 ρ /(Ω · mm²)	弹性模量 E /(10^7 N/cm²)	灵敏度
P 型硅	[111]	7.8	1.87	175
N 型硅	[100]	11.7	1.23	−132
P 型锗	[111]	15.0	1.55	102
N 型锗	[111]	16.6	1.55	−157
P 型锑化铟	[100]	0.54	—	−45
P 型锑化铟	[111]	0.01	0.745	30
N 型锑化铟	[100]	0.013	—	−74.5

半导体应变片最突出的优点是灵敏度高，这为它的应用提供了有利条件。另外，机械滞后小，横向效应小及它本身的体积小等特点，扩大了半导体应变片的使用范围。其最大缺点是温度稳定性能差、灵敏度分散度大（由于晶向、杂质等因素的影响），以及在较大应变作用下非线性误差大等，这些缺点也给使用带来一定困难。

目前国产的半导体应变片大都采用 p 型硅单晶制作。随着集成电路技术和薄膜技术的发展，出现了扩散型、外延型、薄膜型半导体应变片。它们对实现小型化、改善应变片的特性等方面有良好的作用。

现已研制出在同一硅片上制作扩散型应变片和集成电路放大器等技术，即制成集成应变组件，这对于自动控制与检测技术将会有一定推动作用。

必须指出，电阻应变片测出的是构件或弹性元件上某处的应变，而不是该处的应力、力或位移。只有通过换算或标定，才能得到相应的应力、力或位移量。

电阻应变片被粘在试件或弹性元件上才能工作。黏合剂和黏合技术对测量结果有直接影响，因此黏合剂的选择、黏合前试件表面的清理、黏合的方法、黏合后的固化处理、防潮处理都必须认真做好。

电阻应变片用于动态测量时，应当考虑应变片本身的动态响应特性。其中限制应变片上限测量频率的是所使用的电桥激励电源的频率和应变片的基长。一般上限测量频率应在电桥激励电源频率以下，基长愈短，上限测量频率可以愈高。一般基长为 10 mm 时，上限测量频率可高达 25 kHz。

应当注意，温度的变化会引起电阻值的变化，从而造成应变测量结果的误差。由温度变化所引起的电阻变化与由应变所引起的电阻的变化往往具有同等数量级，绝对不能掉以轻心，因此通常要采取相应的温度补偿措施，以消除温度变化所造成的误差。

电阻应变式传感器已是一种使用方便、适应性强、比较完善的器件。近年来半导体应变片的日臻完善，使应变片电测技术更具广阔前景。

4.4 电感式传感器

电感式传感器是把被测量如位移等的变化，转换为电感量变化的一种装置。其变换基于的是电磁感应原理。按照变换方式的不同可分为自感型（包括可变磁阻式与涡电流式）与互感型（差动变压器式）。

4.4.1 自感型传感器

1. 可变磁阻式

可变磁阻式传感器的构造原理如图 4-10 所示。它主要由线圈、铁芯和衔铁组成，在铁芯和衔铁之间有气隙 δ。由电工学可知，线圈自感 L 为

$$L = W^2 / R_m \tag{4-10}$$

式中 W——线圈匝数；

R_m——磁路总磁阻。

如果气隙 δ 较小，而且不考虑磁路的铁损，则总磁阻

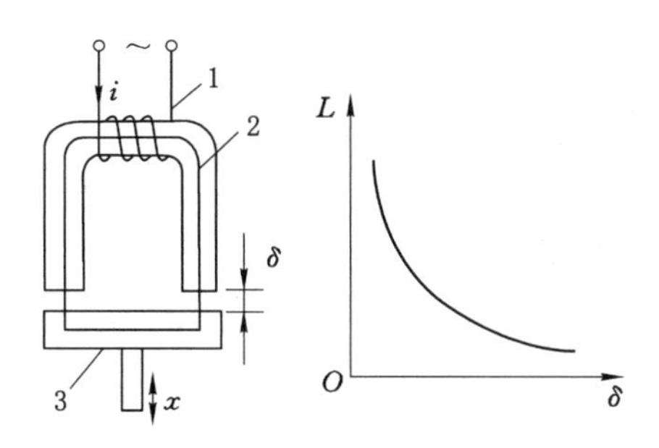

1—线圈；2—铁芯；3—衔铁。

图 4-10 可变磁阻式传感器基本原理

$$R_{m}=\frac{W}{\mu A}+\frac{2\delta}{\mu_{0}A_{0}} \tag{4-11}$$

式中 W——线圈匝数；

μ——磁路磁导率；

A——铁芯导磁截面积；

δ——气隙长度；

μ_0——空气磁导率，μ_0 取 $4\pi\times10^{-7}$；

A_0——气隙导磁横截面积。

因为铁芯磁阻与空气隙的磁阻相比是很小的，计算时可忽略，故

$$R_{m}\approx\frac{2\delta}{\mu_{0}A_{0}} \tag{4-12}$$

将式(4-12)代入式(4-10)，则有

$$L=\frac{W^{2}\mu_{0}A_{0}}{2\delta} \tag{4-13}$$

式(4-13)表明，自感 L 与气隙 δ 呈反比，而与气隙导磁截面积 A_0 呈正比。当固定 A_0 改变 δ 时，L 与 δ 呈非线性关系，此时传感器灵敏度

$$S=\frac{W^{2}\mu_{0}A_{0}}{2\delta^{2}}$$

灵敏度 S 与气隙长度的平方呈反比，δ 愈小，灵敏度愈高。由于 S 不是常数，故会出现线性误差。为了减小这一误差，通常规定在较小气隙范围内工作。设间隙变化范围为(δ_0，$\delta_0+\Delta\delta$)，一般实际应用中，取 $\Delta\delta/\delta_0\leqslant0.1$。这种传感器适用于较小位移的测量，位移范围一般为 0.001～1 mm。

图 4-11 列出了几种常用可变磁阻式传感器的典型结构。图 4-11(a)所示是可变导磁面积型，其自感 L 与 A_0 呈线性关系，这种传感器灵敏度较低。图 4-11(b)所示是差动型，衔铁移动时可以使两个线圈的间隙按 $\delta_0+\Delta\delta$、$\delta_0-\Delta\delta$ 变化(即一个增大，一个减小)。一个线圈自感增加，另一个线圈自感减小。将两线圈接于电桥的相邻桥臂时，其输出灵敏度可提高一倍，并改善了线性特性。图 4-11(c)所示是单螺管线圈型，当铁芯在线圈中运动时，将改变磁阻，使线圈自感发生变化，这种传感器结构简单、制造容易，但灵敏度低，适用于较大

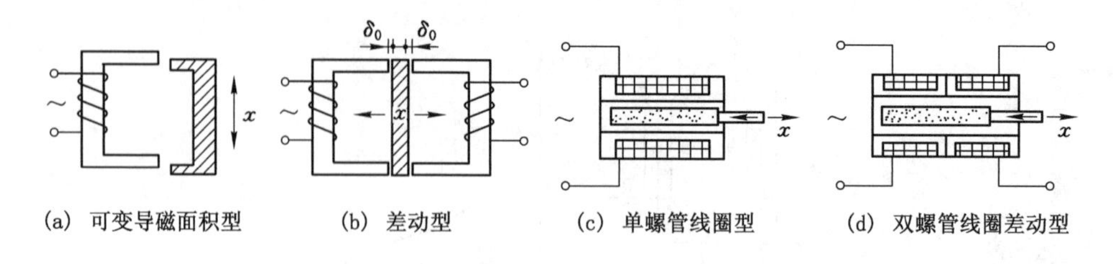

(a) 可变导磁面积型　(b) 差动型　(c) 单螺管线圈型　(d) 双螺管线圈差动型

图 4-11　可变磁阻式电感传感器的典型结构

位移(数毫米)测量。

图 4-11(d)所示是双螺管线圈差动型,较单螺管线圈型有较高灵敏度及线性度,被用于电感测微计上,其测量范围为 0～300 μm,最小分辨力为 0.5 μm。这种传感器的线圈接于电桥上[图 4-12(a)],构成两个桥臂,线圈电感 L_1、L_2 随铁芯移动而变化,其输出特性如图 4-12(b)所示。

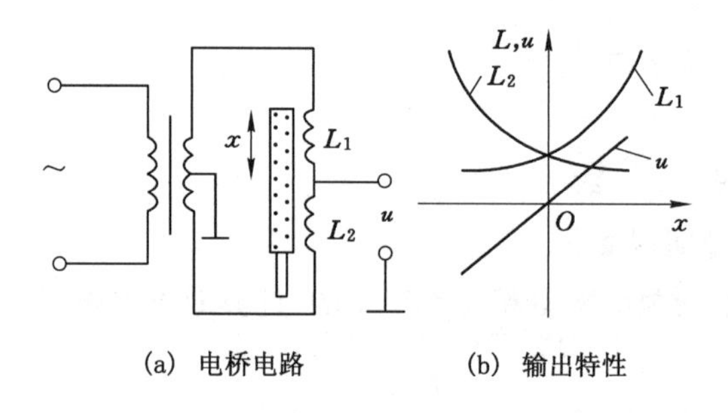

(a) 电桥电路　(b) 输出特性

图 4-12　双螺管线圈差动型电桥电路及输出特性

2. 涡电流式

涡电流式传感器的变换原理是利用金属体在交变磁场中的涡电流效应。图 4-13 所示的是一个高频反射式涡电流传感器的工作原理。

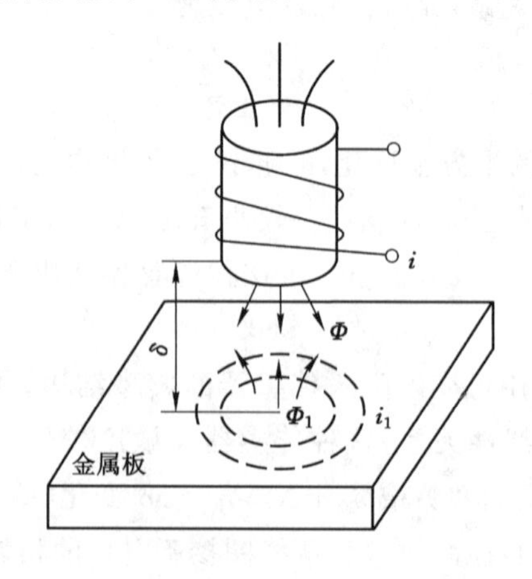

图 4-13　高频反射式涡流传感器原理

将金属板置于一线圈的附近，间距为 δ。当线圈中有一高频交变电流 i 通过时，便产生磁通 Φ。此交变磁通通过邻近的金属板，金属板上便产生感应电流 i_1。该电流在金属体内是闭合的，称之为涡电流或涡流，涡电流也将产生交变磁通 Φ_1。根据楞次定律，涡电流的交变磁场与线圈的磁场变化方向相反，Φ_1 总是抵抗 Φ 中的变化。涡流磁场的作用（对导磁材料还有气隙对磁路的影响）使原线圈的阻抗 Z 发生变化，变化程度与距离 δ 有关。

分析表明，影响高频线圈阻抗 Z 的因素，除了线圈与金属板间距离 δ 以外，还有金属板的电阻率 ρ、磁导率 μ 及线圈激磁角频率 ω 等。当改变其中某一因素时，即可达到不同的变换目的，因此这种传感器可用于以下方面的测量：① 利用位移 x 作为变换量，做成测量位移、厚度、转速等的传感器，也可做成接近开关计数器等；② 利用材料电阻率 ρ 作为变换量，可以做成温度测量、材质判别等的传感器；③ 利用材料磁导率 μ 作为变换量，可以做成测量应力、硬度等的传感器；④ 利用变换量 μ、ρ、x 的综合影响，可以做成探伤装置。图 4-14 所示是涡电流式传感器工程应用实例。

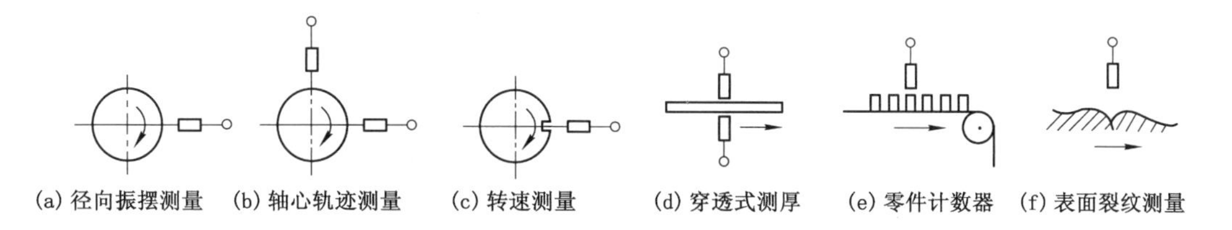

图 4-14 涡电流式传感器工程应用实例

4.4.2 互感型(差动变压器式)传感器

这种传感器利用的是电磁感应中的互感现象，如图 4-15 所示。当线圈 W_1 输入交流电流 i_1 时，线圈 W_2 产生感应电动势 e_{12}，其大小与电流 i_1 的变化率呈正比关系，即

$$e_{12} = -M\frac{\mathrm{d}i_1}{\mathrm{d}t} \tag{4-14}$$

式中，M 为比例系数，称为互感，其大小与两线圈相对位置及周围介质的导磁能力等因素有关，它表明两线圈之间的耦合程度。

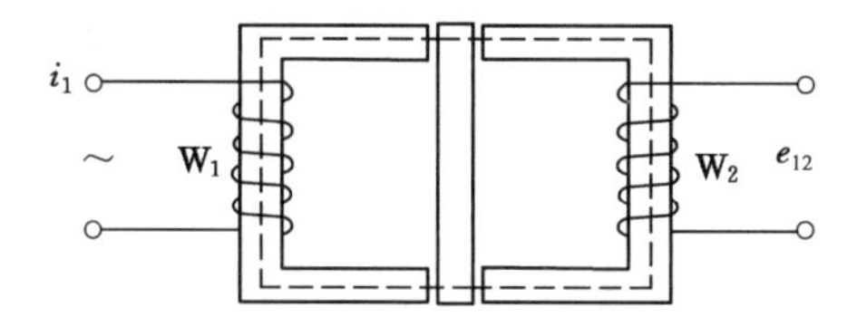

图 4-15 互感现象

互感型传感器就是利用这一原理，将被测位移变化转换成线圈互感的变化。这种传感器实质上就是一个变压器，其初级线圈接入稳定交流电源，次级线圈感应产生输出电压。当被测参数使互感变化时，副线圈输出电压也产生相应变化。由于常常采用两个次级线圈组成差动式，故又称为差动变压器式传感器。实际应用较多的是螺管形差动变压器，其工作原

理如图 4-16(a)、(b)所示。变压器由初级线圈 W 和两个参数完全相同的次级线圈 W_1、W_2 组成。线圈中心插入圆柱形铁芯 P，次级线圈 W_1 及 W_2 反极性串联。当初级线圈 W 加上交流电压时，次级线圈 W_1 和 W_2 分别产生感应电势 e_1 与 e_2，其大小与铁芯位置有关。当铁芯在中心位置时，$e_1=e_2$，输出电压 $e_0=0$；铁芯向上运动时，$e_1>e_2$；向下运动时，$e_1<e_2$。随着铁芯偏离中心位置，e_0 逐渐增大，其输出特性如图 4-16 所示。

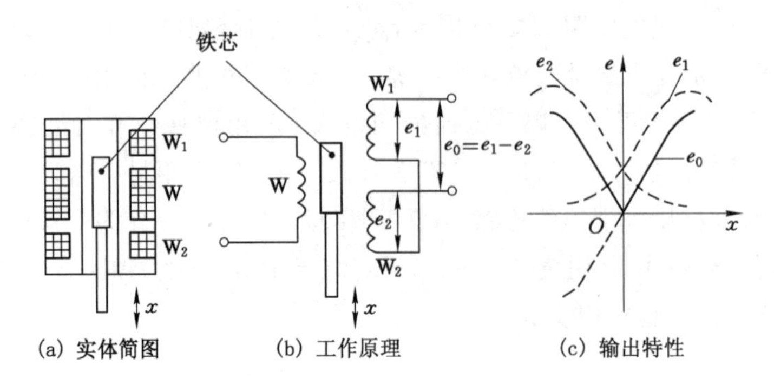

图 4-16　差动变压器式传感器的工作原理和输出特性

差动变压器的输出电压是交流量，其幅值与铁芯位移呈正比，其输出电压如用交流电压表指示，输出值只能反映铁芯位移的大小，不能反映移动的方向。此外，交流电压输出存在一定的零点残余电压。零点残余电压是由于两个次级线圈结构不对称、初级线圈铜损电阻、铁磁材质不均匀、线圈间分布电容等所造成的，所以即使铁芯处于中间位置，输出也不为零。为此，差动变压器式传感器的后接电路中，需要采用既能反映铁芯位移方向，又能补偿零点残余电压的差动直流输出电路。

图 4-17 所示是一种用于小位移测量的差动相敏检波电路工作原理。在没有输入信号时，铁芯处于中间位置，调节电阻 R，可使零点残余电压减小；当有输入信号时，铁芯移上或移下，其输出电压由交流放大、相敏检波、滤波(图中未画出)后得到直流输出，由表头指示输入位移量大小和方向。

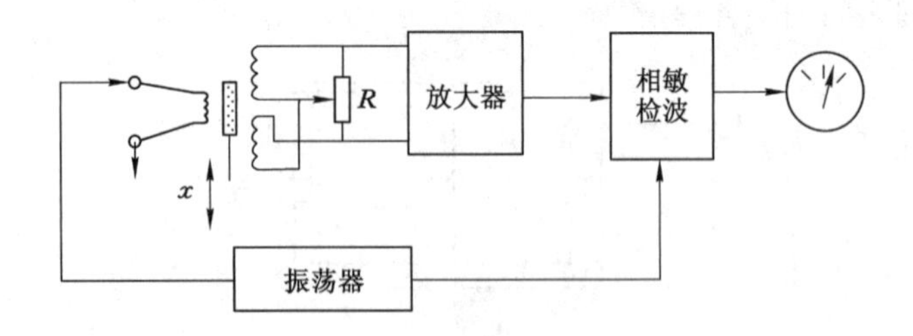

图 4-17　差动相敏检波电路原理

差动变压器式电感传感器具有精确度高(高到 0.1 μm 数量级)、线性范围大(可扩大到 ±100 mm)、稳定度好和使用方便等特点，被广泛应用于直线位移的测量。其实际测量频率上限受制于传感器中所包含的机械结构。借助弹性元件可以将压力、质量等物理量转换成位移的变化，故也可将这类传感器用于压力、质量等物理量的测量。

4.5 电容式传感器

4.5.1 变换原理及类型

电容式传感器是将被测物理量变化转换为电容量变化的装置，它实质上是一个具有可变参数的电容器。

由物理学可知，在忽略边缘效应的情况下，平板电容器的电容量 C 为

$$C=\frac{\varepsilon_0\varepsilon_r A}{\delta} \tag{4-15}$$

式中 ε_r——极板间介质的相对介电常数，在空气中 $\varepsilon_r=1$；

ε_0——真空中介电常数，$\varepsilon_0=8.85\times10^{-12}\,\mathrm{F/m}$；

δ——极板间距离（极距），m；

A——极板面积，m^2。

式(4-15)表明，当 δ、A 或 ε 发生变化时，都会引起电容 C 的变化。如果保持其中的两个参数不变，而仅改变另一个参数，就可把该参数的变化变换为电容量的变化。根据电容器变化的参数，可分为极距变化型、面积变化型和介质变化型三类。在实际中，极距变化型与面积变化型的应用较为广泛。

1. 极距变化型

在电容器中，如果两极板有互相覆盖的面积及极间介质，则电容量 C 与极距 δ_0 呈非线性关系（图 4-18）。当极距有一微小变化量 $\mathrm{d}\delta$ 时，引起电容的变化量 $\mathrm{d}C$ 以及灵敏度 S 为

$$\mathrm{d}C=-\frac{\varepsilon_0\varepsilon_r A}{\delta^2}\mathrm{d}\delta$$

$$S=\frac{\mathrm{d}C}{\mathrm{d}\delta}=-\frac{\varepsilon_0\varepsilon_r A}{\delta^2} \tag{4-16}$$

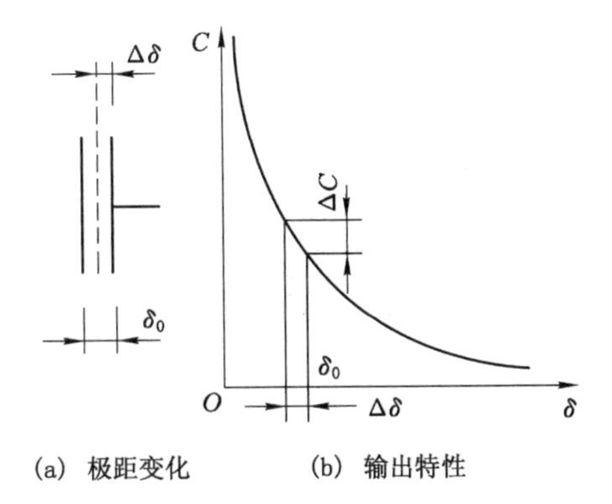

图 4-18 极距变化型电容传感器及输出特性

可以看出，灵敏度 S 与极距平方呈反比关系，极距越小灵敏度越高。显然，灵敏度随极距变化而变化，将引起非线性误差。为了减小这一误差，通常规定应在较小的间隙变化范围

内工作，以便获得近似线性关系。一般取极距变化范围满足 $\Delta\delta/\delta \approx 0.1$。

在实际应用中，为了提高传感器的灵敏度、线性度及克服某些外界条件(如电源电压、环境温度等)变化对测量精确度的影响，常常采用差动式。

极距变化型电容传感器的优点是可进行动态非接触式测量，对被测系统的影响小，灵敏度高，适用于较小位移(0.01 μm 至数百微米)的测量。但这种传感器有非线性误差，传感器的杂散电容也对灵敏度和测量精确度有影响，与传感器配合使用的电子线路也比较复杂。由于这些缺点，其使用范围受到一定限制。

2. 面积变化型

在变换极板面积的电容传感器中，一般常用的有角位移型和线位移型两种，如图 4-19 所示。

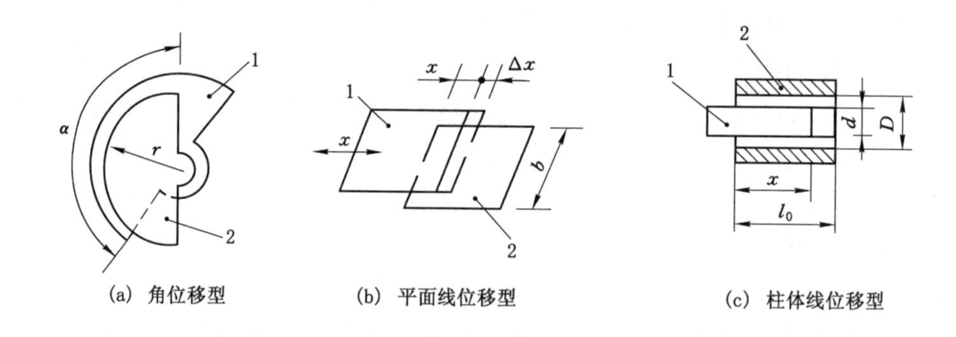

(a) 角位移型　(b) 平面线位移型　(c) 柱体线位移型

1—动板；2—定板。

图 4-19　面积变化型电容传感器

图 4-19(a)所示为角位移型。当动板有一转角时，与定板之间相互覆盖面积就改变，因而导致电容量改变。覆盖面积

$$A = \frac{1}{2}\alpha r^2$$

式中　α——覆盖面积对应的中心角；

r——极板半径。

所以电容量

$$C = \frac{\varepsilon_0 \varepsilon_r \alpha r^2}{2\delta} \tag{4-17}$$

灵敏度

$$S = \frac{\mathrm{d}C}{\mathrm{d}\alpha} = \frac{\varepsilon_0 \varepsilon_r r^2}{2\delta} = \mathrm{const} \tag{4-18}$$

由式(4-18)知，输出与输入呈线性关系。

图 4-19(b)所示为平面线位移型电容传感器。当动板沿 x 方向移动时，覆盖面积发生变化，电容量也随之变化，其电容量为

$$C=\frac{\varepsilon_0\varepsilon_r bx}{\delta} \tag{4-19}$$

式中　b——极板宽度,m。

灵敏度

$$S=\frac{\mathrm{d}C}{\mathrm{d}x}=\frac{\varepsilon_0\varepsilon_r b}{\delta}=\mathrm{const}$$

图 4-19(c)所示为圆柱体线位移型电容传感器。动板(圆柱)与定板(圆柱)相互覆盖,其电容量

$$C=\frac{2\pi\varepsilon_0\varepsilon_r x}{\ln(D/d)} \tag{4-20}$$

式中　D——大圆柱直径,m;

d——小圆柱外径,m。

当覆盖长度 x 变化时,电容量 C 发生变化,其灵敏度

$$S=\frac{\mathrm{d}C}{\mathrm{d}x}=\frac{2\pi\varepsilon_0\varepsilon_r x}{\ln(D/d)} \tag{4-21}$$

面积变化型电容传感器的优点是输出与输入呈线性关系。但与极距变化型相比,灵敏度较低,适用于较大直线位移及角位移的测量。

3. 介质变化型

这是一种利用介质介电常数的变化将被测量转换为电量的传感器。可用来测量电介质的液位或某些材料的厚度、温度和湿度等,也可用来测量空气的湿度。图 4-20 所示是这种传感器的典型实例。图 4-20(a)所示是在两固定极板间有介质层(如纸张、电影胶片等)通过。当介质层的厚度、温度或湿度发生变化时,其介电常数发生变化,引起电容量的变化。图 4-20(b)所示是一种电容式液位计。当液面位置发生变化时,两电极的浸入高度也发生变化,引起电容量的变化。

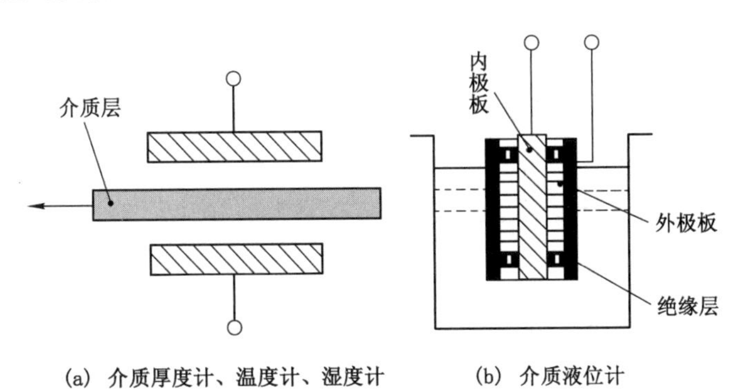

(a) 介质厚度计、温度计、湿度计　　(b) 介质液位计

图 4-20　介质变化型电容式传感器应用实例

4.5.2　特点与应用

1. 主要优点

(1) 输出能量小而灵敏度高。极距变化型电容式压力传感器只需很小的能量就能改变

电容极板的位置,因此电容传感器可以测量很小的力、振动加速度,而且很灵敏。

(2) 电参量相对变化大。电容式压力传感器电容的相对变化 $\Delta C/C \geqslant 100\%$,有的甚至可达 200%,这说明传感器的信噪比大,稳定性好。

(3) 动态特性好。电容传感器活动零件少,而且质量很小,本身具有很高的自振频率,加之供给电源的载波频率很高,因此电容传感器可用于动态参数的测量。

(4) 能量损耗小。电容式传感器工作时是改变极板的间距或覆盖面积,而电容变化并不产生热量。

(5) 结构简单,适应性好。电容式传感器的主要结构是两块金属极板和绝缘层,结构很简单,在振动、辐射环境下仍能可靠工作,如采用冷却措施,还可在高温条件下使用。

2. 主要缺点

(1) 非线性度大。如前所述,极距变化型电容传感器的极距变化 $\Delta\delta$ 与电容变化量 ΔC 呈非线性关系,这一缺点使电容传感器的应用受到一定限制。利用测量电路(常用的电桥电路见图 4-21),电容变化转换成电压变化也是非线性的,因此输出与输入之间的关系出现较大的非线性。采用比例运算放大器电路可得到输出电压 u_y 和位移量的线性关系。如图 4-22所示,输入阻抗采用固定电容 C_0,反馈阻抗采用电容传感器 C_x,根据比例器的运算关系,有

$$u_y = -u_0 \frac{C_0}{C_x}$$

所以

$$u_y = -u_0 \frac{C_0 \delta}{\varepsilon_0 \varepsilon_r A} \tag{4-22}$$

式中 u_0——激励电压。

由式(4-22)可知,输出电压 u_y 与电容传感器间隙 δ 呈线性关系。这种电路常用于位移测量传感器。

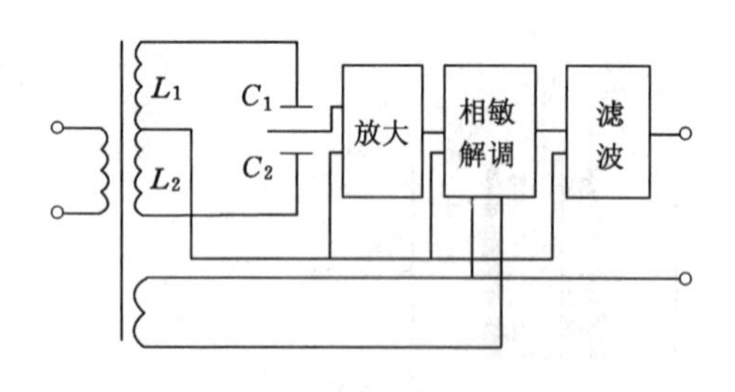

图 4-21 电桥电路

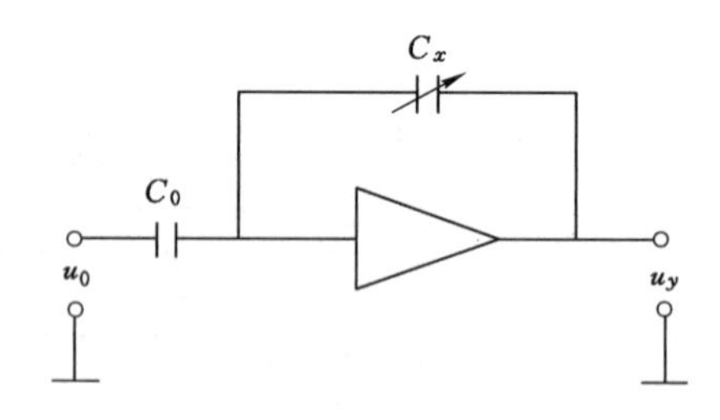

图 4-22 运算放大器电路

(2) 电缆分布电容影响大。一方面传感器两极板之间的电容很小,只有几十或几百皮法,测量时电容量的变化更小,常在 1 pF 以下;另一方面,传感器板极与周围元件之间以及连接电缆都存在着寄生电容,其电容值甚大且不稳定。这就使测量精确度受到严重影响,甚至无法工作。为此必须采取适当的技术措施来减小或消除寄生电容的影响。常用的措施有缩短传感器和测量电路之间的电缆,甚至将测量电路的一部分和传感器做成一体,或采用专

用的驱动电缆。

3. 电容式传感器的应用举例

(1) 电容式测厚仪

图 4-23 所示是测量金属带材在轧制过程中厚度的电容式测厚仪的工作原理。工作极板与带材之间形成两个电容，即 C_1、C_2，其总电容 $C=C_1+C_2$。当金属带材在轧制中厚度发生变化时，将引起电容量的变化。通过检测电路可以反映这个变化，并转换和显示出带材的厚度。

(2) 电容式转速传感器

电容式转速传感器的工作原理如图 4-24 所示。图中齿轮外沿面为电容器的动极板，当电容器定极板与齿顶相对时，电容最大，而与齿隙相对时，则电容最小。当齿轮转动时，电容量发生周期性变化，通过测量电路转换为脉冲信号，则频率计显示的频率代表转速大小。设齿数为 z，频率为 f，则转速为

$$n=\frac{60f}{z}$$

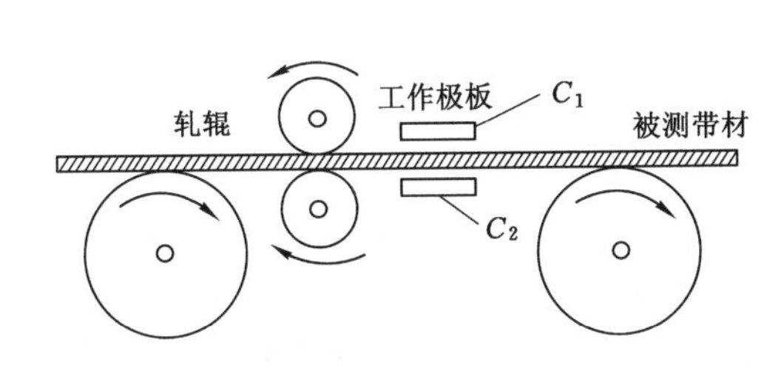

图 4-23　电容式测厚仪的工作原理

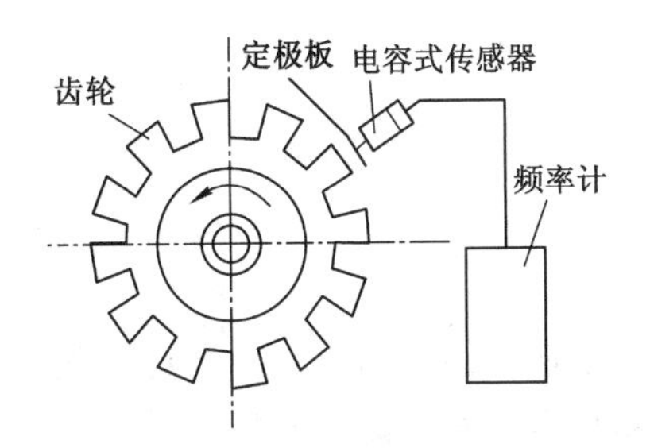

图 4-24　电容式转速传感器的工作原理

目前，电容式传感器已广泛应用于位移、角度、速度、压力、转速、流量、液位、料位及成分分析等方面的测量。

4.6　压电式传感器

压电式传感器是一种可逆型换能器，既可以将机械能转换为电能，又可以将电能转换为机械能。这种性质使它被广泛用于力、压力、加速度测量，也被用于超声波发射与接收装置。这种传感器具有体积小、质量轻、精确度及灵敏度高等优点。现在与其配套的后续仪器，如电荷放大器等的技术性能日益提高，使这种传感器的应用越来越广泛。

压电式传感器的工作原理是利用某些物质的压电效应。

4.6.1　压电效应

某些物质，如石英、钛酸钡、锆钛酸铅(PZT)等，当受到外力作用时，不仅几何尺寸发生变化，而且内部极化，表面上有电荷出现，形成电场；当外力消失时，材料重新恢复到原来状态，这种现象称为压电效应。相反，如果将这些物质置于电场中，其几何尺寸也发生变化，这

种由于外电场作用而导致物质机械变形的现象,称为逆压电效应,或称为电致伸缩效应。

具有压电效应的材料称为压电材料,石英是常用的一种压电材料。

石英(SiO_2)晶体结晶形状为六角晶柱[图 4-25(a)],两端为对称的棱锥。六棱柱是它的基本组织。纵轴线 $z—z$ 称为光轴,通过六角棱线而垂直于光轴的轴线 $x—x$ 称作电轴,垂直于棱面的轴线 $y—y$ 称作机械轴,如图 4-25(b)所示。

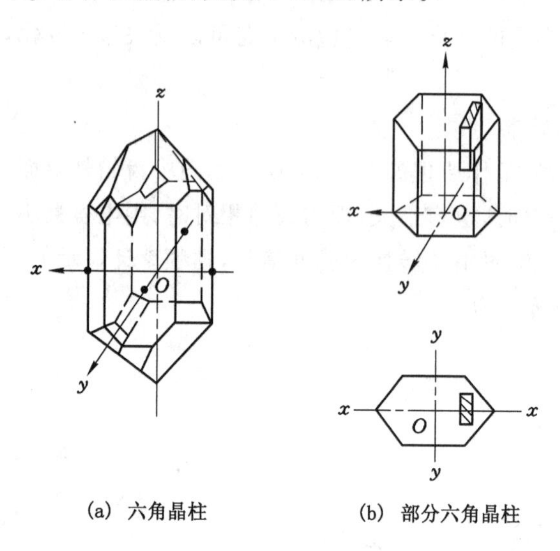

(a) 六角晶柱　　(b) 部分六角晶柱

图 4-25　石英晶体

如果从晶体中切下一个平行六面体,并使其晶面分别平行于 $z—z$、$y—y$、$x—x$ 轴线,这个晶片在正常状态下不呈现电性。当施加外力时,将沿 $x—x$ 方向形成电场,其电荷分布在垂直于 $x—x$ 轴的平面上,沿 x 轴加力产生纵向效应,沿 y 轴加力产生横向效应;沿相对两平面加力产生切向效应(图 4-26)。

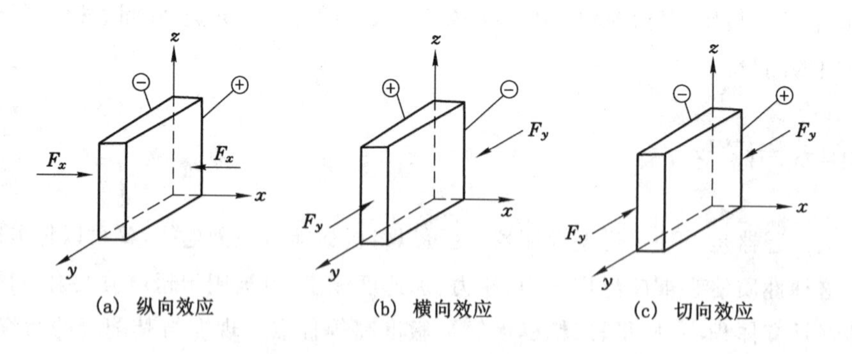

(a) 纵向效应　　(b) 横向效应　　(c) 切向效应

图 4-26　压电效应模型

试验证明,压电晶体表面积聚的电荷与作用力呈正比,若沿单一晶轴 $x—x$ 方向加力 F,则在垂直于 $x—x$ 方向的压电体表面上积聚的电荷量为

$$q = d_c F \tag{4-23}$$

式中　q——电荷量;

d_c——压电常数，与材质和切片方向有关；

F——作用力。

若压电体受到多方向的力，压电体各表面都会积聚电荷。每个表面上的电荷量不仅与作用于该面上的垂直力有关，而且还与压电体其他面上所受的力有关。

4.6.2 压电材料

常用的压电材料大致可分为三类：压电单晶、压电陶瓷和有机压电薄膜。压电单晶为单晶体，常用的有石英晶体（SiO_2）、铌酸锂（$LiNbO_3$）、钽酸锂（LiTaO）等。压电陶瓷为多晶体，常用的有钛酸钡（$BaTiO_3$）、锆钛酸铅（PZT）等。

石英是压电单晶中最有代表性的，应用广泛。除天然石英外，大量应用人造石英。石英的压电常数不高，但具有较好的机械强度和时间、温度稳定度。其他压电单晶的压电常数为石英的2.5～4.5倍，但价格较贵。水溶性压电晶体，如酒石酸钾钠压电常数较高，但易受潮，机械强度低，电阻率低，性能不稳定。

压电陶瓷制作方便，成本低。原始的压电陶瓷不具有压电性，其内部电畴是无规则排列的，其电畴与铁磁物质的磁畴类似。在一定温度下对其进行极化处理，即利用强电场使其电畴按规则排列，呈现压电性能。极化电场消失后，电畴取向保持不变，在常温下可呈压电特性。压电陶瓷的压电常数比单晶体高得多，一般比石英高数百倍。现在压电元件绝大多数采用压电陶瓷。

铁酸钡是使用最早的压电陶瓷，其居里点（温度达到该点将失去压电特性）低，约为120 ℃。现在使用最多的是锆钛酸铅（PZT）系列压电陶瓷，PZT是一类材料系列，随配方和掺杂的变化可以获得不同的性能，它具有较高的居里点（350 ℃）和很高的压电常数（70～590 pC/N）。

高分子压电薄膜的压电特性并不太好，但它可以大量生产，具有面积大、柔软不易破碎等优点，可用于微压测量和用于制作机器人的触觉器官，其中以聚偏二氟乙烯最为著名。

近年来压电半导体也已开发成功。它具有压电和半导体两种特性，很易发展成新型的集成传感器。

4.6.3 压电式传感器及其等效电路

在压电晶片的两个工作面上进行金属蒸镀，形成金属膜，构成两个电极，如图4-27所示。当晶片受到外力作用时，在两个极板上积聚数量相等、极性相反的电荷，形成了电场。因此压电传感器可以看作电荷发生器，它又是一个电容器。其电容按式（4-15）计算，即

$$C=\frac{\varepsilon_0\varepsilon_r A}{\delta}$$

式中 ε_r——极板间介质的相对介电常数，对于石英晶体，$\varepsilon_r=4.5$；钛酸钡，$\varepsilon_r=1\ 200$。

ε_0——真空中介电常数，$\varepsilon_0=8.85\times10^{-12}$ F/m。

δ——极板间距离，即晶片厚度。

A——压电晶片工作面的面积。

如果施加在晶片上的外力不变，积聚在极板上的电荷无内部泄漏，外电路负载无穷大，那么在外力作用期间，电荷量将始终保持不变，直到外力的作用终止时，电荷才随之消失。

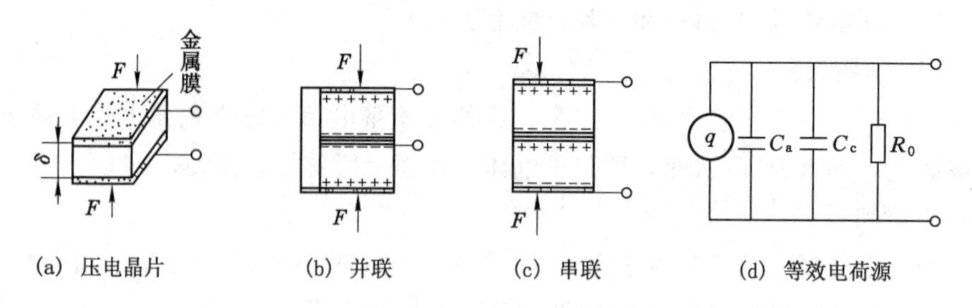

图 4-27 压电晶片及等效电路

如果负载不是无穷大,电路将会按指数规律放电,极板上的电荷无法保持不变,从而造成测量误差。因此,利用压电式传感器测量静态或准静态量时,必须采用极高阻抗的负载。在动态测量时,变化快,漏电量相对比较小,故压电式传感器适宜做动态测量。

实际压电传感器测量中,往往用两个或两个以上的晶片进行串联或并联。并联时[图 4-27(b)]两晶片负极集中在中间极板上,正电极在两侧的电极上。并联时电容量大,输出电荷量大,时间常数大,宜于测量缓变信号,适用于以电荷量输出的场合。串联时[图 4-27(c)],正电荷集中在上极板,负电荷集中在下极板。串联法传感器本身电容小,输出电压大,适用于以电压作为输出信号的场合。

压电式传感器是一个具有一定电容的电荷源。电容器上的开路电压 u_0 与电荷 q、电容 C_a 存在下列关系

$$u_0=\frac{q}{C_a} \tag{4-24}$$

当压电式传感器接入测量电路时,连接电缆的寄生电容就形成传感器的并联寄生电容 C_a,后续电路的输入阻抗和传感器中的漏电阻就形成漏电阻 R_0,如图 4-27(d)所示。由于不可避免地存在电荷泄漏,利用压电式传感器测量静态或准静态量值时,必须采取一定措施,使电荷从压电元件经测量电路的漏失减小到足够小的程度;而在做动态测量时,电荷可以不断补充,从而供给测量电路一定的电流,故压电式传感器适宜做动态测量。

4.6.4 测量电路

由于压电式传感器的输出电信号是很微弱的电荷,而且传感器本身有很大内阻,故输出能量甚微,这给后接电路带来一定困难。为此,通常把传感器信号先输入至高输入阻抗的前置放大器,经过阻抗变换以后,方可用一般的放大、检波电路将信号输给指示仪表或记录器。

前置放大器的主要作用有两点,一是将传感器的高阻抗输出变换为低阻抗输出;二是放大传感器输出的微弱电信号。

前置放大器电路有两种:一是用电阻反馈的电压放大器,其输出电压与输入电压(传感器输出)呈正比关系;另一种是带电容反馈的电荷放大器,其输出电压与输入电荷呈正比关系。

使用电压放大器时,由于电容 C 包括了 C_a、C_i 和 C_c,其中电缆对地电容 C_c 比 C_a 和 C_i 都大,故整个测量系统对电缆对地电容 C_c 的变化非常敏感。连接电缆的长度和形态变化,都会导致传感器输出电压 u_y 的变化,从而使仪器的灵敏度也发生变化。

电荷放大器是一个高增益带电容反馈的运算放大器。当略去传感器漏电阻及电荷放大

器输入电阻时，它的等效电路如图 4-28 所示。

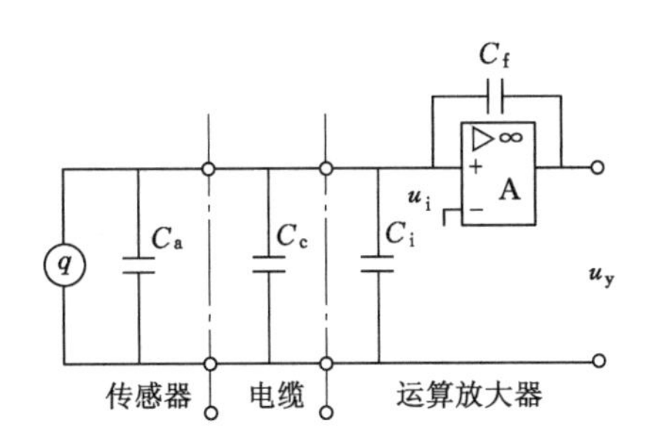

图 4-28　电荷放大器的等效电路

由于忽略漏电阻，故

$$q \approx u_i(C_a + C_c + C_c) + (u_i - u_y)C_f$$
$$= u_i C + (u_i - u_y)C_f$$

式中　u_i——放大器输入端电压；

u_y——放大器输出端电压，$u_y = -Au_i$，其中 A 为电荷放大器开环增益；

C_f——电荷放大器反馈电容；

C_a——传感器电容；

C_i——外界电路输入端电容。

故得

$$u_y = \frac{-Aq}{(C + C_f) + AC_f}$$

如果放大器开环增益足够大，则 $AC_f \gg (C + C_f)$，上式可简化为

$$u_y \approx \frac{-q}{C_f} \tag{4-25}$$

式(4-25)表明，在一定条件下，电荷放大器的输出电压与传感器的电荷量呈正比，并且与电缆对地电容无关。因此，采用电荷放大器时，即使连接电缆长达百米以上，其灵敏度也无明显变化，这是电荷放大器突出的优点。但与电压放大器比较，其电路复杂，价格昂贵。

4.7　磁电式传感器

磁电式传感器是把被测物理量转换为感应电动势的一种传感器，又称电磁感应式或电动式传感器。

根据法拉第电磁感应定律，对于一个匝数为 W 的线圈，当穿过该线圈的磁通 Φ 发生变化时，其感应电动势

$$e = -W\frac{\mathrm{d}\Phi}{\mathrm{d}t} \tag{4-26}$$

可见，线圈感应电动势的大小，取决于匝数和穿过线圈的磁通变化率。磁通变化率与磁

场强度与磁路磁阻、线圈的运动速度有关,故若改变其中一个因素,都会改变线圈的感应电动势。

4.7.1 动圈式

动圈式又可分为线速度型与角速度型,图 4-29(a)所示为线速度型传感器工作原理。在永久磁铁产生的直流磁场内放置一个可动线圈,当线圈在磁场中做直线运动时,它所产生的感应电动势

$$e = WBlv\sin\theta \tag{4-27}$$

式中 B——磁场的磁感应强度;

l——单匝线圈有效长度;

W——线圈匝数;

v——线圈与磁场的相对运动速度;

θ——线圈运动方向与磁场方向的夹角。

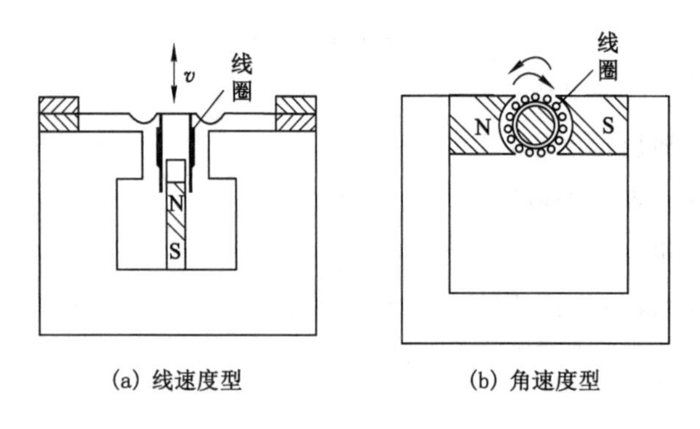

(a) 线速度型　　(b) 角速度型

图 4-29　动圈式磁电传感器工作原理

当 $\theta=\dfrac{\pi}{2}$时,式(4-27)可写为

$$e = WBlv \tag{4-28}$$

此式说明,当 W、B、l 均为常数时,感应电动势大小与线圈运动的线速度呈正比,这就是一般常见的惯性式速度计的工作原理。

图 4-29(b)所示是角速度型传感器工作原理。线圈在磁场中转动时产生的感应电动势

$$e = kWBA\omega \tag{4-29}$$

式中 ω——角速度;

A——单匝线圈的截面积;

W——线圈匝数;

k——与结构有关的系数,$k<1$;

θ——线圈运动方向与磁场方向的夹角。

式(4-29)表明,当传感器结构一定时,W、B、A 均为常数,感应电动势 e 与线圈相对磁场的角速度呈正比。这种传感器被用于转速测量。

磁电式传感器的工作原理也是可逆的。作为测振传感器,它工作于发电机状态。若在

线圈上加以交变激励电压，则线圈就在磁场中振动，成为一个激振器（电动机状态）。

4.7.2 磁阻式

磁阻式传感器的线圈与磁铁不做相对运动，由运动着的物体（导磁材料）来改变磁路的磁阻，而引起磁力线增强或减弱，使线圈产生感应电动势。其工作原理及应用如图 4-30 所示。此种传感器由永久磁铁及缠绕其上的线圈组成。

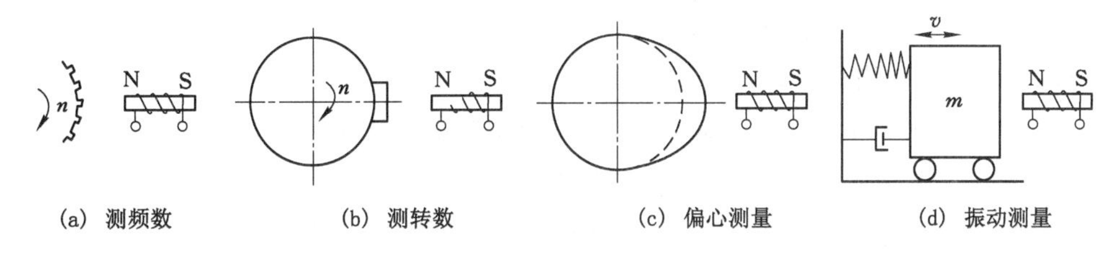

图 4-30 磁阻式传感器的工作原理及应用实例

磁阻式传感器使用简便、结构简单，在不同场合下可用来测量转速、振动等。

4.7.3 霍尔式

霍尔式传感器也是一种磁电式传感器。它是利用霍尔元件基于霍尔效应将被测量转换成电动势输出的一种传感器。霍尔元件是一种半导体磁电转换元件，一般由锗(Ge)、锑化铟(InSb)、砷化铟(InAs)等半导体材料制成。如图 4-31 所示，将霍尔元件置于磁场 B 中，如果在 a、b 端通以电流 i，在 c、d 端就会出现电位差，称为霍尔电势 V_H，这种现象称为霍尔效应。

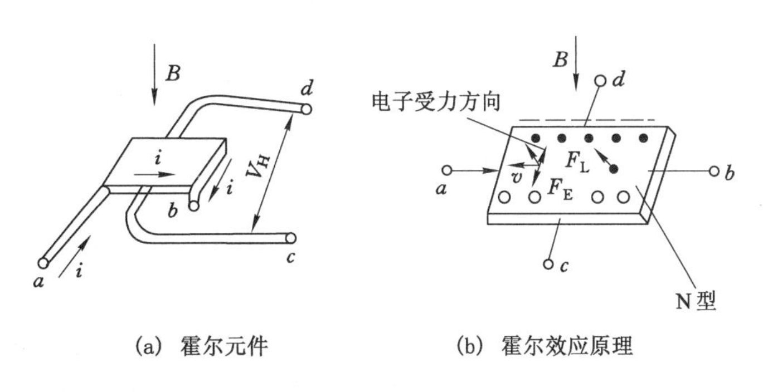

图 4-31 霍尔元件及霍尔效应原理

霍尔效应的产生是由于运动电荷受磁场中洛伦兹力作用。假定把 N 型半导体薄片放在磁场中，通以固定方向的电流，那么半导体中的载流子（电子）将沿着与电流方向相反的方向运动。由物理学已知，任何带电质点在磁场中沿着和磁力线垂直的方向运动时，都要受到磁场力 F_L 的作用，这个力又称为洛伦兹力。由于 F_L 的作用，电子向一边偏移，并形成电子积累，而另一边则积累正电荷，于是形成了电场。该电场将阻止运动电子的继续偏移，当电场作用在运动电子上的力 F_E 与洛伦兹力 F_L 相等时，电子的积累便达到动态平衡。这时在元件 c、d 两端之间建立的电场称为霍尔电场，相应的电势称为霍尔电势 V_H，其大小为

$$V_H = k_H i B \sin\alpha \tag{4-30}$$

式中　k_H——霍尔常数，决定于材质、温度元件尺寸；

i——电流；

B——磁感应强度；

α——电流与磁场方向的夹角。

根据此式，如果改变 B 或 i，或者两者同时改变，就可改变 V_H。运用这一特性，就可把被测参数变化转换为电压量的变化。

霍尔元件在工程测量中有着广泛的应用。图 4-32 介绍了霍尔元件应用于测量的几种实例。可以看出，将霍尔元件置于磁场中，当被测物理量以某种方式改变了霍尔元件的磁感应强度时，就会导致霍尔电动势的变化。例如，图 4-32(f)所示是一种霍尔压力传感器，液体压力 p 使波纹管的膜片变形，通过杠杆使霍尔片在磁场中产生位移，其输出电动势将随压力 p 变化而变化。

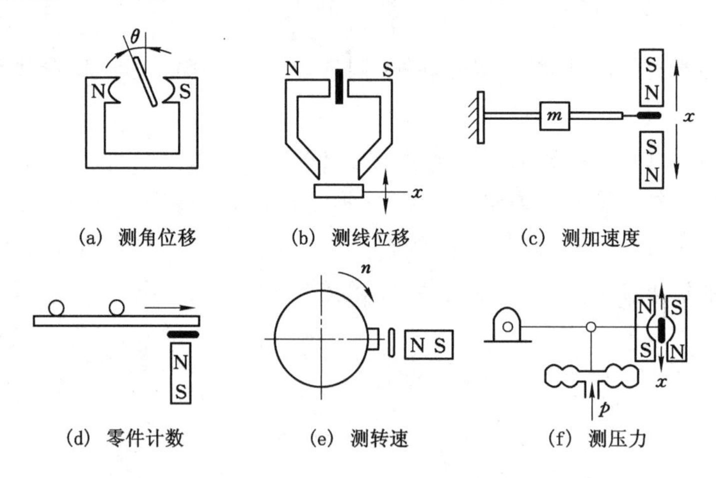

图 4-32　霍尔元件工程应用实例

以微小位移测量为基础，霍尔元件还可以应用于微压、压差、高度、加速度和振动的测量。

图 4-33 所示为一种利用霍尔元件探测 MTC 钢丝绳断丝的工作原理。这种探测仪的永久磁铁使钢丝绳磁化，当钢丝绳有断丝时，在断口处出现漏磁场，霍尔元件通过此漏磁场将获得一个脉动电压信号。此信号经放大、滤波、A/D 转换后进入计算机分析，识别出断丝根数和断口位置。该项技术已成功应用于矿井提升钢丝绳、起重机械钢丝绳、载人索道钢丝绳等断丝检测，获得了良好的效益。

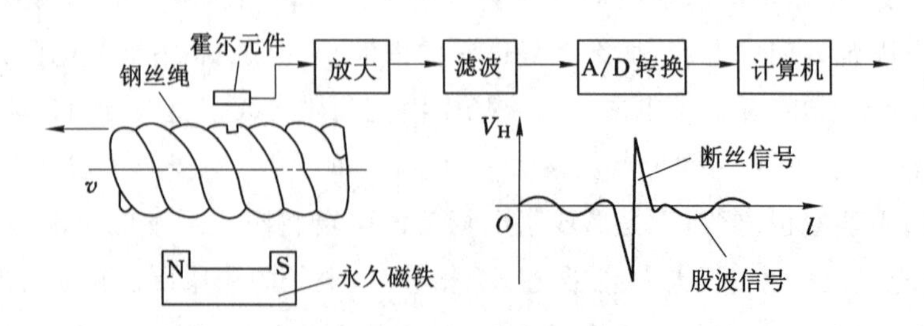

注：绳股之间引起的漏磁场称为股波。

图 4-33　利用霍尔元件探测钢丝绳断丝的工作原理

4.8 光电式传感器

4.8.1 光电效应及光电器件

光电式传感器将光量转换为电量。光电器件的物理基础是光电效应。

1. 外光电效应

在光线作用下,物质内的电子逸出物体表面向外发射的现象,称为外光电效应。根据爱因斯坦的假设,一个光子的能量只能被一个电子吸收,因此如果要使一个电子从物质表面逸出,光子具有的能量必须大于该物质表面的逸出功 A_0,这时逸出表面的电子具有的动能 E_k 为

$$E_k = \frac{1}{2}mv_0^2 = hv - A_0 \tag{4-31}$$

式中 m——电子质量;

v_0——电子逸出时的初速度;

h——普朗克常数,$h = 6.26 \times 10^{-34}$ J·s;

v——光的频率。

由上式可见,光电子逸出时所具有的初始动能 E_k 与光的频率有关,频率高则动能大。由于不同材料具有不同的逸出功,因此对某种材料而言便有一个频率限,当入射光的频率低于此频率限时,不论光强多大,也不能激发出电子;反之,当入射光的频率高于此极限频率时,即使光线微弱也会有光电子发射出来,这个频率限称为红限频率或截止频率。

基于外光电效应的光电器件属于光电发射型器件,有光电管、光电倍增管等。光电管有真空光电管和充气光电管。真空光电管的结构如图 4-34 所示,在一个真空的玻璃泡内装有两个电极,一个是光电阴极,一个是光电阳极。光电阴极通常采用逸出功小的光敏材料(如铯 Cs)。光线照射到光敏材料上便有电子逸出,这些电子被具有正电位的阳极所吸引,在光电管内形成空间电子流,在外电路中就产生电流。若外电路串联一定阻值的电阻,则在该电阻上的电压降或电路中的电流大小都与光强呈函数关系,从而实现光电转换。

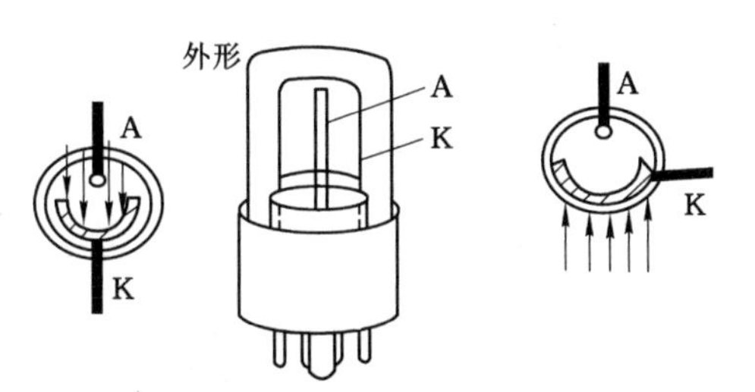

(a) 金属底层光电阴极光电管 (b) 光透明阴极光电管

图 4-34 真空光电管的结构

2. 内光电效应

受光照物体(通常为半导体材料)电导率发生变化或产生光电动势的现象称为内光电效应。内光电效应按其工作原理分为两种:光电导效应和光生伏特效应。

(1) 光电导效应

半导体材料受到光照时会产生电子空穴对,使其导电性能增强,光线愈强,阻值愈低。这种光照后电阻率发生变化的现象称为光电导效应。基于这种效应的光电器件有光敏电阻和反向工作的光敏二极管、光敏三极管。

光敏电阻是一种光电导元件,工作原理基于的是半导体材料的内光电效应,即当半导体受到光照射时,其电阻值减小。其实质是由于在光量子的作用下,物质吸收了能量,内部释放出电子,使载流子密度或迁移率增加,从而导致电导率增加,电阻下降。光敏电阻是一种电阻器件,使用时对它加一定偏压,当无光照射时,其阻值(暗电阻值)很大,电路中电流很小。受到光照射时,其阻值急剧下降,电路电流迅速增加。光敏电阻常用的半导体材料有硫化镉(CdS,$\Delta E_g = 2.4$ eV)和硒化镉(CdSe,$\Delta E_g = 1.8$ eV)。光敏电阻受温度的影响甚大,当温度升高时,它的暗电阻值、灵敏度都下降。同时,其光谱特性也受到很大的影响,使用时应当特别注意。

光敏二极管是一种既有一个 PN 结又有光电转换功能的晶体二极管,如图 4-35 所示。该 PN 结位于管的顶部,以便接受光照。光敏二极管在电路中通常处于反向偏置状态。在没有光照射时,处于截止状态,反向电阻很大,反向电流(也称暗电流)很小。当受到光照射时,PN 结附近受光子轰击,产生电子与空穴,使少数载流子的浓度大大增加,致使通过 PN 结的反向电流大大增加,形成光电流。光电流随入射光照度的变化而变动,光敏二极管也就实现了把光信号转换成电信号的功能。为了加大光电流,使用时应一方面加大光信号的照度,另一方面选择具有适当光谱响应的光敏二极管。

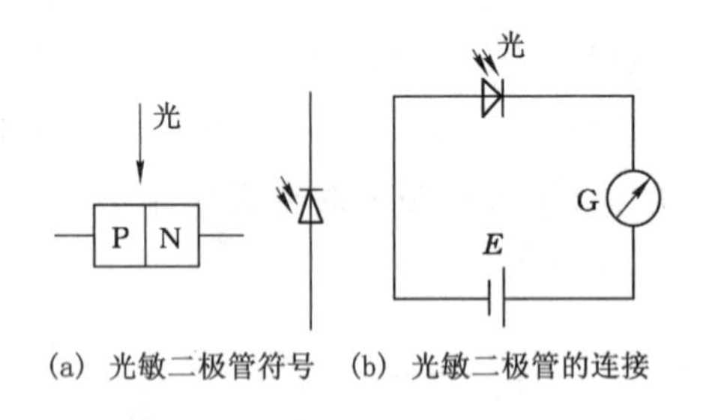

(a) 光敏二极管符号 (b) 光敏二极管的连接

图 4-35 光敏二极管

光敏二极管将光信号转换为电压输出的基本电路如图 4-36(a)所示。

若将普通晶体管的基板-集电极制成光敏二极管,则成为光敏三极管。光敏二极管的光电流成为基极电流,在三极管内放大,形成集电极电流,由于光敏三极管的基极电流由光电流供给,因而许多光敏三极管不再设基极引线。图 4-36(b)所示为光敏三极管的基本电路。

和光敏二极管比较,光敏三极管输出信号大,产生光电流部分与放大部分集中在一起,

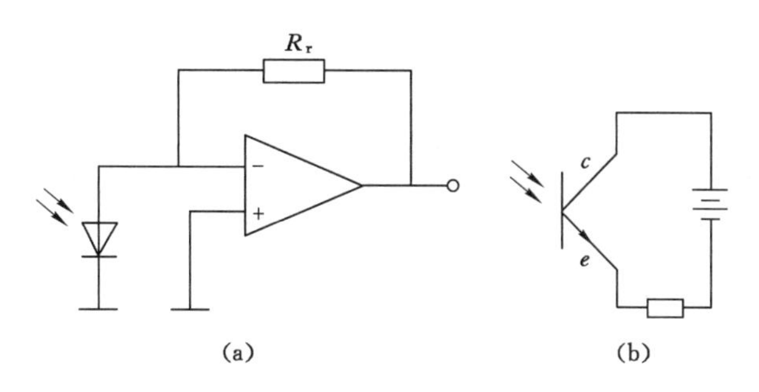

图 4-36 光敏二极管基本电路和光敏三极管基本电路

具有较好的抗噪声能力，但它的响应速度略慢些，尤其在光信号微弱的情况下更是如此。

光敏晶体管有 NPN 型和 PNP 型两种，如图 4-37 所示，结构与一般晶体管相似。由于光敏晶体管是由光致导通的，因此它的发射极通常做得很大，以扩大光的照射面积。当光照到晶体管的 PN 结附近时，在 PN 结附件有电子-空穴对产生，它们在内电场作用下做定向运动，形成光电流。这样使 PN 结的反向电流大大增加。由于光照发射极所产生的光电流相当于晶体管的基极电流，因此集电极的电流为光电流的 β 倍(β 为放大倍数)，因此光敏晶体管的灵敏度比光敏二极管的灵敏度高。

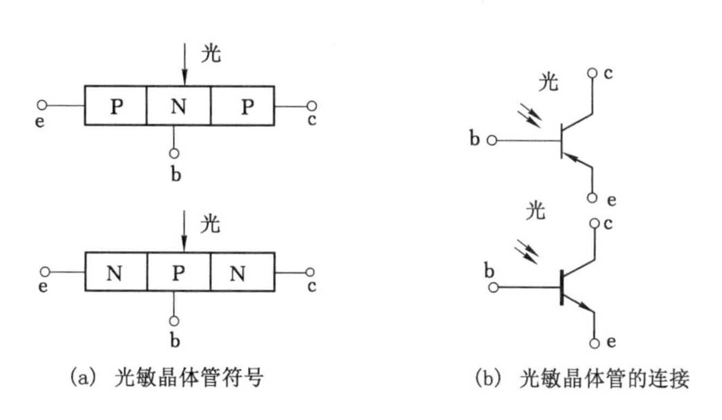

(a) 光敏晶体管符号　　(b) 光敏晶体管的连接

图 4-37 光敏晶体管

(2) 光生伏特效应

光生伏特效应指半导体材料 PN 结受到光照后产生一定方向的电动势的效应，因此光生伏特型光电器件是自发电式的，属有源器件。以可见光作光源的光电池是常用的光生伏特型器件，硒和硅是光电池常用的材料，也可以使用锗。图 4-38 所示为具有 PN 结的光电池原理。当用光照射时，在 PN 结附近，由于吸收了光子能量而产生电子与空穴对(称为光生载流子)。它们在 PN 结电场作用下，产生漂移运动，电子被推向 N 型区，而空穴被拉进 P 型区，结果在 P 型区这边积聚了大量过剩空穴，N 型区那边却积聚了大量过剩电子，使 P 型区带正电，而 N 型区带负电，二者之间产生了电位差，用导线连接电路中就有电流通过。

一般常用光电池有硒、硅、碲化镉、硫化镉等光电池。其中使用广泛的是硅光电池，其光谱范围为 0.4～1.1 μm，灵敏度为 6～8 $\mathrm{nAmm^{-2}lx^{-1}}$，响应时间为数微秒至数十微秒。

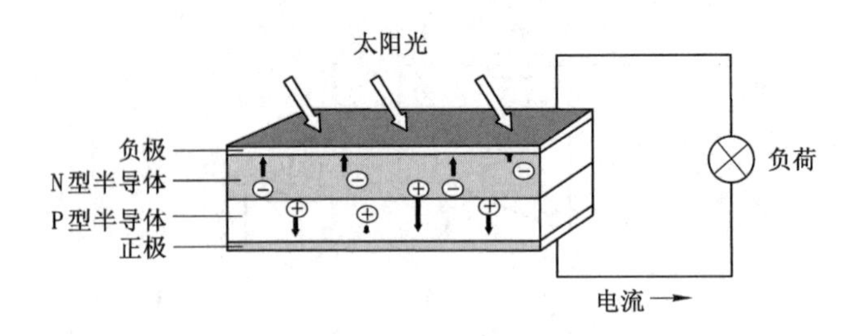

图 4-38　硅太阳能电池工作原理

4.8.2　光电式传感器的形式

光电式传感器是以光电器件作为转换元件的传感器。其工作原理是首先把被测量的变化转换成光信号的变化，然后通过光电转换元件变换成电信号。它可以用来检测直接引起光量变化的非电量，如光强、光照度等，也可以用来检验能转换成光量变化的其他非电量，如零件直径、表面粗糙度、应变、位移、振动、速度加速度等，以及物体的形状工作状态的识别等。

由于光电测量方法灵活多样，可测参数众多，一般情况下又具有非接触、高精度、高分辨率、高可靠性和响应时间快等优点，加之激光光源、光栅、光学码盘、光导纤维等的相继出现和成功应用，使得光电传感器在检测和控制领域得到了广泛的应用。光电传感器按接收状态可分为模拟式光电传感器和脉冲式光电传感器。

1. 模拟式光电传感器

模拟式光电传感器的工作基于的是光电元件的光电特性，其光通量随被测量变化而变化，光电流就成为被测量的函数，故又称为函数运用状态型光电传感器。这一类光电传感器有如下几种工作方式(图 4-39)。

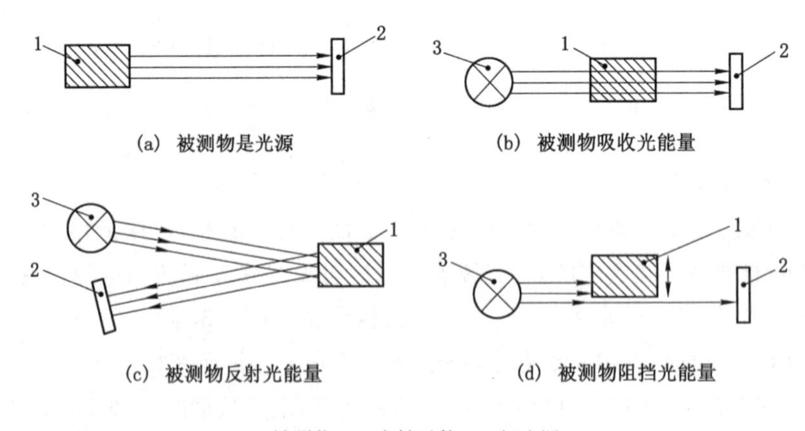

1—被测物；2—光敏元件；3—恒光源。

图 4-39　应用光敏元件的几种形式

(1) 光源本身是被测物[图 4-39(a)]，其能量辐射到光敏元件上。这种形式的光电传感器可用于光电比色高温计，它的光辐射的强度和光谱的强度分布都是被测温度的函数。

(2) 恒光源所辐射的光穿过被测物，部分被吸收，而后到达光敏元件上[图4-39(b)]。吸收量取决于被测物质的被测参数。例如，测液体、气体的透明度、混浊度的光电比色计、混浊度计的传感器等。

(3) 恒光源所辐射的光照到被测物[图4-39(c)]，由被测物反射到达光敏元件上。表面反射状态取决于该表面的性质，因此成为被测非电量的函数。如测量表面粗糙度等的仪器的传感器。

(4) 恒光源所辐射的光遇到被测物，部分被遮挡，而后到达光敏元件上[图4-39(d)]，由此改变了照射到光敏元件上的光通量。在某些检测尺寸或振动的仪器中，常采用这类传感器。

2. 脉冲式光电传感器

脉冲式光电传感器的工作方式是光电元件的输出仅有两种稳定状态，也就是"通""断"的开关状态，也称为光电元件的开关运用状态。这类传感器要求光电元件灵敏度高，而对光电特性的线性要求不高。该传感器主要用于零件或产品的自动计数、光控开关、计算机的光电输入设备、光电编码器及光电报警装置等。

光电转换元件具有很高的灵敏度，而且体积小、质量轻、性能稳定、价格便宜，因此在工业技术中得到了广泛应用。下面着重介绍角度-数字编码器。

角度-数字编码器结构最为简单，广泛用于简易数控机械系统中。按工作原理，可分为脉冲盘式和码盘式两种。

(1) 脉冲盘式角度-数字编码器

脉冲盘式角度-数字编码器的结构如图4-40所示。在一个圆盘的边缘上开有相等角距的狭缝(分成透明及不透明的部分)，在开缝圆盘的两边分别安装光源及光敏元件。使圆盘随工作轴一起转动，每转过一个缝隙就发生一次光线的明暗变化，经过光敏元件，就产生一次电信号的变化，再经整形放大，可以得到一定幅值和功率的电脉冲输出信号。脉冲数等于转过的缝隙数。若将得到的脉冲信号送到计数器中，则计数码即可反映圆盘转过的角度。

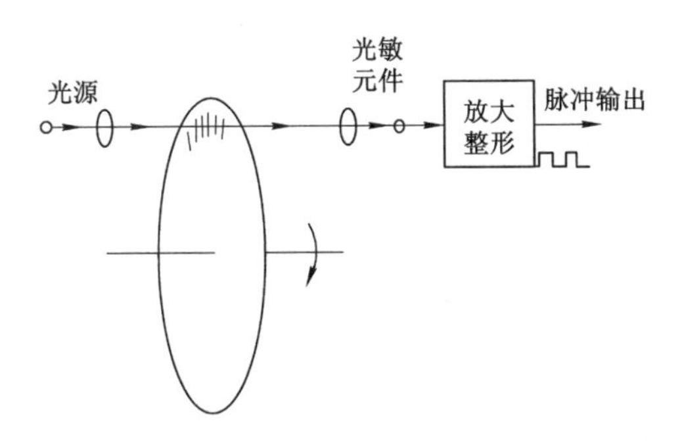

图4-40　脉冲盘式角度-数字编辑器结构示意图

若采用两套光电转换装置，使其相对位置有一定的关系，保证它们产生的信号在相位上相差1/4周期，这样可以判断轴的旋转方向，如图4-41所示 。

正转时光敏元件2比光敏元件1先感光，此时与门DA_1有输出，将加减控制触发器置

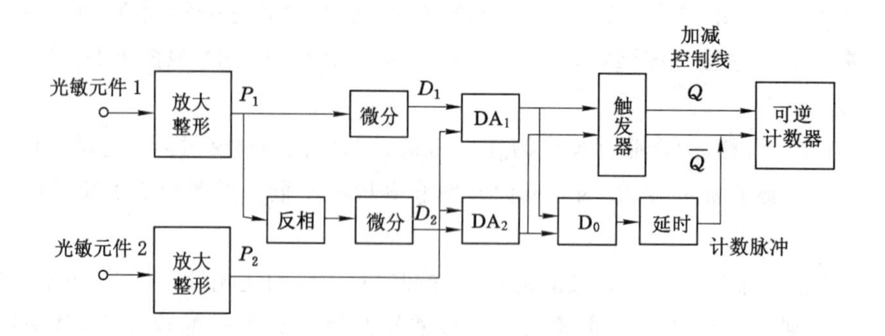

注：图中DA_1、DA_2、D_0均为与门。

图 4-41　辨向环节的逻辑电路

“1”，使可逆计数器的加法母线为高电位。同时DA_1的输出脉冲又经与门D_0送到可逆计数器的计数输入端，计数器进行加法计数。反转时光敏元件1比光敏元件2先感光，计数器进行减法计数。这样就可以区别旋转方向，自动进行加法或减法计数。

(2) 码盘式角度-数字编码器

码盘式角度-数字编码器是按角度直接进行编码的传感器，通常把它装在检测轴上。按其结构可把它分为接触式、光电式和电磁式。码盘结构如图 4-42 所示。

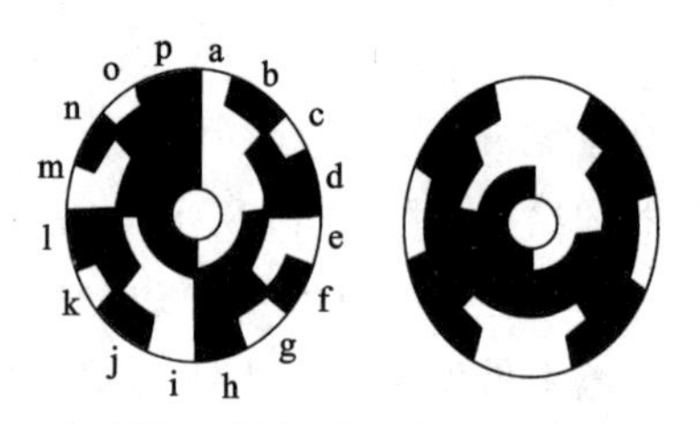

(a) 四位二进制码盘 (b) 四位循环码盘

图 4-42　码盘结构

图 4-42(a)所示为一个接触式四位二进制码盘，涂黑部分为导电区。所有导电部分连接在一起接高电位。空白部分为绝缘区。在每圈码道上都有一个电刷，电刷经电阻接地。当码盘与轴一起转动时，电刷上将出现相应的电位，对应一定的数码。

若采用n位码盘，则能分辨的角度$\alpha=\dfrac{360°}{2^n}$。位数n越大，能分辨的角度就越小。循环码的特点是码盘转到相邻区域时，编码只有一位是变化的，不会产生粗误差。二进制码盘很简单，但实际应用中对码盘的制作和电刷(或光敏元件)的安装要求十分严格，否则就会出错。例如，当电刷(0111)向(1000)位过渡时，若电刷位置安装不准，可能出现 8～15 之间的任一十进制数，这是不允许的。这种误差属于非单值误差。

为了消除非单值误差，通常用循环码代替二进制码[图 4-42(b)]。

接触式码盘的优点是简单、体积小、输出信号功率大；缺点是有磨损、寿命短、转速不能太高。

近年来，大部分编码器采用光电式结构。通常它的码盘是用玻璃制成的，码盘上有代表编码的透明和不透明的图形。这些图形是采用照相制版真空镀膜工艺制成的，相当于接触式编码器码盘上的导电区和非导电区。一个完整的光电式角度-数字编码器包括光源、光学系统、码盘、读数系统和电路系统等，结构如图 4-43 所示。编码器的精度主要由码盘的精度决定，目前的分辨率可以达到 0.15″。为了保证精度，码盘的透明和不透明的图形边缘必须清晰、锐利，以减少光敏元件在电平转换时产生的过渡噪声。光学系统的边缘效应是限制编码器精度的重要因素之一。

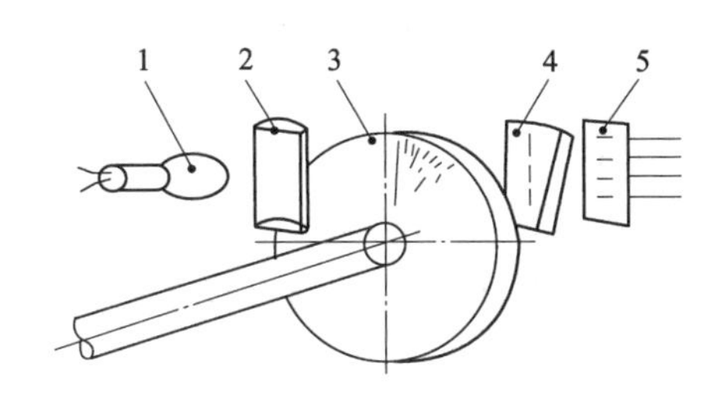

图 4-43 光电式角度-数字编码器结构示意图

为了提高编码器的分辨率，在光电式角度-数字编码器中采用了二进制码盘、脉冲增量式码盘再加细分电路构成的高位数绝对式角度-数字编码器。

4.9 光纤传感器

光纤传感器是 20 世纪 70 年代发展起来的新型传感器，和前面所介绍的传统传感器相比，有着重大差别。传统传感器以机-电转换为基础，以电信号为变换和传输载体，利用导线传输电信号。光纤传感器则以光学量为转换基础，以光信号为变换和传输载体，利用光导纤维传输光信号。

光纤传感器以光学测量为基础，因此光纤传感器首先要解决的问题是如何将被测量的变化转换成光波的变化。实际上，只要使光波的强度、频率、相位和偏振四个参数之一随被测量变化，则此问题即被解决。通常，使光波随被测量变化而变化，称为对光波进行调制。相应的，按照调制方式，光纤传感器可分为强度调制、频率调制、相位调制和偏振调制四种形式。其中以强度调制型较为简单和常用。

(1) 光纤传感器的分类

按光纤的作用，光纤传感器可分为功能型和传光型两种(图 4-44)。功能型光纤传感器的光纤不仅起着传输光波的作用，还起着敏感元件的作用，由它进行光波调制。它既传光又传感。传光型光纤传感器的光纤仅仅起着传输光波的作用，对光波的调制则需要依靠其他元件来实现。从图 4-44 中可以看到，实际上传光型光纤传感器也有两种情况。一种是在光波传输中，由光敏元件对光波实行调制[图 4-44(b)]，另一种则是由敏感元件和发光元件发出已调制的光波[图 4-44(c)]。

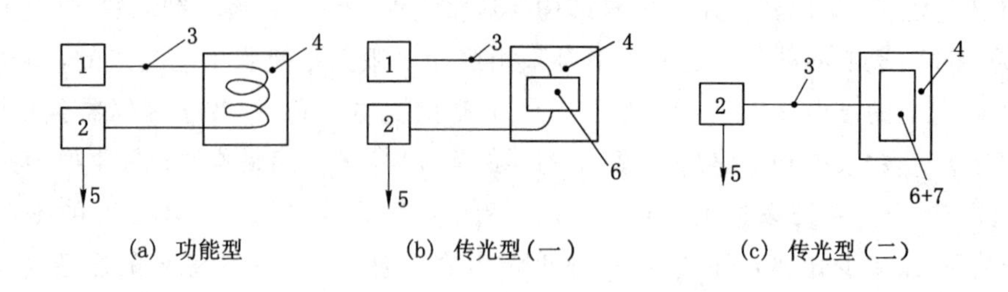

(a) 功能型　　(b) 传光型(一)　　(c) 传光型(二)

1—光源;2—光敏元件;3—光纤;4—被测对象;5—电输出;6—敏感元件;7—发光元件。

图 4-44　光纤传感器的类型

一般来说,传光型光纤传感器应用较多,也较容易使用。功能型光纤传感器的结构和工作原理往往比较复杂或巧妙,测量灵敏度比较高,有可能解决一些特别棘手的测量难题。表 4-3 列出部分光纤传感器的测量对象、种类及调制方式。

表 4-3　部分光纤传感器的测试对象及调制方式

测量对象	种类	调制方式
电流、磁场	功能型	偏振态
		相位
	传光型	偏振态
电压、电场	功能型	偏振态
		相位
	传光型	偏振态
放射线	功能型	发光强度
温度	功能型	相位
		发光强度
		偏振态
	传光型	光量有无
		发光强度

测量对象	种类	调制方式
力、振动、声压	功能型	频率
		相位
		发光强度
	传光型	发光强度
		光量有无
		—
速度	功能型	相位
		频率
	传光型	光量有无
图像	功能型	发光强度

(2) 光纤导光原理

由物理学得知,当光由大折射率 n_1 的介质(光密介质)射入小折射率 n_2 的介质(光疏介质)时[图 4-45(a)],折射角 θ_r 大于入射角 θ_i。增大 θ_i,θ_r 也随之增大。当 $\theta_r=90°$时所对应的入射角称为临界角[图 4-45(b)],并记为 θ_{ic}。若 θ_i 继续增大,即 $\theta_i>\theta_{ic}$时,将出现全反射现象,此时光线不进入 n_2 介质,而在界面上全部反射回 n_1 介质中[图 4-45(c)]。光波沿光纤的传播便是以全反射方式进行的。

光纤为圆柱形,内外共分三层。中心是直径为几十微米、大折射率 n_1 的芯子。芯子外层有一层直径为 100～200 μm、较小折射率 n_2 的包层。最外层为保护层,其折射率 n_3 远大

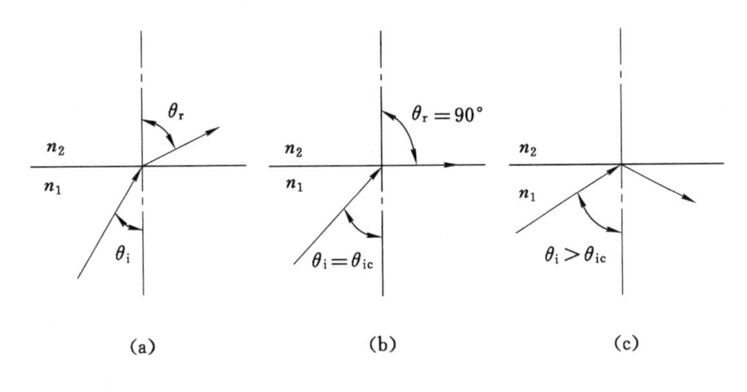

图4-45　光的折射

于 n_2。这样的结构保证了光纤的光波会集中在芯子内传输，不受外来电磁波干扰。

在芯子-包层的界面上（图4-46），光线自芯子以入射角 θ_2 射到界面 C 点。显然，当 θ_2 大于某一临界角 θ_{2c} 时，光线将在界面上产生全反射，反射角 $\theta_S=\theta_2$。光线反射到芯子另一侧的界面时，入射角仍为 θ_2，再次产生全反射；如此不断地传播下去。

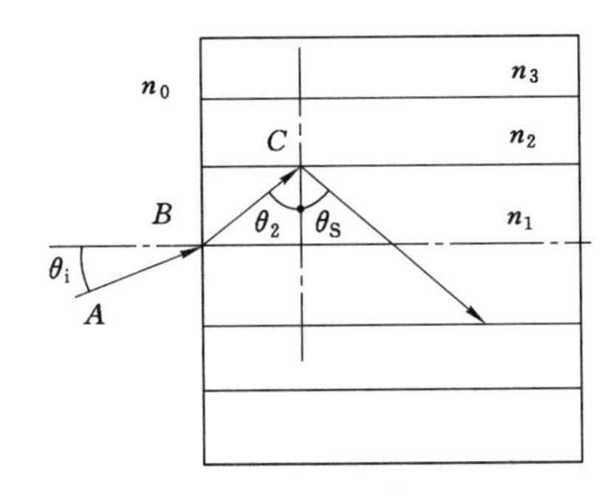

图4-46　光线在光纤中的传播

光线自光纤端部射入，其入射角 θ_i 必须满足一定的条件才能使在 B 点折射后的光线 BC 射到芯子-包层界面 C 处产生全反射。由图4-46可以看出，入射角 θ_i 减小，C 处的入射角 θ_2 增大。可以证明，若光线自折射率为 n_0 的介质中入射光纤，则当 $\theta_2=\theta_{2c}$ 时，入射角 $\theta_i=\theta_{ic}$ 满足下式

$$\sin\theta_{ic}=\frac{1}{n_0}\sqrt{n_1^2-n_2^2} \tag{4-32}$$

通常将 $n_0\sin\theta_{ic}$ 定义为光纤的数值孔径，用NA表示。显然，若自 $n_0=1$ 的介质（如大气）入射时，$\arcsin \mathrm{NA}=\theta_{ic}$ 即为端面入射临界角。凡入射角 $\theta_i<\arcsin \mathrm{NA}$ 的那部分光线进入光纤后，都将在芯子-包层界面处产生全反射而沿芯子向前传播。反之，当 $\theta_i>\arcsin \mathrm{NA}$ 时，光线进入芯子后会折射到包层内而最终消失，无法沿光纤传播。光纤的数值孔径NA越大，表明在越大的入射角范围内入射的光线可在光纤的芯子-包层界面实现全反射。作为传感器的光纤，一般采用 $0.2\leqslant \mathrm{NA}<0.4$。

(3) 光纤传感器的应用

光纤位移传感器应用极为广泛，依据其工作原理，适用于量测温度、压力、声压以及振动等待测量。

图 4-47 所示是一种简单的光纤位移传感器，其发送光纤和接收光纤的端面相对，其间隔为 1～2 μm。接收光纤接收到的光强随两光纤径向相对位置不同而改变。此种传感器可应用于声压和水压的探测。

图 4-48 所示是一种反射式光纤位移传感器。发送光纤和接收光纤束扎在一起。发送光纤射出的光波在被测表面上反射到接收光纤，如图 4-48(a)所示。接收光纤所接收的发光强度 I 随被测表面与光纤端面之间的距离改变而变化。图 4-48(b)所示为接收发光强度与距离的关系曲线。在距离较小的范围内，接收发光强度随距离 x 的增大而较快地增加，故灵敏度高，但位移测量范围较小，适用于小位移、振动和表面状态的测量。在 x 超过某一定值后，接收发光强度随 x 的增大而减小，此时，灵敏度较低，位移测量范围较大，适用于物位测量。

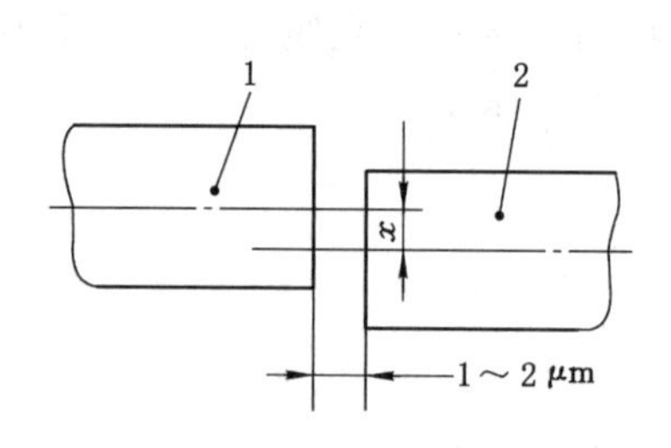

1—发送光纤；2—接收光纤。

图 4-47　光纤位移传感器

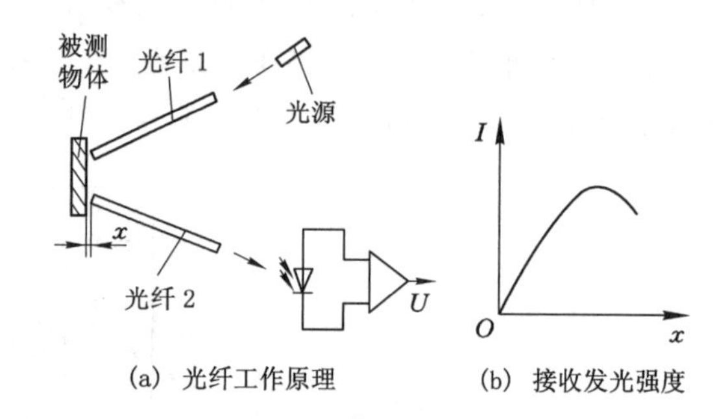

(a)　光纤工作原理　　(b)　接收发光强度

图 4-48　传光型光纤位移传感器

某些三维坐标测量机也应用这种光纤位移传感器。

图 4-49 所示为基于全内反射原理制成的光纤液位传感器。它由 LED 光源、光的接收元件光电二极管、多模光纤等组成。其结构特点是：在光纤测头端有一个圆锥体反射器。当测头置于空气中没有接触到液面时，光线在圆锥体内发生全内反射而返回到光电二极管。当测头接触到液面时，由于液体的折射率与空气的折射率不同，因此全内反射被破坏，将部分光线透至液体内，而使返回到光电二极管的光强变弱。返回光强是液体折射率的线性函数。当返回光强出现突变时，表明测头已经接触到液位。

图 4-49 中给出了光纤液位传感器的三种结构形式。对于图 4-49(a)，其结构主要由 Y 形光纤、全反射锥体、LED 光源以及光电二极管等组成。图 4-49(b)所示是一种 U 形结构。当测头浸入到液体内时，无包层的那段光纤光波导的数值孔径增加。这是由于与空气折射率不同的液体此时起到了包层的作用。接收光强与液体的折射率和测头弯曲的形状有关。为了避免杂光干扰，光源可采用交流调制。在图 4-49(c)所示的结构中，两根多模光纤由棱镜耦合在一起，它的光调制深度最强，而且对光源和光电接收器的要求不高。

图 4-47～图 4-49 所示都是强度调制式传光型光纤传感器。在强度调制式的功能型位

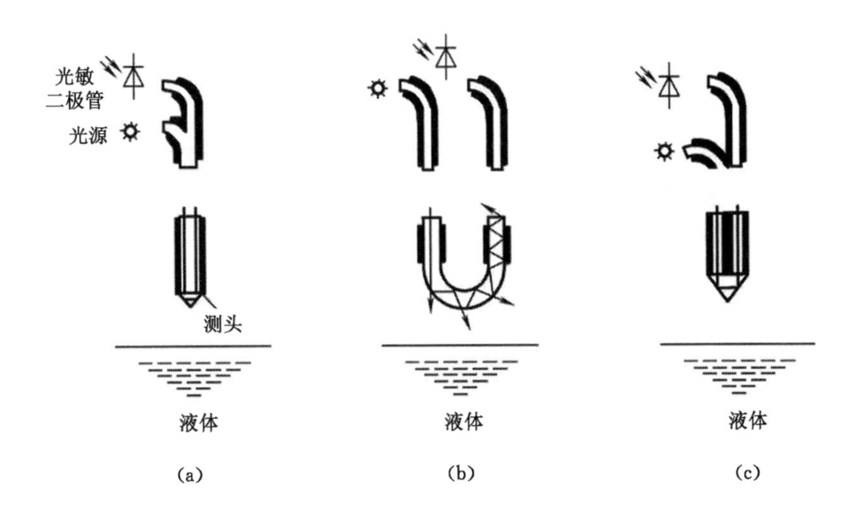

图 4-49 光纤液位传感器

移光纤传感器中，以微弯式光纤传感器应用广泛。其工作原理大致是：光纤在被测位移量的作用下产生微小弯曲变形，导致光纤导光性能的变化，部分光波折射入包层内而损耗掉。损耗的发光强度随弯曲程度而异。使光纤微弯曲的办法很多，例如用两块波纹板将光纤夹住，被测位移量通过两波纹板使光纤弯曲变形，以改变其导光性能。不难理解，若波纹板受控于压力、声压或温度，那么也就构成微弯式的压力、声压或温度传感器。

相位调制式的位移传感器，大多数采用干涉法，即在两束相干光波中，有一束受到被测量的调制，两者产生随被测量变化而变化的光程差，形成干涉条纹。干涉法的灵敏度很高。若采用激光光源，利用其相干性好的优点，便可使传感器获得既有高灵敏度又有大测量范围的好性能。

(4) 光纤传感器的特点

光纤传感器技术已经成为极重要的传感器技术，其应用领域正在迅速扩展。在实际应用中，有必要了解光纤传感器的特点，以利于在光纤传感器和传统传感器之间做出合适的选择。

光纤传感器具有以下几方面的优点：

① 采用光波传递信息，不受电磁干扰，电气绝缘性能好，可在强电磁干扰下完成传统传感器难以完成的某些参量的测量，特别是电流、电压测量。

② 光波传输无电能和电火花，不会引起被测介质的燃烧、爆炸；光纤耐高温、耐腐蚀，因而能在易燃、易爆和强腐蚀性的环境中安全工作。

③ 某些光纤传感器的工作性能优于传统传感器，如加速度计、磁场计等。

④ 质量轻、体积小、可挠性好，利于在狭窄空间使用。

⑤ 光纤传感器具有良好的几何形状适应性，可做成任意形状的传感器和传感器阵列。

⑥ 频带宽，动态范围大，对被测对象不产生影响，有利于提高测量精度。

⑦ 利用现有的光通信技术，易于实现远距离测控。

4.10 传感器的选用原则

如前所述，传感器位于整个测量系统的前端，其性能好坏直接影响整个测量系统的性能。因此，如何合理地选用与被测量相适应的传感器是保证得到精确测量结果的关键。

选用传感器的基本原则及注意事项，概括如下。

1. 灵敏度

一般来讲，传感器的灵敏度越高越好，因为灵敏度越高，意味着传感器所能感知的变化量越小，被测量稍有微小变化时，传感器就有较大的输出。

当然也应考虑到，当灵敏度越高时，与测量信号无关的外界干扰也越容易混入，并被放大装置所放大。这时必须考虑既要检测微小量值，又要干扰小。为保证此点，往往要求信噪比越大越好，既要求传感器本身噪声小，又不易从外界引入干扰。

当被测量是矢量时，那么传感器在该方向灵敏度越高越好，而横向灵敏度越小越好。在测量多维矢量时，传感器的交叉灵敏度越小越好。

此外，和灵敏度紧密相关的是测量范围。除非有专门的非线性校正措施，最大输入量不应使传感器进入非线性区域，更不能进入饱和区域。某些测试工作要在较强的噪声干扰下进行，这时对传感器来讲，其输入量不仅包括被测量，也包括干扰量，两者之和不能进入非线性区。过高的灵敏度会缩小其适用的范围。

2. 响应特性

在所测频率范围内，传感器的响应特性必须满足不失真测量条件。此外，实际传感器的响应总有一定延迟，但延迟时间越短越好。

一般来讲，利用光电效应、压电效应等物性传感器，响应较快，可工作频率范围宽。而结构型，如电感、电容、磁电式传感器等，往往由于结构中的机械系统惯性的限制，其固有频率低，可工作频率较低。

在动态测量中，传感器的响应特性对测试结果有直接影响，在选用时，应充分考虑被测物理量的变化特点（如稳态、瞬变、随机等）。

3. 线性范围

任何传感器都有一定的线性范围，在线性范围内输入与输出呈比例关系。线性范围越宽，表明传感器的工作量程越大。

传感器工作在线性区域内，是保证测量精度的基本条件。例如，机械式传感器中的测力弹性元件，其材料的弹性极限是决定测力量程的基本因素。当超过弹性极限时，将产生线性误差。

然而任何传感器都不容易保证其绝对线性，在许可限度内，可以在其近似线性区域内应用。例如，变间隙型电容、电感传感器，均采用在初始间隙附近的近似线性区内工作。选用时必须考虑被测物理量的变化范围，令其线性误差在允许范围以内。

4. 可靠性

可靠性是传感器和一切测量装置的生命。可靠性是指仪器、装置等产品在规定的条件下，在规定的时间内可完成规定功能的能力。只有产品的性能参数(特别是主要性能参数)均处在规定的误差范围内，方能视为可完成规定的功能。

为了保证传感器应用中具有高的可靠性，事前必须选用设计、制造良好，使用条件适宜的传感器；使用过程中，应严格规定使用条件，尽量降低使用条件的不良影响。

例如电阻应变式传感器，湿度会影响其绝缘性，温度会影响其零漂，长期使用会产生蠕变现象。又如，对于变间隙型电容传感器，环境湿度或浸入间隙的油剂会改变介质的介电常数。光电传感器的感光表面有尘埃或水汽时，会改变光通量、偏振性和光谱成分。对于磁电式传感器或霍尔效应元件等，当在电场、磁场中工作时，亦会带来测量误差。滑线电阻式传感器表面有尘埃时，将引入噪声等。

在机械工程中，有些机械系统或自动加工过程，往往要求传感器能长期使用而不需经常更换或校准，而其工作环境又比较恶劣，尘埃、油剂、温度、振动等干扰严重，例如，热轧机系统控制钢板厚度的 γ 射线检测装置，用于自适应磨削过程的测力系统或零件尺寸的自动检测装置等，在这种情况下应对传感器的可靠性有严格的要求。

5. 精确度

传感器的精确度表示传感器的输出与被测量真值一致的程度。传感器处于测试系统的输入端，因此，传感器能否真实地反映被测量值，对整个测试系统具有直接影响。

然而，并非传感器的精确度越高越好，因为还应考虑经济性。传感器精确度越高，价格越昂贵。因此应从实际出发尤其应从测试目的出发来选择。

首先应了解测试目的，判断是定性分析还是定量分析。如果是属于相对比较的定性试验研究，只需获得相对比较值即可，不需绝对数值，那么应要求传感器精密度高。如果是定量分析，必须获得精确量值，则要求传感器有足够高的精确度。例如，为研究超精密切削机床运动部件的定位精确度、主轴回转运动误差、振动及热变形等，往往要求测量精确度在 0.1～0.01 μm 范围内，欲测得这样的量值，必须采用高精确度的传感器。

6. 测量方法

传感器在实际条件下的工作方式，例如，接触与非接触测量、在线与非在线测量等，也是选用传感器时应考虑的重要因素。工作方式不同对传感器的要求亦不同。

在机械系统中，运动部件的测量(例如回转轴的运动误差、振动、扭矩)，往往需要非接触测量。因为对部件的接触式测量不仅造成对被测系统的影响，且有许多实际困难，诸如测量头的磨损、接触状态的变动、信号的采集都不易妥善解决，也易造成测量误差。采用电容式、涡电流式等非接触式传感器，会有很大方便。若选用电阻应变片时，则需配以遥测应变仪或其他装置。

在线测试相对来说是与实际情况更接近一致的测试方式。特别是自动化过程的控制与检测系统，必须在现场实时条件下进行检测。实现在线检测是比较困难的，对传感器及测试系统都有一定特殊要求。例如，在加工过程中，若要实现表面粗糙度的检测，以往的光切法、干涉法、触针式轮廓检测法都不能运用，取而代之的是激光检测法。实现在线检测的新型传感器的研制，也是当前测试技术发展的一个方面。

7. 其他

除了以上选用传感器时应充分考虑的因素外，还应尽可能兼顾结构简单、体积小、质量轻、价格便宜、易于维修、易于更换等条件。

4.11 本章小结

传感器是测试系统中的第一级，是感受和拾取被测信号的装置。传感器的性能和特性直接影响测试系统的测量精度。本章主要讲述传感器的分类及常用的电阻传感器、电容传感器、电感传感器、压电传感器、磁电传感器、光电传感器、光纤光栅传感器等各种传感器的工作原理和传感器的输入-输出特性等基本内容，还介绍了大量的各种传感器的应用实例。

4.12 本章习题

4-1　在机械式传感器中，影响线性度的主要因素是什么？举例说明。

4-2　试举出你所熟悉的五种机械式传感器，并说明它们的变换原理。

4-3　电阻丝应变片与半导体应变片在工作原理上有何区别？各有何优缺点？应如何针对具体情况选用？

4-4　电感传感器（自感型）的灵敏度与哪些因素有关？要提高灵敏度可采取哪些措施？采取这些措施会带来什么样后果？

4-5　电容式、电感式、电阻应变式传感器的测量电路有何异同？举例说明。

4-6　一电容测微仪，其传感器的圆形极板半径 $r=4$ mm，工作初始间隙 $\delta=0.3$ mm，介质为空气。

(1) 工作时，如果传感器与工件的间隙变化量 $\Delta\delta=\pm1\ \mu$m 时，电容变化量是多少？

(2) 如果测量电路的灵敏度 $S_1=100$ mV/pF，读数仪表的灵敏度 $S_2=5$ 格/mV，在 $\Delta\delta=\pm1\ \mu$m 时，读数仪表的指示值变化多少格？

4-7　试按接触式与非接触式区分传感器，列出它们的名称、变换原理及用在何处。

4-8　欲测量液体压力，拟采用电容式、电感式、电阻应变式和压电式传感器，请绘出可行方案原理图，并进行比较。

4-9　试比较自感式传感器与差动变压器式传感器的异同。

4-10　何谓霍尔效应？其物理本质是什么？用霍尔元件可测哪些物理量？请举三个例子说明。

4-11　什么是物性型传感器？什么是结构型传感器？举例说明。

4-12　选用传感器的基本原则是什么？在实际中如何运用这些原则？试举一例说明。

第 5 章　信号调理与数字化

【学习要求】

信号调理的作用是对传感器输出的电信号进行幅值调整、形式转换、抑制噪声等，以利于信号的传送和分析，对于正确采集测量信号具有重要的作用。

学习本章，学生应达到如下要求：

(1) 能够根据测量信号的具体情况，实现常用信号调理方法的设计与选用，包括电桥、滤波器等。

(2) 可以通过测量信号的分析，完成测量信号的计算机数据采集，包括确定采样频率、窗函数设计、选用合适的 A/D 转换器等。

【知识图谱】

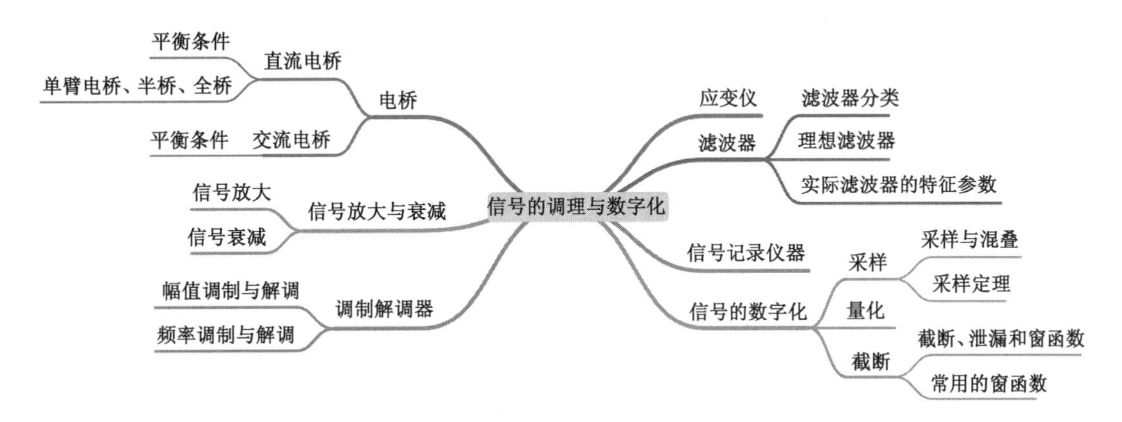

被测物理量经传感器变换后，转换为电阻、电容、电感、电荷、电压或电流等参数的变化。但是由于传感器输出的信号在信号的种类、强度等方面不能直接用于仪表显示、传输、数据处理和在线控制，因此必须对传感器输出信号的幅值驱动能力、传输特性、抗干扰能力等进行调理。

5.1 电　桥

电桥的作用是将传感器输出的电路或磁路参数(电流、电感、电容等)变化转变为电桥输出电压的变化。电桥按其电源性质的不同可分为直流电桥和交流电桥，直流电桥只能用于测量电阻的变化，而交流电桥可以测量电阻、电容及电感的变化。由于桥式电路简单，具有较高的精度和灵敏度，因此在测量装置中被广泛应用。

1. 直流电桥

图 5-1 所示是直流电桥的基本形式。电阻 R_1、R_2、R_3、R_4 作为四个桥臂，a、c 两端接入直流电源 U_i，b、d 两端输出电压 U_0。

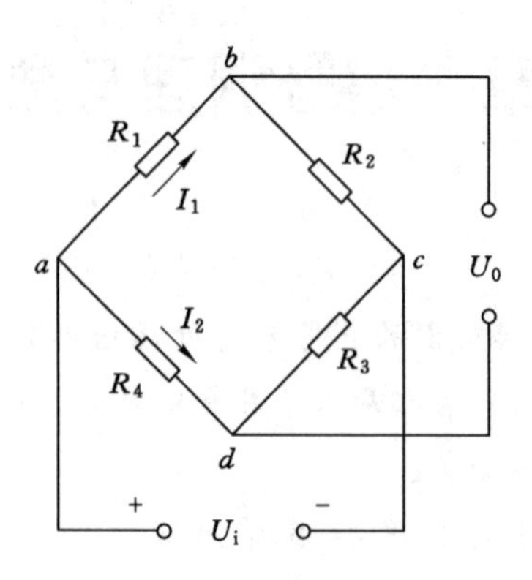

图 5-1　直流电桥

(1) 平衡条件

当电桥输出端接入阻抗较大的仪表或放大器，即负载无穷大时，则可认为输出电流为零。电桥电流为

$$I_1=\frac{U_i}{R_1+R_2}$$

$$I_2=\frac{U_i}{R_3+R_4}$$

电桥输出电压为

$$\begin{aligned}U_0&=U_{ab}-U_{ad}=I_1R_2-I_2R_2\\&=\left(\frac{R_1}{R_1+R_2}-\frac{R_4}{R_3+R_4}\right)U_i\\&=\frac{R_1R_3-R_2R_4}{(R_1+R_2)(R_3+R_4)}U_i\end{aligned}$$

根据上式可知，当

$$R_1R_3-R_2R_4=0 \tag{5-1}$$

时，电桥输出为零。式(5-1)称为电桥的平衡条件。

(2) 测量连接方式

在测试过程中，根据桥臂电阻值的变化情况，电桥有半桥单臂、半桥双臂和全桥三种连接方式，如图 5-2 所示。

对于半桥单臂连接方式，只有一个桥臂的电阻随被测量变化，当 $R_1\to R_1+\Delta R_1$ 时，电桥的输出电压为

$$U_0=\left(\frac{R_1+\Delta R_1}{R_1+\Delta R+R_2}-\frac{R_4}{R_3+R_4}\right)U_i \tag{5-2}$$

实际使用中，为了简化桥路设计，提高电桥灵敏度，往往取相邻两桥臂电阻相等，即

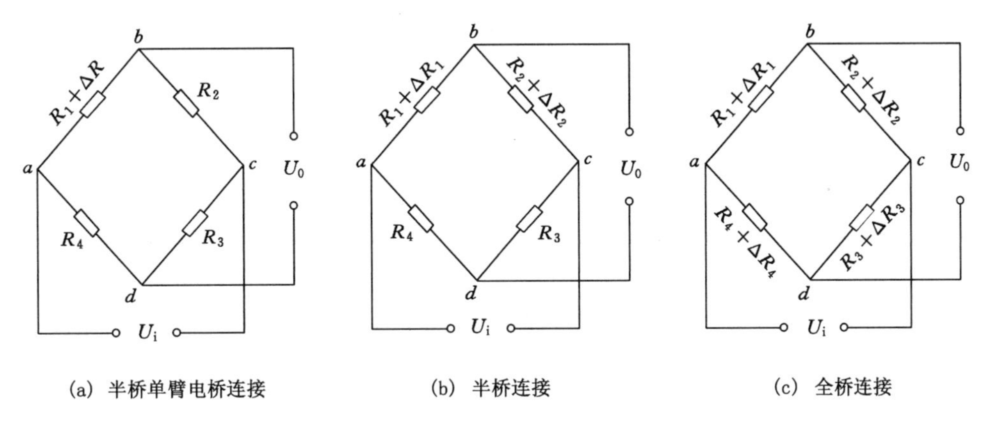

(a) 半桥单臂电桥连接　　(b) 半桥连接　　(c) 全桥连接

图 5-2　直流电桥的连接形式

$R_1=R_2=R_0, R_3=R_4=R_0$。对于等臂电桥，即 $R_1=R_2=R_3=R_4=R_0$，输出电压为

$$U_0=\frac{\Delta R_0}{4R_0+2\Delta R_0}U_i$$

因为桥臂阻值的变化值远小于其阻值，即 $\Delta R \ll R_0$，所以

$$U_0 \approx \frac{\Delta R_0}{4R_0}U_i \tag{5-3}$$

对于半桥双臂接法，有两个桥臂阻值随被测量变化，当 $R_1=R_2=R_3=R_4=R_0$，且 $\Delta R_1=\Delta R_2=\Delta R_0$ 时，电桥输出电压为

$$U_0 \approx \frac{\Delta R_0}{2R_0}U_i \tag{5-4}$$

对于全桥接法，有四个桥臂阻值随被测量变化，当 $R_1=R_2=R_3=R_4=R_0$，且 $\Delta R_1=\Delta R_2=\Delta R_3=\Delta R_4=\Delta R_0$ 时，电桥输出电压为

$$U_0 \approx \frac{\Delta R_0}{R_0}U_i \tag{5-5}$$

由上可见，输出电压与输入电压、阻值的相对变化量 $\Delta R/R$ 呈正比关系。而且不同接法，其输出电压也不一样，其中全桥接法可以获得最大输出电压，该电压是半桥单臂接法的 4 倍。

2. 交流电桥

直流电桥的桥臂只能是电阻，交流电桥的桥臂是电感、电容或电阻。如果以复阻抗代替直流电桥的电阻，则直流电桥的平衡关系式仍旧成立。

交流电桥的平衡条件为

$$\vec{Z}_1\vec{Z}_3=\vec{Z}_2\vec{Z}_4 \tag{5-6}$$

阻抗的指数形式为

$$\vec{Z}_1=Z_1e^{j\varphi_1}, \qquad \vec{Z}_2=Z_2e^{j\varphi_2}$$

$$\vec{Z}_3=Z_3e^{j\varphi_3}, \qquad \vec{Z}_4=Z_4e^{j\varphi_4}$$

代入式(5-6)，得

$$Z_1Z_3e^{j(\varphi_1+\varphi_3)}=Z_2Z_4e^{j(\varphi_2+\varphi_4)}$$

上式成立的条件是两边阻抗模相等，阻抗角相等，即

$$\begin{cases} Z_1 Z_3 = Z_2 Z_4 \\ \varphi_1 + \varphi_3 = \varphi_2 + \varphi_4 \end{cases} \tag{5-7}$$

式中 $Z_i(i=1,2,3,4)$——各阻抗模；

$\varphi_i(i=1,2,3,4)$——各阻抗角。

由上述可知，交流电桥必须满足两个条件才能平衡，即相对两桥臂的阻抗模之积相等，阻抗角之和相等。

交流电桥有不同的组合，常用的有电容电桥和电感电桥，其相邻两臂接入电阻，其他两臂接入性质相同的阻抗，如图 5-3 所示。

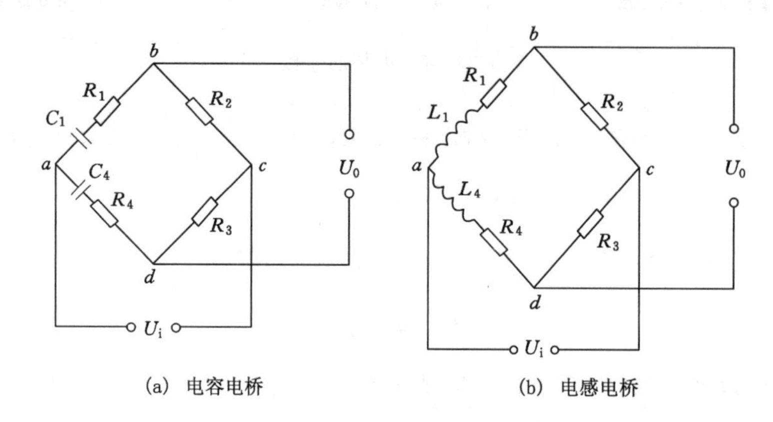

(a) 电容电桥　　(b) 电感电桥

图 5-3　交流电桥

图 5-3(a)所示电容电桥的平衡条件为

$$\begin{cases} R_1 R_3 = R_2 R_4 \\ C_1 R_2 = C_4 R_3 \end{cases} \tag{5-8}$$

图 5-3(b)所示电感电桥的平衡条件为

$$\begin{cases} R_1 R_3 = R_2 R_4 \\ L_1 R_2 = L_4 R_2 \end{cases} \tag{5-9}$$

3. 电桥应用实例

(1) 单臂直流电桥测应变

当采用单臂直流电桥测电阻应变片应变时，可以将电阻应变片作为电桥的一个桥臂，原理如图 5-4 所示。

假设 $R_1=R_2=R_3=R_4=R_0$，则根据单臂电桥知识可知，输入电压与输出电压之间的关系可以表示为

$$U_0 = \left(\frac{R_1}{R_1+R_2} - \frac{R_4}{R_3+R_4}\right) U_i \tag{5-10}$$

当 R_1 由于应变而改变为 $R_1+\Delta R$ 时，此时电桥的输出电压变为

$$U_0 = \left(\frac{R_1+\Delta R}{R_1+\Delta R+R_2} - \frac{R_4}{R_3+R_4}\right) U_i \tag{5-11}$$

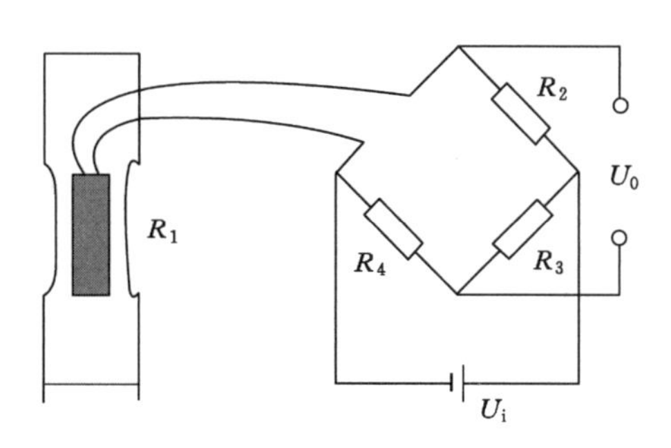

图 5-4　单臂电桥测应变原理

由于 $R_1=R_2=R_3=R_4=R_0$，所以 $U_0=0$，而

$$\frac{\Delta U_0}{U_i}=\frac{\Delta R/R}{4+2(\Delta R/R)} \tag{5-12}$$

根据电阻应变片的知识可知

$$\frac{\Delta R}{R}=\varepsilon(1+2\mu) \tag{5-13}$$

式中　ε——电阻应变片的应变；

μ——应变片的泊松比。

将式(5-13)代入式(5-12)可得

$$\Delta U_0=\frac{\varepsilon(1+2\mu)}{4+2\varepsilon(1+2\mu)}U_i \tag{5-14}$$

通常情况下，$4\gg 2\varepsilon(1+2\mu)$，故上式可以简化为

$$\Delta U_0=\frac{\varepsilon(1+2\mu)}{4}U_i \tag{5-15}$$

此时，可以通过直流电桥将电阻应变片的应变转换成为电压输出，而且根据式(5-15)可知，电阻应变片的应变与输出电压之间呈线性关系。

(2) 双臂桥路测量应变

当采用双臂直流电桥测悬臂梁的应变时，通常将两片电阻应变片分别粘贴在悬臂梁的上下两个表面，并将应变片接入电桥的相邻桥臂上，原理如图 5-5 所示。

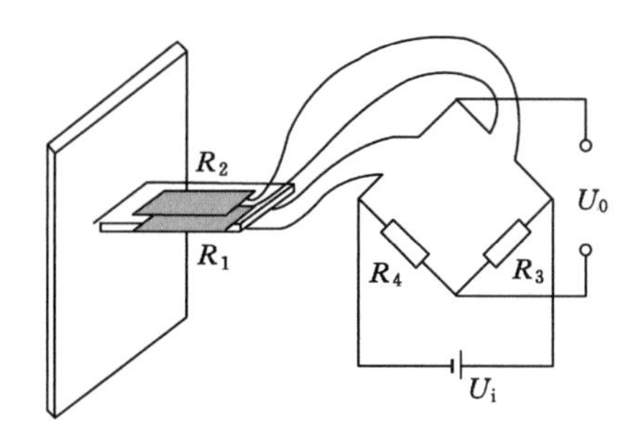

图 5-5　双臂电桥测应变原理图

当悬臂梁发生弯曲变形时，悬臂梁上表面的应变片拉伸、下表面的应变片压缩，此时两个应变片的电阻值变化相反，输出电压可以表示为

$$U_0=\frac{\Delta R_1R_3-\Delta R_2R_4}{(R_1+\Delta R_1+R_2+\Delta R_2)(R_3+R_4)}U_i \tag{5-16}$$

当 $R_1=R_2=R_3=R_4=R_0$ 时，可得

$$\frac{\Delta U_0}{U_i}=\frac{\Delta R}{2R} \tag{5-17}$$

即

$$\Delta U_0=\frac{\varepsilon(1+2\mu)}{2}U_i \tag{5-18}$$

因此，双臂电桥的输出是单臂电桥的两倍。

5.2 放大器

传感器输出的微弱电压、电流或电荷信号，其幅值或功率不足以进行后续的信号转换处理，或驱动指示器、记录器及各种控制机构，需要对其进行放大处理。

由于传感器所处的环境条件及测试要求不同，因此对放大电路的形式和性能指标要求也不同。理想放大器应满足下列要求：① 不得从信号源吸取能量，不得以任何方式干扰信号源的工作；② 应是一个线性系统，具有足够的放大倍数，且与输入无关；③ 动态性能好，在给定频率范围内，幅频特性是常数；④ 能带动一定负载，放大器的输出不因接上负载而受到影响。放大器有一个最大允许输入量和最小允许输入量，两者之比称为放大器的动态范围。当输入量超过最大允许输入量时，放大器无法保持线性装置的特性，将产生高次谐波。当输入量小于最小允许输入量时，输入量太弱，将被电噪声所遮掩，无法分辨。一般测量用放大器的动态范围为 1 000 倍(60 dB)左右。

测量用的许多放大器都采用负反馈技术，以便改善放大器的某些性能，例如提高放大倍数的稳定性，展宽通频带，改变输入电阻和输出电阻，改善波形失真。

测量装置中广泛使用运算放大器。运算放大器是一种高增益、高输入阻抗和低输出阻抗、用反馈来控制其响应特性的直接耦合的直流放大器。它可以实现信号的组合和运算，具有灵活性好、用途广和运算精度高的特点。图 5-6 列出了反相放大器、同相放大器和差分放大器三种基本放大电路，反相放大器的输入阻抗低，容易对传感器形成负载效应；同相放大器的输入阻抗高，但易引入共模干扰；而差分放大器也不能提供足够的输入阻抗和共模抑制比。因此，由单个运算放大器构成的放大电路在传感器信号放大中很少直接采用。

随着集成电路技术的发展，集成运算放大器的性能不断完善，完全采用分立元件的信号放大电路已基本被淘汰。目前已开发出各种高质量的单片集成测量放大电路，其外接元件少，使用灵活，能处理几微伏到几伏的电压信号。

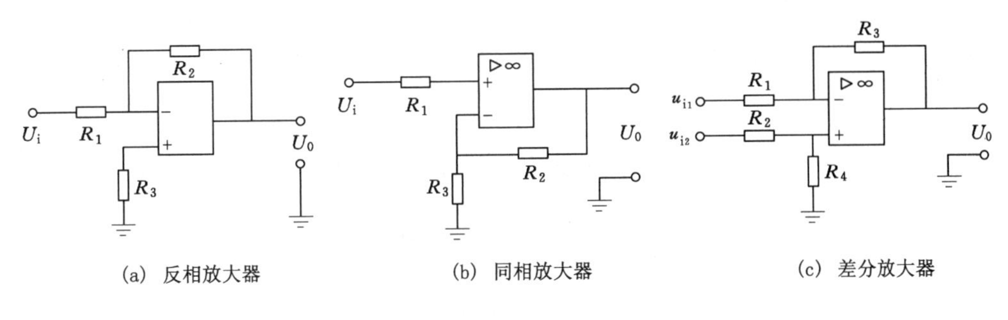

图 5-6　基本放大电路

5.3　调制解调器

传感器输出的信号，一般是缓变的低频电信号，信号在传输（尤其是远距离传输）过程中，容易受到工频及其他信号的干扰，因此往往把缓变的低频信号变为频率适当的高频信号，将信号从低频区推移到高频区，以提高电路的抗干扰能力和信号的信噪比，再利用交流放大器放大，然后再恢复原来的缓变低频信号。信号的这种变换过程称为调制与解调。将低频信号变换为高频信号的过程称为调制，将原信号从高频信号中恢复出来的过程称为解调。或者说，调制就是使一个信号的某些参数在另一个信号的控制下发生变化的过程。一般将控制或改变高频振荡的缓变低频信号称为调制信号，载送缓变信号的高频振荡信号称为载波，调制后的信号称为调制波（调幅波、调频波、调相波），如图 5-7 所示。

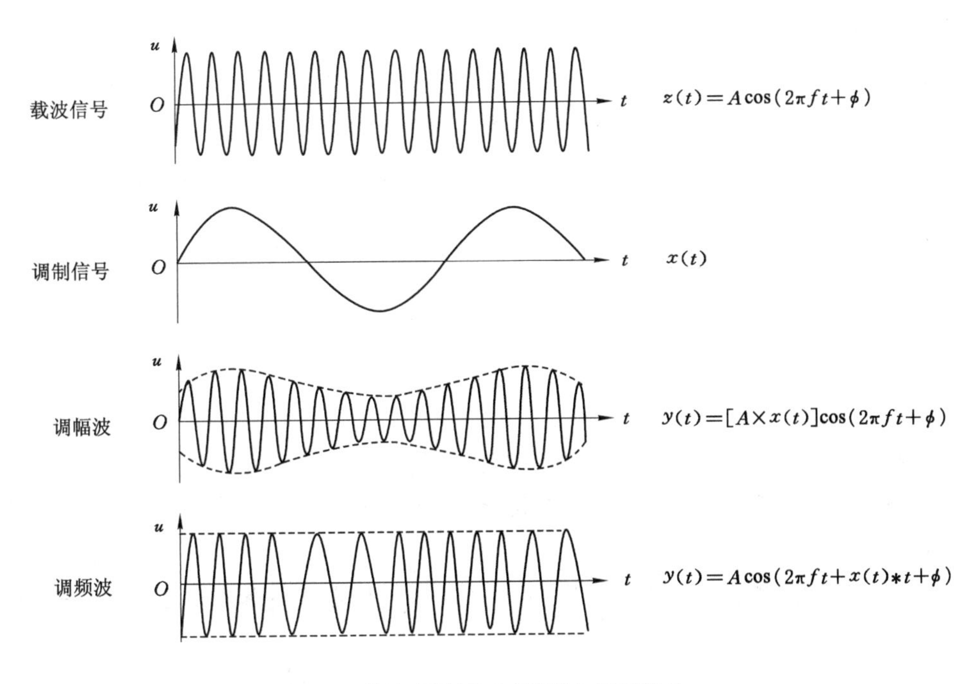

图 5-7　载波、调制信号及调幅、调频信号

调制解调器的调幅原理是将载波与调制信号输入乘法器,得到调幅波,再输入相敏检波器后,得到与调制信号极性相同的调幅波,最后经低通滤波器,滤掉高频分量,得到原缓变低频信号,如图 5-8 所示。

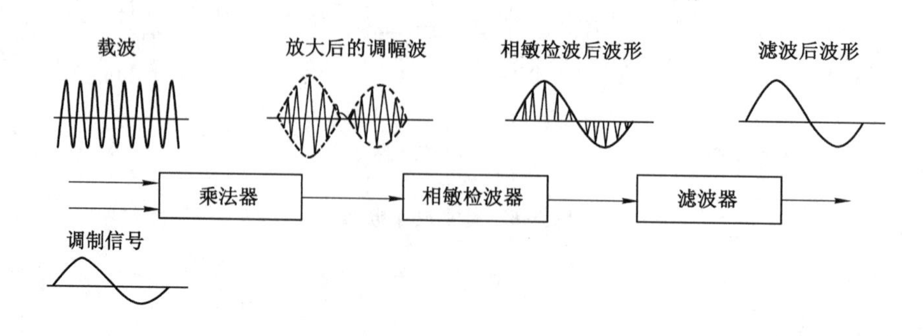

图 5-8　调幅与解调过程

相敏检波器又称相敏整流器,是一种能够辨别调制信号极性的解调器。调幅波经相敏检波器后,既能反映出信号电压的幅值,又能反映调制信号电压的大小。

调频是用调制信号去控制载波信号的频率或相位,使其随调制信号的变化而变化。由于调频比调幅易于实现数字化,特别是调频信号在传输过程中不易受到干扰,所以在测量、通信和电子技术等许多领域得到了越来越广泛的应用。

5.4　应变仪

应变仪是集信号变换、放大、相敏检波、滤波等功能于一体的测试仪器,广泛用于位移、速度、加速度、力等物理量的测量。动态电阻应变仪的原理如图 5-9 所示,电桥由振荡器供给等幅高频振荡电压(一般频率为 10 kHz 或 15 kHz),被测量(应变)通过电阻应变片调制电桥输出,电桥输出为调幅波,经过放大,最后经相敏检波器及低通滤波器得到所测信号。

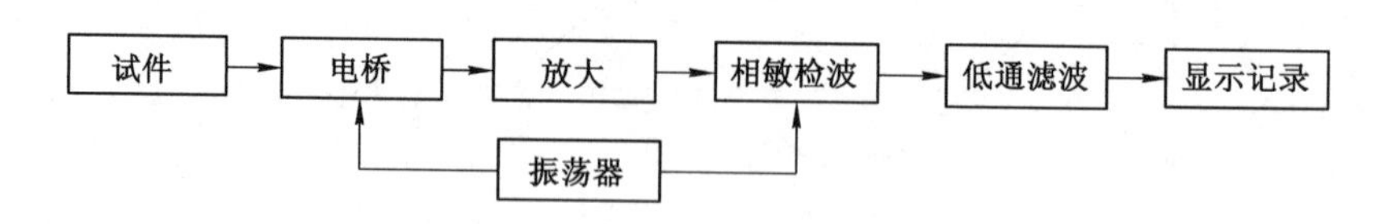

图 5-9　动态电阻应变仪原理

电阻应变仪按其所测应变信号的频率范围不同可分为以下几种。

(1) 静态电阻应变仪:用以测量静态载荷的应变,以及变化极慢或变化后能很快稳定下来的应变。

(2) 静动态电阻应变仪:工作频率为 0～200 Hz,用以测量静态应变或频率在 200 Hz 以下的低频动态应变。

(3) 动态电阻应变仪:工作频率为 0～2 000 Hz,用以测量频率在 2 000 Hz 以下的动态应变。4～8 个通道,可以对多个应变信号同时测量。

(4) 超动态电阻应变仪：工作频率为 0～20 000 Hz，用以测量爆炸冲击等瞬态变化过程的超动态应变。

5.5　滤波器

滤波器是一种选频装置，其作用是只允许一定频带范围的信号通过，抑制或极大地衰减其他频率成分的信号。滤波器的这种筛选功能在测试中可以消除噪声和干扰信号，因此在自动检测、自动控制、信号处理等领域得到广泛应用。

根据滤波器的选频作用，滤波器可以分成四类：低通、高通、带通和带阻滤波器。若只考虑频率大于零的频谱部分，则这四种滤波器的幅频特性如图 5-10 所示。

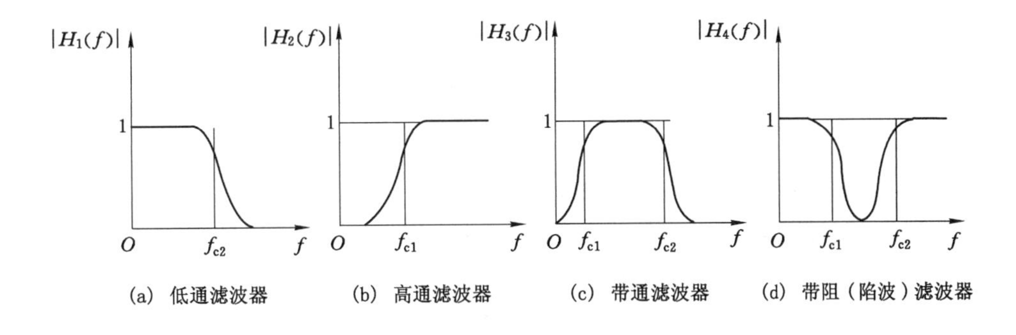

图 5-10　四种滤波器的幅频特性

(1) 低通滤波：只允许 $0\sim f_{c2}$ 间的频率成分通过，而大于 f_{c2} 的频率成分衰减为零。

(2) 高通滤波器：与低通滤波器相反，只允许 $f_{c1}\sim\infty$ 的频率成分通过，而 $f<f_{c1}$ 的频率成分衰减为零。

(3) 带通滤波器：只允许 $f_{c1}\sim f_{c2}$ 间的频率成分通过，而其他频率成分衰减为零。

(4) 带阻滤波器：与带通滤波器相反，使 $f_{c1}\sim f_{c2}$ 间的频率成分衰减为零，而其他频率成分几乎不受衰减地通过。

根据线性系统的不失真测试条件，理想测试系统的频率响应函数为

$$H(f)=A_0\mathrm{e}^{-\mathrm{j}2\pi f t_0} \tag{5-19}$$

式中，A_0、t_0 均为常数。

因此，滤波器的频率响应函数应满足下列条件

$$H(f)=\begin{cases}A_0\mathrm{e}^{-\mathrm{j}2\pi f t_0} & |f|<f_c\\ 0 & \text{其他}\end{cases} \tag{5-20}$$

这是一种理想状态，满足这一条件的滤波器称为理想滤波器，其幅频特性曲线如图 5-11所示。特征参数为截止频率，在截止频率之间的幅频值为常数 A_0，截止频率之外的幅频值为零。实际滤波器的特征参数没有这么简单，其特性曲线没有明显的转折点，通频带中的幅频特性也不是常数，如图 5-12 所示。

实际滤波器的主要特征参数如下：

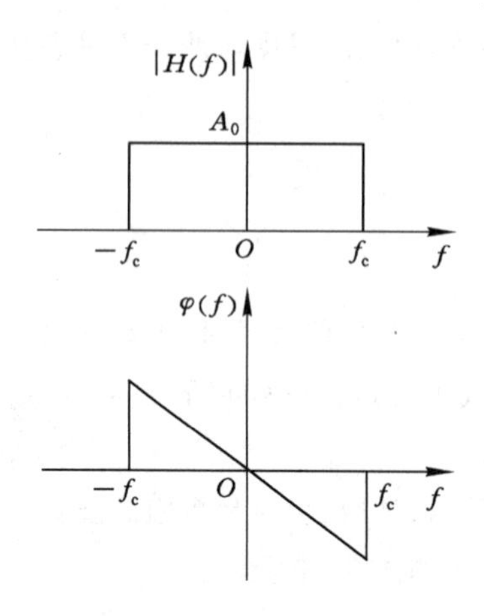

图 5-11　理想低通滤波器

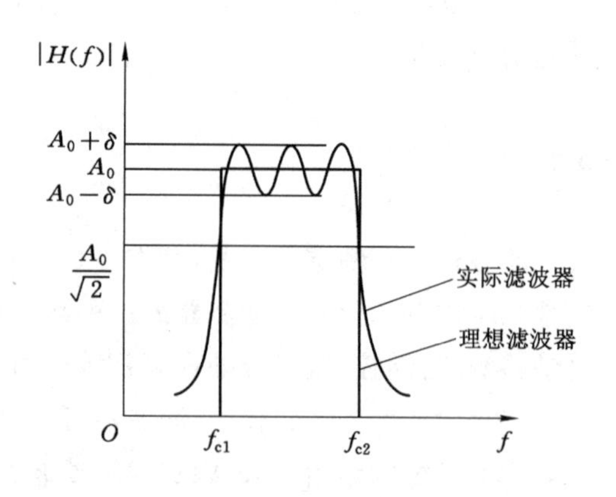

图 5-12　实际带通滤波器的幅频特性

(1) 截止频率。定义幅频特性值等于 $A_0/\sqrt{2}$ 所对应的频率为滤波器的截止频率。

(2) 带宽 B。通频带的宽度称为带宽,是指滤波器的工作频率范围。带宽决定滤波器分离信号中相邻频率成分的能力,即频率分辨率。

(3) 品质因数 Q。定义中心频率 f_n 和带宽 B 之比为滤波器的品质因数 Q,即

$$Q=\frac{f_n}{B} \tag{5-21}$$

其中,中心频率定义为上下截止频率之积的平方根,即 $f_n=\sqrt{f_{c1}f_{c2}}$。

(4) 纹波幅度 d。实际滤波器在通频带内可能出现纹波变化,其波动幅度 d 与幅频特性的稳定值 A 相比,越小越好,一般 $d\leqslant A/\sqrt{2}$。

(5) 选择性。除两截止频率外侧,实际滤波器有一个过渡带,其幅频特性曲线的倾斜程度表明了幅频特性衰减的快慢,它决定滤波器对带宽外频率成分衰减的能力。选择性反映了实际滤波器对带宽以外频率成分的衰减能力,一般用实际滤波器过渡带幅频特性曲线的倾斜程度表示,通常有以下两种表示方式:

① 倍频程选择性。与上下截止频率处相比,频率变化一倍频程时幅频特性的衰减量,通常用上截止频率 f_{c2} 与 $2f_{c2}$ 之间,或者下截止频率 f_{c1} 与 $\frac{1}{2}f_{c1}$ 幅频特性值来表示,即频率变化一个倍频程的衰减量如下式所示,这就是倍频选择性。衰减越快,滤波器选择性越好。

$$20\lg\frac{|H(2f_{c2})|}{|H(f_{c2})|}\quad 或 \quad 20\lg\frac{\left|H\left(\frac{2f_{c1}}{2}\right)\right|}{|H(f_{c1})|}$$

② 滤波器因数 λ。滤波器选择性的另一种表示方法,是用滤波器幅频特性的 -60 dB 带宽与 -30 dB 带宽的比值表示,即

$$\lambda=\frac{B_{-60\mathrm{dB}}}{B_{-30\ \mathrm{dB}}} \tag{5-22}$$

理想滤波器 $\lambda=1$,一般要求 $1<\lambda<5$。

在测试系统中，常用 RC 滤波器。RC 滤波器电路简单，抗干扰能力强，具有较好的低频特性，其基本特性见表 5-1。

表 5-1　滤波器的基本特性

类型	RC 低通滤波器	RC 高通滤波器	RC 带通滤波器
电路图	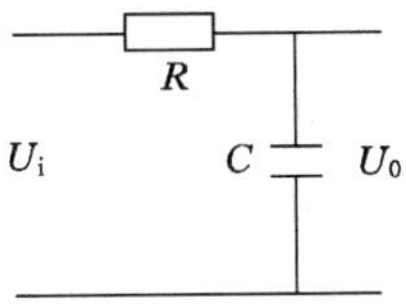 R U_i C U_0	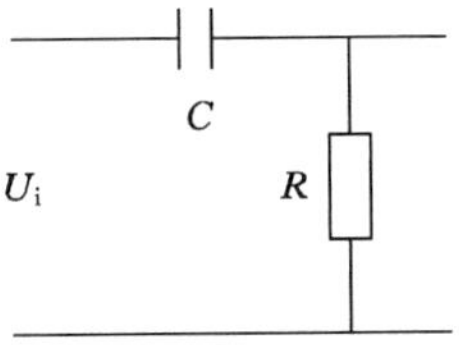 C U_i R	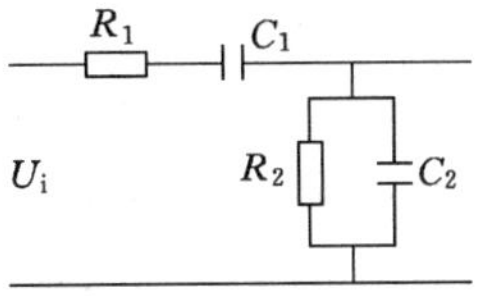 R_1 C_1 U_i R_2 C_2
工作频率	$f \ll 1/(2\pi RC)$	$f \gg 1/(2\pi RC)$	$1/(2\pi R_2C_2) \gg f \gg 1/(2\pi R_1C_1)$
特点	输出与输入的积分呈正比关系，起积分器的作用	输出与输入的微分呈正比关系，起微分器的作用	由低通滤波器和高通滤波器串联组成

5.6　信号记录仪器

记录装置是用来记录各种信号变化规律所必需的设备，是电测量系统的最后一个环节。由于在传感器和信号调理电路中已经把被测量转换为电量，而且进行变换和处理使电量适合显示和记录，因此各种常用的灵敏度较高的电工仪表都可以作为测量显示和记录仪表，如电压表、电流表、示波器等。

测试仪器的信号输出技术是指将测试结果（包括中间结果）以特定形式提供给特定对象，或为特定对象提供特定接口的技术。根据被记录信号类型的不同可分为模拟信号记录和数字信号记录；根据记录介质的不同可分为显式记录仪（如光线示波器）和隐式记录仪（如磁带机）；根据被记录信号的频率变化范围不同可分为低速记录仪（如笔式记录仪）、中速记录仪（光线示波器）和高速记录仪（磁带机等）。

选择记录装置，首先是看其响应能力，即能否正确地跟踪测量信号的变化，并把它如实地记录下来。通常把记录装置对正弦信号的响应能力称为记录装置的频率响应特性，它决定了记录装置的工作频率范围。笔式记录仪多用于变化频率低的动态应变测量，其工作频率的上限为 80～100 Hz；而光线示波器的上限频率可达 10^4 Hz 量级；工作频率最高的是阴极射线示波器，它和快速摄影装置结合，可记录频率高达几十兆赫兹的信号。其次仍要考虑被测信号的精度要求、信号的持续时间、是否同时记录多路信号、记录信号同时是否需立即显示。其他需考虑因素包括记录装置的质量、体积、价格、抗振性要求等。

5.7　信号的数字化

测试系统工作的目的是获取正确反映被测对象状态和特征的信息，也就是对反映被测对象状态和特征的数据进行有效的采集，以用于后续的信号运算处理或显示。这些数据可以是模拟量，也可以是数字量，而对信号的处理也分为模拟信号处理和数字信号处理。随着计算机及其他专业数字信号处理设备等的发展，数字信号处理器因其稳定、灵活、快速、高效等优点，得到了广泛应用。但是，数字信号处理器所能处理的信号为数字信号而非模拟信号，传感器等测量器件得到的信号大多数是电压、电流、压力、温度等连续的模拟信号，因此在数字信号的处理中不可避免地要涉及模拟信号的数字化问题，也就是模拟信号转化为数字信号的过程。

模数转换，又称为 A/D 转换，是指模拟信号经过采样、量化、编码等步骤转换成二进制数的过程。其中，采样是使模拟信号在时间上离散化，量化与编码则是把采样后所得到的离散值通过舍、入的方法变换为有限数并转换为二进制数的过程。完成模数转换的电路或器件被称为模数转换器或 A/D 转换器。

要完成模拟信号的数字化，首先就需要进行采样。设模拟信号为 $x(t)$，采样就是用一个等间距的周期脉冲序列 $s(t)$（也称为采样函数）去乘以 $x(t)$。采样函数的时距 T_s 称为采样周期，$f_s=1/T_s$ 为采样频率。根据傅里叶变换的性质可知，采样后信号频谱应该是模拟信号 $x(t)$和采样函数 $s(t)$傅里叶变换 $X(f)$和 $S(f)$的卷积 $X(f)*S(f)$，这相当于将 $X(f)$乘以 $1/T_s$，然后平移使其中心落在 $S(f)$脉冲序列的频率点上。如果采样信号的频率选取不当，平移后的图形会发生交叠，出现信号失真。这种现象是由于采样频率选取不当所造成的混叠现象，其原理如图 5-13 所示。

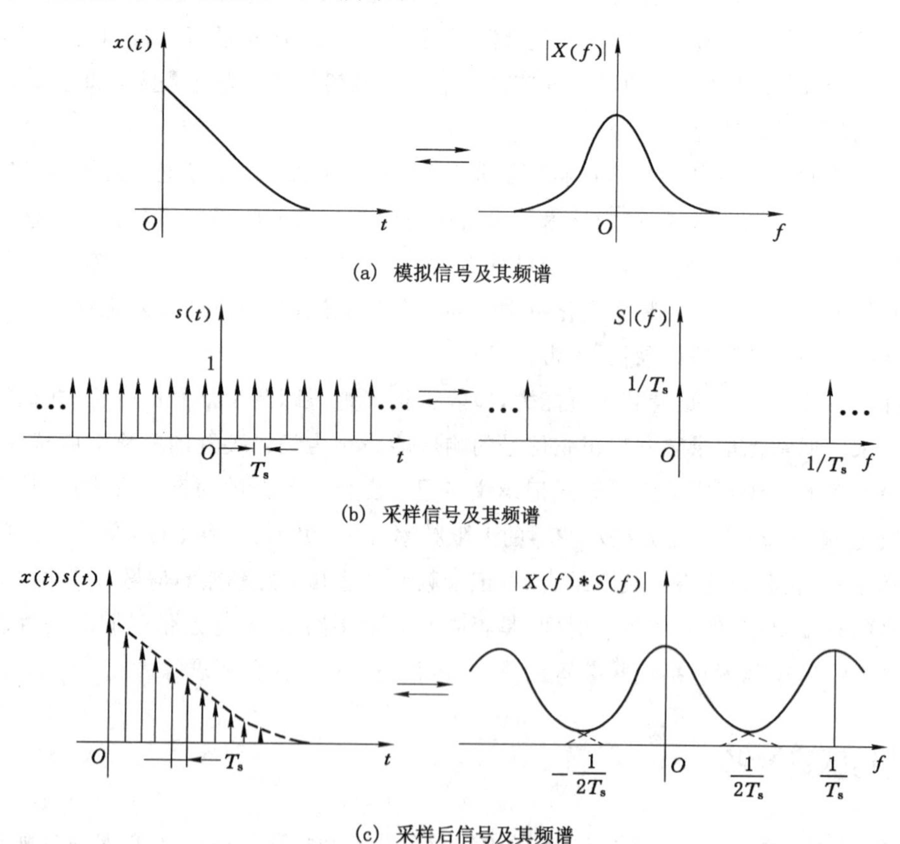

(a) 模拟信号及其频谱

(b) 采样信号及其频谱

(c) 采样后信号及其频谱

图 5-13 采样混叠原理图

此外，数字信号处理器或者计算机对离散的时间序列进行运算处理时，只能处理有限长度的数据，因此必须从采样后信号的时间序列中截取有限长的一段来计算，其余部分按零处理。这相当于把采样后的时间序列乘以一个矩形窗函数 $w(t)$。时域内相乘对应着频域内的卷积，因此，用于截断的窗函数频谱 $W(f)$ 会引起最终频谱的皱波（如果时域信号是随机信号，截断之后在原先连续谱上将出现“皱纹”，此即皱波效应），其原理如图 5-14 所示。

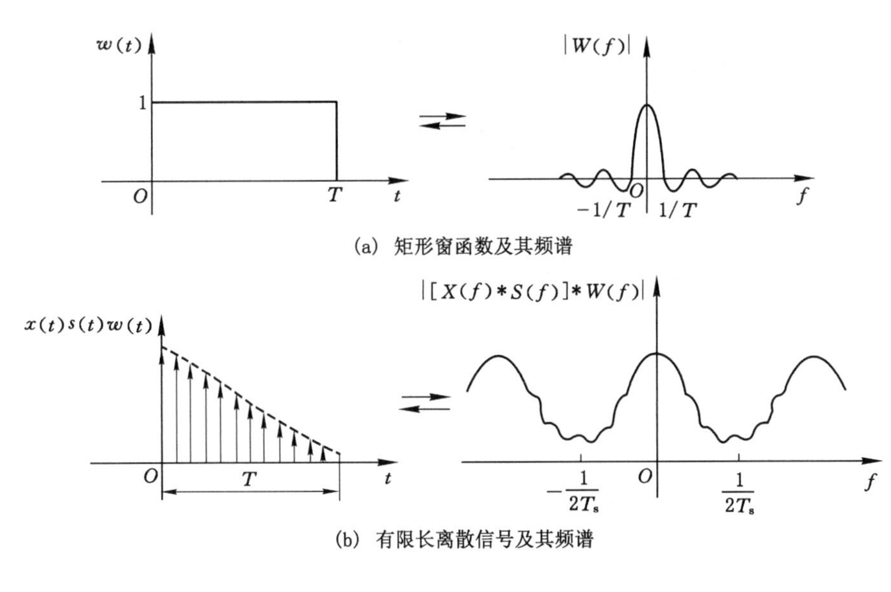

图 5-14　截断皱波原理

数字信号处理首先把一个连续变化的模拟信号转化成数字信号，然后由计算机处理，从中提取有关的信息。信号数字化过程包含着一系列步骤，每一步都可能引起信号和其蕴含信息的失真。

在信号数字化处理过程中的每一个步骤：采样、截断、DFT（离散傅里叶变换）计算，都会引起失真或误差，必须充分注意。只要概念清楚，处理得当，就可以利用计算机有效地处理测试信号。

5.7.1　采样

1. 采样及采样定理

采样是把连续的时间信号转变成离散的时间序列的过程，也就是周期性地测量连续变化的模拟信号的瞬时值，得到被测量的脉冲序列，用这些时间上离散的脉冲代替原来的连续模拟信号的过程。采样原理如图 5-15 所示，该过程是指将一个在时间和幅值是连续的模拟信号 $x(t)$，通过一系列周期性开闭（周期为 T_s，开关闭合时间 τ 被称为采样时间）之后，在输出端输出一串在时间上离散的脉冲信号 $x_s(nT_s)$。图中把连续信号变换为脉冲序列的装置 K 称为采样器，又称采样开关。采样过程在数学实现上，可以看作以等时间间隔的单位脉冲序列去乘以连续的被测时间信号，如式(5-23)所示。

$$x_s(nT_s)=x(nT)\cdot\delta(nT_s) \tag{5-23}$$

式中　$x_s(nT_s)$——采样信号；

T_s——采样周期；

$x(nT)$——第 n 个采样周期的模拟信号值；

$\delta(nT_s)$——第 n 个采样周期的脉冲值。

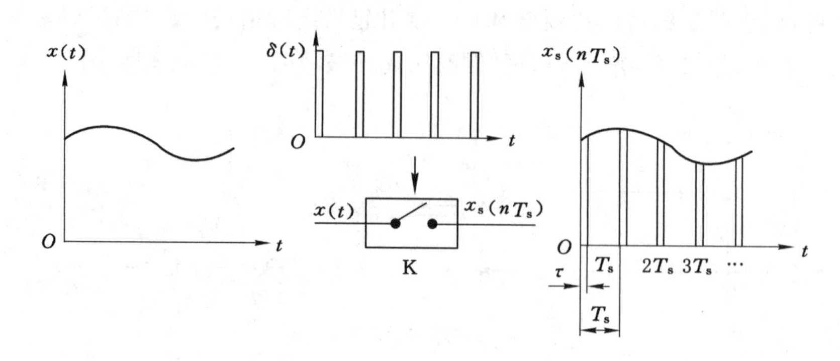

图 5-15　采样过程

采样过程可以看作脉冲调制过程，采样开关可以看成脉冲调制器。这种脉冲调制过程是将输入的连续模拟信号 $x(t)$ 的波形，转换为宽度非常窄而幅度由输入信号决定的脉冲序列。

在实际应用中，$\tau \ll T_s$，τ 越小，采样输出脉冲的幅度越接近输入信号在离散时间点上的瞬时值。采样周期 T_s 决定了采样信号的质量和数量，当采样周期过小(采样频率过高)时，会使得采样工作量过大，影响采样的效率；而当采样周期过大(采样频率过低)时，采样信号会减少，难以不失真地恢复成原来的信号，从而出现采样误差。

2. 采样的频域解释与混叠现象

由傅里叶变换的定义可知，间距为 T_s 的采样脉冲序列的傅里叶变换为间距为 $1/T_s$ 的脉冲序列，即

$$s(t)=\sum_{n=-\infty}^{+\infty}\delta(t-nT_s)\Leftrightarrow S(f)=\frac{1}{T_s}\sum_{m=-\infty}^{+\infty}\delta\left(f-\frac{m}{T_s}\right) \tag{5-24}$$

由频域卷积定理可知，两个时域函数乘积的傅里叶变换等于两者傅里叶变换的卷积，即

$$x(t)\cdot s(t)\Leftrightarrow X(f)*S(f) \tag{5-25}$$

考虑到 δ 函数与其他函数卷积的特性，上式可写为

$$X(f)*S(f)=X(f)*\frac{1}{T_s}\sum_{m=-\infty}^{+\infty}\delta\left(f-\frac{m}{T_s}\right)=\frac{1}{T_s}\sum_{m=-\infty}^{+\infty}X\left(f-\frac{m}{T_s}\right) \tag{5-26}$$

式(5-26)即为 $x(t)$ 经由间隔为 T_s 的采样之后所得到的采样信号的频谱。一般来说，采样信号的频谱和原连续信号的频谱 $X(f)$ 并不一定相同，但有联系。采样信号的频谱是将原信号的频谱 $X(f)$ 依次平移 $1/T_s$ 至各采样脉冲对应的频域序列点上，然后全部叠加而成的。由此可知，连续信号经时域采样转变为离散信号之后，采样信号的频域函数相应地转变为周期为 $1/T_s=f_s$ 的周期函数。这就是采样过程的频域解释。

由上述分析可知，采样周期或采样频率的选取至关重要。如果采样的间隔 T_s 过大，即采样频率 f_s 太低，采样信号频谱的平移距离 $1/T_s$ 就会过小，那么移至各采样脉冲所在处

的频谱 $X(f)$ 就可能会发生重叠现象，这种现象被称为混叠，如图5-16(a)所示。此外，还可以从时域的角度对混叠现象进行分析，如图5-16(b)所示，当用过大的采样周期对图中两个不同频率的正弦波采样时，可能会得到一组完全相同的采样值，无法辨识两者的差别，将其中的高频信号误认为某种相应的低频信号，出现了混叠现象。

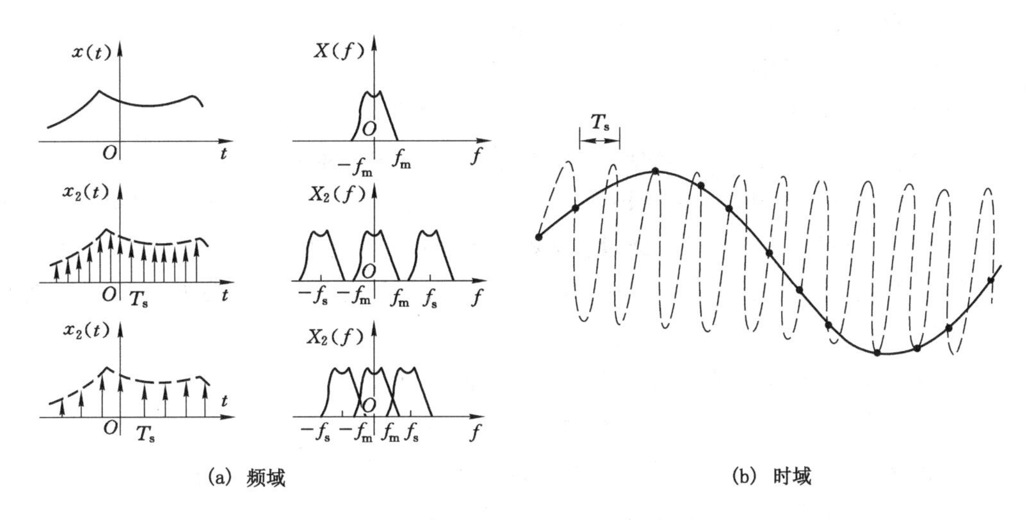

图5-16　采样引起的混叠现象

3. 采样定理

注意到被采样连续信号的频谱 $X(f)$ 是关于频率 f 的偶函数，并以 $f=0$ 为对称轴，而采样信号的频谱 $X(f)*S(f)$ 是以 f_s 为周期的周期函数，因此，当有混叠现象发生时，混叠必定出现在 $f=f_s/2$ 左右两侧的频率处，一般称 $f_s/2$ 为折叠频率。同时可以证明的是，任何一个大于折叠频率的高频成分 f_1 都将和一个低于折叠频率的低频成分 f_2 相混淆，将高频 f_1 误认为低频 f_2，相当于以折叠频率 $f_s/2$ 为轴，将 f_1 成分折叠到低频成分 f_2 上。它们之间的关系为

$$(f_1+f_2)/2=f_s/2 \tag{5-27}$$

因此，为消除混频现象的发生，首先应保证被采样的原始模拟信号为有限带宽的信号。若不满足此条件，在采样之前，须用模拟低通滤波器滤去其中的高频成分，使其成为有限带宽的信号，这种处理被称为抗混叠滤波预处理。其次，在采样过程中采样频率的选取要满足如下的采样定理

$$\frac{1}{T_s}=f_s>2f_h \tag{5-28}$$

式中　f_h——采样时间间隔内能辨认的连续信号的最高频率；

f_s——采样频率。

也就是说，采样频率 f_s 应大于有限带宽信号最高频率的2倍。

采样定理的作用在于规定一个准则，用它来说明在什么条件下各个频率的重叠可以避免。采样定理的描述有许多种，但都是说明同一内容。

其基本内容是：为了使采样信号能完全恢复成连续信号 $x(t)$，对一个具有有限频谱

$X(f)$的连续信号 $x(t)$进行采样,当采样频率 $f_s>2f_h$ 时,采样后得到的信号 $x_s(nT_s)$能无失真地恢复成原来的模拟信号 $x(t)$。

需要指出的是,由采样定理所得到的采样频率是理想的下限值,实际上所取采样频率要比该数值大许多倍。譬如工业控制中一般取 $f_s=(2.5\sim3)f_h$,而在计算机数据处理或数字仿真系统中则往往取 $f_s=(10\sim100)f_h$。

5.7.2 截断、泄漏和窗函数

由于数字信号处理器及计算机只能处理有限长的信号,因此必须用窗函数对采样后信号进行截断处理。其中最简单的窗函数为矩形窗函数。由于矩形窗函数的频谱是一个无限带宽的 $\sin c$ 函数(辛格函数),因此即使原模拟信号函数是有限带宽信号,在截断之后必然成为无限带宽的信号,这种信号的能量在频率轴上分布扩展的现象称为泄漏。同时,由于截断后信号带宽变宽,因此无论采样频率多高,信号总是不可避免地出现混叠,因此信号截断必然导致一些误差。

为了减小截断的影响,常采用其他的时窗函数来对所截取的时域信号进行加权处理。因而窗函数的合理选择也是数字信号处理中的重要问题之一。

所选择的窗函数应力求其频谱的主瓣宽度窄些、旁瓣宽度小些。窄的主瓣可以提高频率分辨能力,小的旁瓣可以减小泄漏。这样,窗函数的优劣可大致从最大旁瓣峰值与主瓣峰值之比、最大旁瓣 10 倍频程衰减率和主瓣宽度等三方面来评价。

一个好的窗函数主要表现为:一是该窗函数的主瓣突出;二是旁瓣衰减快。实际上二者往往不可兼得,要视具体需要选用。常用的窗函数包括以下几种。

1. 矩形窗

对于矩形窗函数

$$w(t)=\begin{cases}1 & |t|\leqslant \dfrac{T}{2}\\ 0 & 其他\end{cases}\Leftrightarrow W(f)=T\sin c(\pi fT)$$

时域和频的转换如下所示:

$$x(t)\Leftrightarrow X(f)$$

$$x(t)\cdot s(t)\cdot \omega(t)\Leftrightarrow X(f)*S(f)*W(f)$$

矩形窗是使用最多的窗,其函数图及其幅频图如图 5-17 所示。在信号处理时,凡是将信号截断都相当于对信号加了矩形窗。矩形窗的主瓣高为 T,宽为 $2/T$,第一旁瓣幅值为 -13 dB,相当于主瓣高的 20%,旁瓣衰减率为 20 dB/10 倍频程。和其他窗比较,矩形窗主瓣最窄,旁瓣则较高,泄漏较大。在需要获得精确频谱主峰的所在频率,而对幅值精度要求不高的场合,可选用矩形窗。矩形窗使用最多,习惯上不加窗就是使函数通过了矩形窗。

2. 三角窗

三角窗函数及其频谱图如图 5-18 所示。

与矩形窗比较,三角窗主瓣宽度约为矩形窗的 2 倍,但旁瓣低。

3. 汉宁窗

汉宁窗函数及其幅频谱图如图 5-19 所示,汉宁窗的主瓣高为 $T/2$,是矩形窗的一半;宽

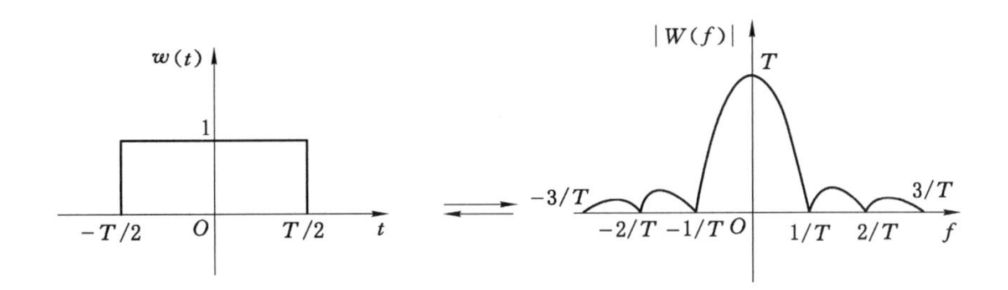

图 5-17　矩形窗函数及其幅频图

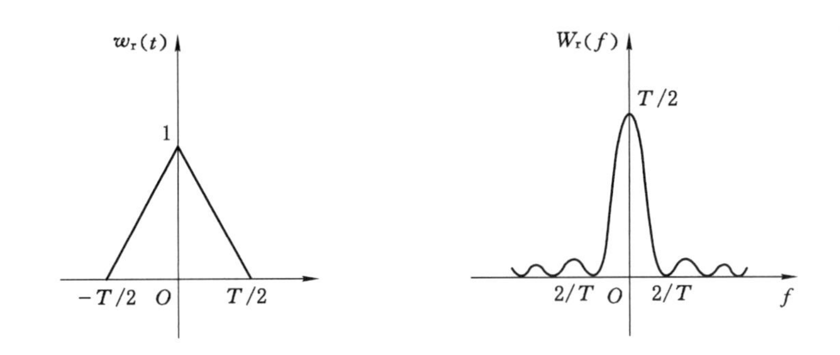

图 5-18　三角窗函数及其幅频谱

为 $T/4$，为矩形窗的 2 倍；第一旁瓣幅值为 -32 dB，约为主瓣高的 2.4%，旁瓣衰减率为 60 dB/10倍频程。相比之下，汉宁窗的旁瓣明显降低，具有抑制泄漏的作用；但主瓣较宽，致使频率分辨能力较差。若要截取信号的两端平滑，减小泄漏，则宜加汉宁窗。

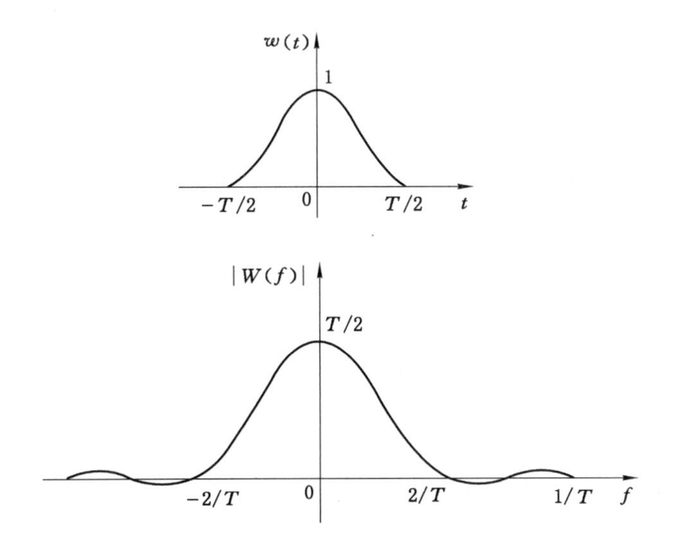

图 5-19　汉宁窗函数及其幅频谱

5.7.3 量化和编码

量化就是将采样后信号的幅值(通常是电压)化分成一组离散化的有限电平,并从中选取一个来近似代表采样点信号实际电平的过程。将量化幅值用二进制代码等表示出来的过程称之为编码。若用 n 位二进制数编码来表示幅值,则最多有 2^n 个电平对采样信号的幅值进行表示,n 也就是 A/D 转换器的位数。如果信号数字化处理中允许的动态工作范围为 D(即采样信号幅值的量程或范围),则两个相邻量化电平之差 Δx 为:

$$\Delta x=\frac{D}{2^{n-1}} \tag{5-29}$$

量化后的电平是离散的,实际的采样点幅值 $x(i)$ 难以精确地等于某一量化电平,而是会落在两个相邻电平之间,在量化过程中会舍入成某个相近的量化电平,因此量化过程中不可避免会产生误差。这种量化电平与信号实际电平之间的差值称为量化误差。量化误差的取值在($-\Delta x/2$,$\Delta x/2$)的范围内。A/D 转换器的位数越大,量化误差越小。

5.7.4 模/数(A/D)、数/模(D/A)转换器

将模拟量转换成与其对应的数字量的过程称为模/数(A/D)转换,反之,则称为数/模(D/A)转换。实现上述过程的装置分别称为 A/D 转换器和 D/A 转换器。A/D 和 D/A 转换装置是信号处理的必要程序。通常所用的 A/D 和 D/A 转换器输出的数字量用二进制编码表示,以与计算机技术相适应。

随着大规模集成电路技术的发展,各种类型的 A/D 和 D/A 转换芯片已大量供应市场,其中大多数是采用电压-数字转换方式,输入、输出的模拟电压也都标准化,如单极性 0～5 V、0～10 V 或双极性±5 V、±10 V 等,给使用带来极大方便。

1. A/D 转换

A/D 转换过程包括采样、量化和编码三个步骤,其转换原理如图 5-20 所示。由图可见,采样即是将连续时间信号离散化。采样后,信号在幅值上仍然是连续取值的,必须进一步通过幅值量化转换为幅值离散的信号。若信号 $x(t)$ 可能出现的最大值为 A,令其分为 d 个间隔,则每个间隔大小 $q=A/d$,q 称为量化当量或量化步长。量化的结果即是将连续信号幅值通过舍入或截尾的方法表示为量化当量的整数倍。量化后的离散幅值需通过编码表示为二进制数字以适应数字计算机处理的需要,即 $A=qD$,其中 D 为编码后的二进制数。

显然,经过上述量化和编码后得到的数字信号,其幅值必然带来误差,这种误差称为量化误差。当采用舍入量化时,最大量化误差为 $q/2$;而采用截尾量化时,最大量化误差为 $-q$。量化误差的大小一般取决于二进制编码的位数,因为它决定了幅值被分割的间隔数量 d。如采用 8 位二进制编码,则 $d=2^8=256$,即量化当量为最大可测信号幅值的 1/256。

2. D/A 转换

D/A 转换器将输入的数字量转换为模拟电压或电流信号输出,其基本要求是输出信号 A 与输入数字量 D 呈正比,即

$$A=q\cdot D$$

式中 q——量化当量,即数字量的二进制码最低有效位所对应的模拟信号幅值。

根据二进制计数方法,一个数是由各位数码组合而成的,每位数码均有确定的权值,即

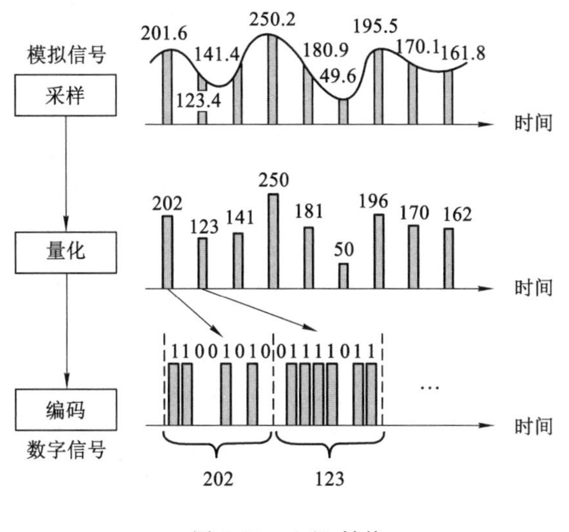

图 5-20　A/D 转换

$$D = 2^{n-1}a_{n-1} + 2^{n-2}a_{n-1} + \cdots + a^{i}a_{i} + \cdots + a^{1}a_{1} + 2^{0}a_{0}$$

式中，$a_i(i=1,2,\cdots,n-i)$等于 0 或 1，表示二进制数的第 i 位。

为了将数字表示为模拟量，应将每一位代码按其权值大小转换成相应的模拟量，然后根据叠加原理将各位代码对应的模拟分量相加，其和即为与数字量呈正比关系的模拟量。

D/A 转换器得到的输出信号是转换指令来到时刻的瞬时值，不断转换可得到各个不同时刻的瞬时值，这些瞬时值的集合在时域上仍是离散的，要将其恢复为原来的时域模拟信号，还必须通过保持电路（保持器）进行波形复原。保持器输出的信号由许多矩形脉冲构成，经过低通滤波器滤去其中的高频噪声，恢复原来的模拟信号。D/A 转换器的转换过程如图 5-21 所示。

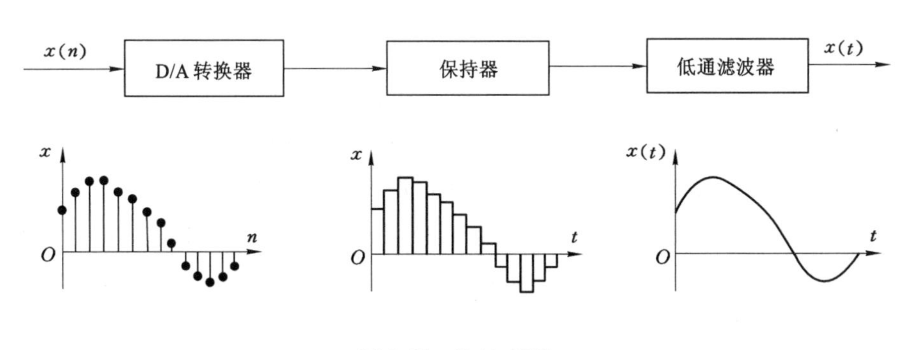

图 5-21　D/A 转换

5.8　本章小结

在机械量的测量中，常将被测机械量转换为电阻、电容、电感等电参数。电信号的处理可以用于多种目的：将传感器的输出转换为更容易使用的形式，将信号进行放大或变成高频信号便于传送，从信号中去除不需要的频率分量，或者使信号能够驱动输出装置。

电桥是一种将电阻、电容、电感等电参数变成电压和电流信号的电路，分直流电桥和交流电桥。直流电桥的平衡条件是 $R_1R_3=R_2R_4$，交流电桥的平衡条件是$\begin{cases}Z_1Z_3=Z_2Z_4\\ \varphi_1\varphi_3=\varphi_2\varphi_4\end{cases}$。

电桥的连接方式分为半桥单臂、半桥双臂和全桥四臂。全桥四臂的灵敏度最大。

放大器：传感器输出的微弱电压、电流或电荷信号，其幅值或功率不足以进行后续的信号转换处理，或驱动指示器、记录器及各种控制机构，需要对其进行放大处理。

调制是将缓变信号通过调制变成高频信号以便于传送。调制分为调幅、调频和调相。解调是调制的逆过程。

滤波器是一种选频装置。滤波器分为低通滤波器、高通滤波器、带通滤波器和带阻滤波器四种。本章主要讲述理想滤波器和实际滤波器之间的差别、实际滤波器的基本参数。

记录和显示仪器是测试系统不可缺少的重要环节。人们总是通过记录仪器记录测量的数据或通过显示仪器变成各种可视波形来了解、分析和研究测量结果。

模拟信号通过时域采样、量化和编码可获得数字信号。离散傅里叶变换的图解过程包括时域采样、时域截断和频域采样。时域采样中，采样频率满足采样定理才能保证信号不产生频率混叠。时域截断就是对模拟信号加窗的过程，信号的截断就是将无限长的信号乘以有限宽的窗函数。窗函数是无限带信号，因此信号的截断不可避免地会引起混叠，产生频谱能量泄漏，增加窗长度能够减小能量泄漏。频域采样就是对截断信号的周期性连续频谱乘以周期序列脉冲函数，从而获得一个周期的频谱。模拟信号幅值量化时存在量化误差，量化增量越大，量化误差越大。不同的窗函数具有不同的频谱特性，应根据被分析信号的特点和要求选择合适的窗函数。

5.9 本章习题

5-1 以阻值 $R=120\ \Omega$、灵敏度 $S_g=2$ 的电阻丝应变片与阻值为 120 Ω 的固定电阻组成电桥，供桥电压为 3 V，并假定负载电阻为无穷大，当应变片的应变为 2 $\mu\varepsilon$ 和 2 000 $\mu\varepsilon$ 时，分别求出单臂、双臂电桥的输出电压，并比较两种情况下的灵敏度。

5-2 有人在使用电阻应变仪时，发现灵敏度不够，于是试图在工作电桥上增加电阻应变片数以提高灵敏度。在下列情况下，是否可提高灵敏度？为什么？

(1) 半桥双臂各串联一片应变片；

(2) 半桥双臂各并联一片应变片。

5-3 调幅波是否可以看作载波与调制信号的叠加？为什么？

5-4 什么是滤波器的分辨力？其与哪些因素有关？

5-5 设一带通滤器的下截止频率为 f_{c1}，上截止频率为 f_{c2}，中心频率为 f_0，试指出下列叙述中的正误。

(1) 倍频程滤波器 $f_{c2}=\sqrt{2}f_{c1}$。

(2) $f_0=\sqrt{f_{c1}f_{c2}}$。

(3) 滤波器的截止频率就是此通频带的幅值−3 dB 处的频率。

(4) 下限频率相同时,倍频程滤波器的中心频率是 1/3 倍频程滤波器的中心频率的 $\sqrt[3]{2}$ 倍。

5-6　已知低通滤波器的频率响应函数 $H(\omega)=\dfrac{1}{1+j\omega\tau}$,式中 $\tau=0.05$ s。当输入信号 $x(t)=0.5\cos 10t+0.2\cos(100t-45^\circ)$ 时,求其输出 $y(t)$,并比较 $y(t)$ 与 $x(t)$ 的幅值与相位有何区别。

第6章　机械及桥梁的振动测试技术

【学习要求】

机械振动测试是机械工程中常见的工程测试问题，本章将介绍如何构建一套适用的振动测试系统。内容包括机械振动的特点、常见的传感器的选用、振动系统的参数分析。

学完本章，学生应达到如下要求：

(1) 了解振动测试的意义及主要测试内容。

(2) 了解机械测振系统动态特性的测试方法及振动参数的估计。

(3) 熟悉测振传感器、激振设备及激振信号；了解惯性式传感器的力学模型；初步了解振动传感器的校准方法。

(4) 掌握桥梁动、静态特性的测试方法等。

【知识图谱】

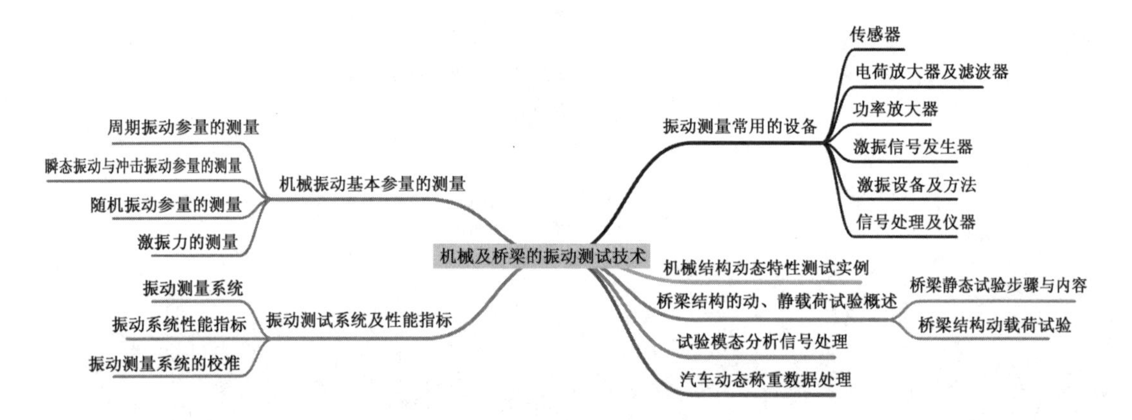

6.1　机械振动基本参量的测量

机械振动可用位移、速度、加速度和激振力等一些基本参量来描述，按照这些参量的变化，可以简单地将振动归纳为周期振动、瞬态振动和随机振动3种类型。

6.1.1　周期振动参量的测量

在周期振动中振幅、频率及相位差是很重要的参数。

1. 振幅测量

振动幅值常用峰值、有效值(RMS值)和平均绝对值等来描述。其中，有效值与振动能量有直接关系。测量方法主要有3种，分别是用振动测量仪测量、用电压表测量和光学法测量。

(1) 振动测量仪测量

振动测量仪测量就是将测量信号输入仪器直接读出(或利用系统的电压灵敏度计算出)物体的振幅。大部分振动测量仪内设有积分、微分电路。

(2) 电压表测量

用电压表测量就是将测量信号输入仪器，根据仪器所指示的电压值及测量系统的电压灵敏度，计算出物体振动的振幅。测量值可以是位移、速度、加速度。

(3) 光学法测量

光学法测量方法主要采用两种，即用激光作光源的干涉仪来测量振幅和用激光全息摄影技术测量物体的振幅。

用激光作光源的干涉仪来测量振幅，振幅量级可以小至微米以下，精度高，结果可靠，因此常用于振动测试系统和传感器绝对标定。

用激光全息摄影技术测量物体的振幅，具有非接触、精度高、能观察微小振幅和较快获得振动物体整个表面的振动分布等优点，但这种方法难以测量大型或曲面物体的振幅。

2. 周期振动频率的测量

周期振动频率的测量方法主要有 3 种，分别是用频谱分析仪测量、用频率计测量和频闪法测量。

(1) 频谱分析仪测量

用频谱分析仪测振动频率就是通过频谱分析仪对周期振动信号的频率成分(谐波)进行分析，测出信号所包含的各次谐波频率和振幅。这种方法是复杂周期信号频率测量的主要方法。根据仪器选择的不同，信号的分析频率可在 0～20 kHz 范围变化，采用 ZOOM-FF(频谱细化)技术，频率分辨能力可达 10^{-3} Hz。

(2) 频率计测量

用频率计测量振动频率就是将测量信号输入频率计，直接读出信号的频率值(和幅值)。这种方法使用方便，波形也不限于正弦波，但它要求被测信号基波频率比较稳定。频率计数器有指针式和数字式两种。

(3) 频闪法测量

频闪法测量振动频率就是利用频闪灯照射物体，由小到大地调节闪光频率，当第一次看到振动物体近乎静止或缓慢移动时，则闪光频率就等于或近似等于物体的振动频率(或回转体的回转频率)。闪光测频适用于较大的、明显可见振动位移的振动物体的频率测定。常用于测量回转体的回转频率。

3. 周期振动相位差的测量

稳定的正弦周期振动的相位，可以用双线示波器、闪光灯、相位计等仪器，将振动信号与基准信号比较来测定，也可以比较振动信号和基准信号的时间历程来测定。对于稳定的复杂周期信号，常常计算两信号的互谱相频特性获得相位差。

4. 周期振动的频谱分析

对于单一频率的稳定正弦振动，可用简单的振幅和频率测量方法来确定其周期。但对复杂周期振动，通常是在频谱分析仪或振动信号处理机上进行分析的。亦可采用倍频程滤波器、窄带滤波器或数字滤波器进行实时频谱分析。也有的采用其离散采样数据，在通用计算机上，利用快速傅里叶分析等程序进行频谱分析。

6.1.2 瞬态振动与冲击振动参量的测量

1. 瞬态振动参量的测量

表征瞬态振动和冲击过程的基本量有加速度、速度、位移以及冲击过程中的冲击力。测试量主要是瞬态振动或冲击过程的时间历程、冲击峰值、瞬态振动或冲击的频谱。

冲击过程与瞬态振动情况稍有不同，冲击过程具有持续时间短和冲击力瞬间能量很大的特点，对测量系统要求较高。

2. 冲击振动参量的测量

由于冲击过程包含极宽的频率成分，因此要求测量系统中的传感器和一系列测量仪器具有足够宽的测量频带，以及要求测量系统有良好的幅频特性和相频特性线性度。冲击测量系统不失真测量冲击波形的条件与测量系统的精度、冲击波形、冲击持续时间及传感器的固有频率、阻尼的大小等内容有关。在汽车瞬态冲击振动测量中，更要注意系统的低频响应特性。

6.1.3 随机振动参量的测量

对于随机振动，主要测量的参量为有效值或均方值、功率谱、相关函数、频响函数、相干函数、频率密度函数等。在随机振动参量的测量工作中应注意以下问题。

1. 测量与记录仪器的工作频率

仪器的工作频率，应视测量对象的振动情况而定。不同汽车零部件所遇到的随机振动，其频率范围不相同：发动机、变速器等在 5 kHz 以内；整车等要求的频率范围为 0～200 Hz。在噪声分析中对振动分析频率范围要求更宽，在选择测量和记录仪器的工作频率时，要考虑其幅频特性、相频特性。根据经验，测量和记录仪器的下限频率，应是随机振动的主要频率 1/10～1/5 倍，而它们的上限频率应比主要频率高 5～10 倍。

2. 测量和记录仪器的动态范围

根据实测经验，对于高斯随机振动，一般以其有效值 3σ 准则（又称拉达准则）来选择仪器动态范围（大于有效值 3σ 的信号仅占 0.27%）。在分析结构疲劳强度时，应有效地利用记录仪器的动态范围，要求记录信号具有合适的电平，保证测量精度。

3. 测量中的其他要求

当采用磁带记录仪记录随机振动信号时，应根据所测信号主要频率的预计值，合适地选择磁带记录仪的记录速度。若对记录信号采用平均化处理，则应保证记录信号具有足够的样本长度。为了有效地提高信号的记录信噪比，应在记录仪器之前设置适当的滤波器，以滤除信号中的高频或低频噪声。为保证记录信号的成功、防止记录波形失真，测量系统中设置监控记录信号波形的显示装置，对记录前后的信号进行波形监视。

实际上最常采用的方法是利用 FFT（快速傅里叶变换）分析仪，对时域的动态范围、频域的频率范围做初步测试后，根据测量对象与目的，确定测量要求。

6.1.4　激振力的测量

激振力用压电式或电阻式测力传感器测量；也可以通过测量物体的加速度，然后加以换算；对已标定的激振器也可通过测量其输出的电参数或机械参数间接测定其激振力的大小。

6.2　振动测试系统及性能指标

1. 振动测试系统

振动测试系统是由传感器、测量放大器、滤波器等仪器，显示、记录设备和测量分析软件等所组成的。常用的典型振动测量系统框图如图 6-1 所示。

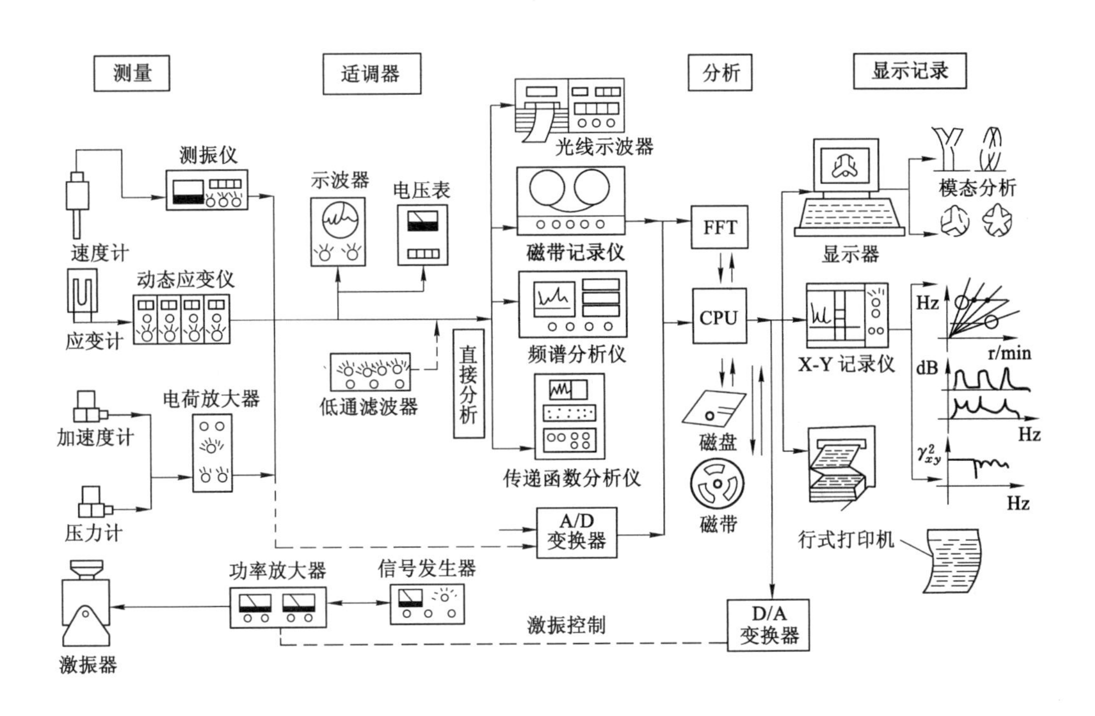

图 6-1　常用的典型振动测量系统框图

2. 振动系统性能指标

振动测试系统性能指标是指输入机械振动量与测量系统输出电压信号之间的关系指标。测振系统是一种动态测试仪器，其性能指标对保证测量的精确度至关重要，主要性能指标如下。

(1) 灵敏度：是测量系统的输出电信号（电压、电荷、电感等）与被测振动物理量（位移、速度、加速度）的比值。

(2) 动态范围：指当测振系统维持输入量与输出量呈线性关系时，其输入量幅值的允许变化范围，通常以分贝数表示。

(3) 频率范围或幅频特性：指灵敏度在规定百分数以内变化时的频率范围。

(4) 相位差或相频特性：相位差是指测振系统的输出信号与输入信号在相同频率处对

应的谐波分量之间的相位角之差。相位差在测量复杂振动和动力特性参数以及分析时，显得特别重要。相频特性是指相位差随频率变化的关系。

(5) 附加质量与附加刚度：在振动测试过程中，多数情况下要求传感器与被测物体连接，传感器随物体一起运动。这就相当于给振动物体附加了一个质量，有时还附加了一定的刚度。其结果将或多或少地改变原物体的振动特性。因此，在选择测量方法和传感器时，应注意这一因素。

(6) 环境条件，主要指温度、湿度、电磁场、噪声、射线等非振动环境对仪器性能的影响。

综上所述，在振动测试中，对测振系统的基本要求，除了具有高的灵敏度、宽的频率范围和好的线性度之外，还要求测振仪具有好的相位特性，即通过测振仪测得的振动信号失真小。对于单一的简谐振动，对测振仪的相移没有要求，但对于两个以上的简谐振动的合成振动就要考虑相移问题。周期振动是各阶谐波振动的叠加，若高阶谐波的幅值较小，可以忽略。

3. 振动测量系统校准

为保证机械振动量值的统一和传递，在进行振动测量之前，必须对传感器、测试系统进行校准。通过校准，可将测得的电参量变换为所求的振动量。

传感器或测试系统的校准内容主要有灵敏度、频率响应、线性度。

传感器或测试系统的校准方法主要有比较校准法、绝对校准法。

此外，在校准时要考虑以下几点：确定传感器的使用频率范围，传感器的工作幅度范围，能承受的最大加速度和位移值，可供使用的温度、湿度等环境条件。

6.3 振动测量常用设备

6.3.1 传感器

1. 常用振动传感器

常用振动传感器如图 6-2 所示。

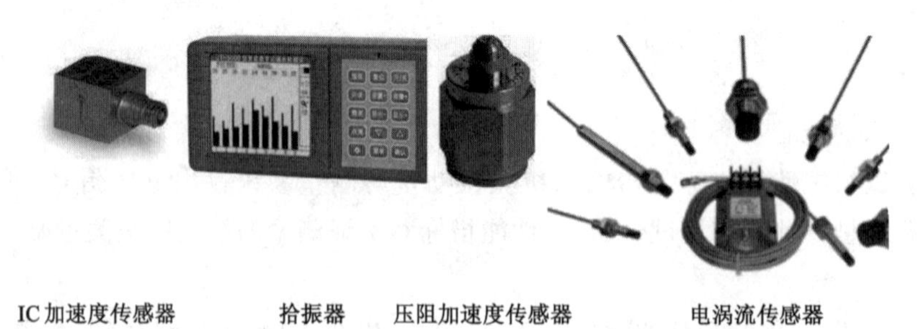

IC 加速度传感器　　拾振器　　压阻加速度传感器　　电涡流传感器

注：IC(integrated circuit)为集成电路。

图 6-2　常用振动传感器

在汽车振动测试中常用的振动传感器有压电式振动传感器、电动式振动传感器、电磁式振动传感器、电容式振动传感器、电阻式振动传感器和应变片振动传感器。它们的适用范围、优缺点和配套仪器情况见表 6-1。

表 6-1　常用的振动测量传感器

分类	说明	配套仪器	适用范围	优缺点
压电式	振动时，使传感器中的压电元件受到惯性重块的作用而产生电荷输出量，其与振动加速度呈正比关系	前置放大器（电荷放大器、电压放大器）和测量放大器	该传感器与前置电压放大器配套，频率范围为 2～10 Hz；与电荷放大器配套，频率范围为 0.2 Hz～20 kHz；测量范围为（10^{-8}～10^{6}）g；适于冲击测量，相对式测力传感器用于测量 0～10 Hz 范围的激振力	灵敏度高，频率范围宽，汽车振动测量中应用广。结构尺寸和质量小，受温度、噪声等影响大，需要高阻抗前置放大器配用
电动式	振动时，传感器中的可动线圈在磁场中振动，切割磁感线而感应出电动势，电压输出量与振动速度呈正比关系	含积分和微分线路放大和检测指示部分的测振仪	惯性式速度传感器用于测量 10～500 Hz 范围内的线速度或角速度。经积分可测 10^{-3}～1 mm 的振幅。经微分可测 10g 以下的加速度。相对速度传感器用于测量 2～500 Hz 范围内的相对速度（或角速度）、位移或加速度	灵敏度高、精度高，结构尺寸和质量大。受温度、湿度影响小，受磁场影响大。永久磁衰减会引起灵敏度变化，低阻抗输出，干扰噪声小，没有静态灵敏度
电磁式	振动时，传感器的线圈在磁场里的磁通量发生变化而产生电动势，输出量与振动速度呈正比关系	含积分和微分线路放大和检测指示部分的测振仪	相对式非接触型传感器用于测量 20 Hz～10 kHz 范围内的线速度或角速度，经积分或微分后可测位移或加速度	非接触型，测量时对振动没有影响，灵敏度较低，精度较差，要求被测物体是导磁体或导电体（否则应贴上导磁体）
电容式	相对式：振动传感器为电容两极。振动时两极间隙或有效相对面积产生变化使电容变化。 惯性式：惯性块和传感器基座为电容两极，输出量与位移呈正比关系	加极化电压的阻抗变换器和测量放大器，谐振式或电桥式高频载波调幅测振仪	相对式非接触型传感器用于测量 20 Hz～10 kHz（极化电压）或 0～10 kHz（调制）范围的线位移或角位移。特别适用于转动零件的振动测量。惯性式位移传感器用于测量 10～500 Hz 范围的角位移或线位移（10^{-3}～1 mm）。经微分后可测速度或加速度	灵敏度高，结构简单，尺寸小。对被测物体影响小，受温度、湿度以及电容间介质的影响大，配套仪器要求高。非接触型的测量精度差
电阻式应变片	电阻丝式：振动时，传感器中的电阻丝长度变化而使电阻变化。 压阻式：利用半导体等材料受力变形时电阻率改变的特性	动态电阻应变仪或者直流放大器	惯性式位移或加速度传感器用于测量 0～20 Hz 范围内的加速度或 10 Hz～2 kHz 范围内的线位移（角位移）。电阻丝式适用于低加速度的冲击测量。相对式测力传感器用于测量 0～1 kHz 范围内的激振力	低频响应好，寿命短，稳定性差，易受温度、湿度、磁场等的影响。贴片式结构简单，制作方便

注：g 为重力加速度。

2. 压电晶体式传感器及灵敏度

在汽车振动测量中，压电晶体式传感器是常用的传感器之一。在使用该传感器之前应该注意压电晶体式传感器的灵敏度问题。压电加速度传感器的灵敏度有两种表示法：一种是电荷灵敏度 S_q，另一种是电压灵敏度 S_c。电荷灵敏度是指传感器产生的电荷 q 与传感器的加速度 a 之比，电荷灵敏度的单位是 $\mathrm{C \cdot s^2/m}$。

压电晶体本身构成一个电容 C_a，当它的两端产生电荷时，它的两端具有电压。电压灵敏度是指产生的电压与传感器加速度 a 之比，电压灵敏度的单位是 $\mathrm{V \cdot s^2/m}$。

$$S_q = \frac{q}{a} \tag{6-1}$$

$$S_c = U_a/a = S_q/C_a \tag{6-2}$$

3. 压电加速度传感器

压电式加速度测振传感器电荷或电压的输出与加速度呈正比关系。由于具有结构简单、工作可靠、量程大、频带宽、体积小、质量轻、精确度和灵敏度高等一系列优点，已成为振动测试技术中使用极广泛的一种测振传感器。

压电加速度传感器在出厂时，厂家给出其电荷灵敏度和电压灵敏度，还给出幅频特性曲线。传感器工作频率上限受到传感器固有频率的限制，下限受到传感器后续测量系统（如电荷放大器或电压放大器）的限制。压电加速度传感器的另一指标是横向灵敏度，优良的压电加速度传感器，在工作频率范围内，横向灵敏度应小于 5%。

压电加速度传感器的使用环境对其性能有很大影响，较高的温度会导致电压灵敏度的降低；当环境超过一定温度时，会导致压电元件的破坏，应注意厂家对传感器使用环境的规定。压电加速度传感器的安装问题也很重要，目前的几种安装方法中螺钉固紧是最好的安装方法，如图 6-3 所示，其安装共振频率高，能传递大的加速度。在要求加速度计与被测物体电绝缘时，可以在加速度计与被测物体之间放置一层薄云母片，然后用绝缘螺钉固紧或用永久磁铁吸盘固定。当测试要求频繁地改变测点位置时，使用吸盘最为方便，但使用此法不能测量过大的加速度。此外，还可用环氧树脂、502 胶水以及其他胶黏剂粘接，这些方法只适于低加速度的测量。

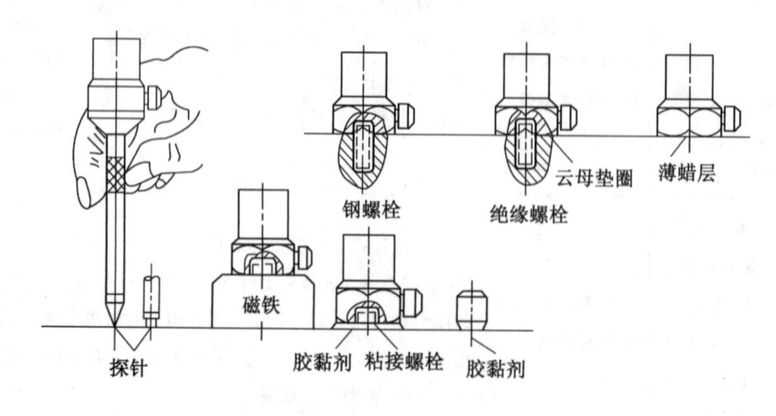

图 6-3　压电加速度传感器的安装方法

在使用压电加速度传感器时，有时还会遇到零漂问题。如测量汽车某些部件振动或在室外进行振动测量，零漂有时很突出。除了选择优质传感器外，在传感器外壳上采用隔热措施也是防止出现零漂的方法。

4. 现代内装 IC 压电加速度传感器

内装 IC 压电加速度传感器是内装微型 IC 放大器的压电加速度传感器，它将传统的压电加速度传感器与电荷放大器制于一体，能直接与记录、显示和采集仪器连接，简化了测试系统，提高了测试精度和可靠性。其广泛用于航空、航天、铁路、桥梁、建筑、车船、机械、水利、电力、石油、地质、环保、地震等领域。其突出特点如下：

① 低阻抗输出，抗干扰，噪声小，可以进入长电缆传输。

② 性能价格比高，安装方便，尤其适用于多点测量。

③ 稳定可靠，抗潮湿，抗粉尘，抗有害气体。

(1) 内部组织

内装 IC 压电加速度传感器由压电加速度传感器和微型 IC 放大器组成，采用先进的隔离剪切和三角剪切结构，微型 IC 放大器主要部件为 MOS(金属-氧化物半导体)场效应管，并由输入端的高阻值电阻与传感器电容构成一个一阶高通滤波器，由此确定传感器测量中的低频截止频率。内装 IC 传感器信号输出具有两线连接特性，即信号输出线与供微型 IC 放大器工作用的恒流源输入线为同一根线，另一根线为地线，信号输出线可以用屏蔽效果好的低噪声同轴电缆，而在环境不是很恶劣的情况下，也可用普通的同轴电缆。

(2) 技术性能指标

常见的内装 IC 压电加速度传感器共同性能指标有如下几个：

① 线性度：≤1%。

② 横向灵敏度：≤5%，典型值≤3%。

③ 输出偏压：8～12 V DC。

④ 恒定电流：2～20 mA，典型值 4 mA。

⑤ 输出阻抗：<150 Ω。

⑥ 激励电压：18～30 V DC。

⑦ 温度范围：−40～120 ℃。

⑧ 放电时间常数：≥0.2 s。

⑨ 安装力矩：约 20 kgf · cm(M5 螺纹，1 kgf=9.806 65 N)。

(3) 传感器的选择

内装 IC 压电加速度传感器有许多型号，每一种型号都有自己特别使用的某些用途。为了获得高保真度的测试数据，必须根据测试的使用要求，选择最合适的压电加速度传感器。通常，选择压电加速度传感器主要的权衡因素是质量、频率响应和灵敏度。

① 质量

传感器作为被测物体的附加质量，必然会影响系统运动状态。如果加速度传感器的质量接近被测物体的动态质量，则被测物体的振动就会受到影响而明显减弱。对于有些被测构件，虽然作为一个整体质量很大，但是在传感器安装的局部，例如对于一些薄壁结构，传感器的质量已经可以与结构局部质量相比拟，也将会使结构的局部运动状态受到影响。因此要求传感器的质量 m_a 远小于被测物体传感器安装点的动态质量 m。

传感器质量的影响会使被测构件的振动加速度 a 降低，其降低的加速度 Δa 可以用下式估算：

$$\Delta a = 1 - \frac{m}{m + m_a} \tag{6-3}$$

② 频率响应特性

低频响应特性：传感器用户手册给出的下限频率为－10％频响。内装 IC 压电加速度传感器的低频响应特性主要由内装 IC 电路芯片和传感器的基座应变、热释电效应等环境特性决定。应变加速度传感器具有相应静态信号的特性。

高频响应特性：传感器用户手册给出的上限频率为＋10％频响，大约为安装谐振频率的 1/3。如果要求的上限频率误差为＋5％，大约为安装谐振频率的 1/5。如果采用适当的校正系数，在更高的频率范围也能得到可靠的测试数据。

③ 灵敏度

灵敏度越高，系统的信噪比越大，抗干扰能力越强，分辨率越高。就特定结构的传感器来讲，加速度传感器质量越大、压电晶片数越多，灵敏度就越高。但质量块质量越大，加速度计的固有频率就越低，上限频率也就越低。因此在选用压电式加速度计时要考虑灵敏度和频率响应特性之间的矛盾，灵敏度的选择受到质量、频率响应和量程的制约。一般来讲，在满足频响、质量和量程要求下，应尽量选择高灵敏度的传感器，这样可降低信号调理器的增益（采用×1 即可），提高系统的信噪比。

（4）传感器安装使用方法及要点

① 安装方法如下。内装 IC 压电加速度传感器有两种输出结构形式，分别是侧端输出和顶端输出，如图 6-4 所示为侧端输出形式。

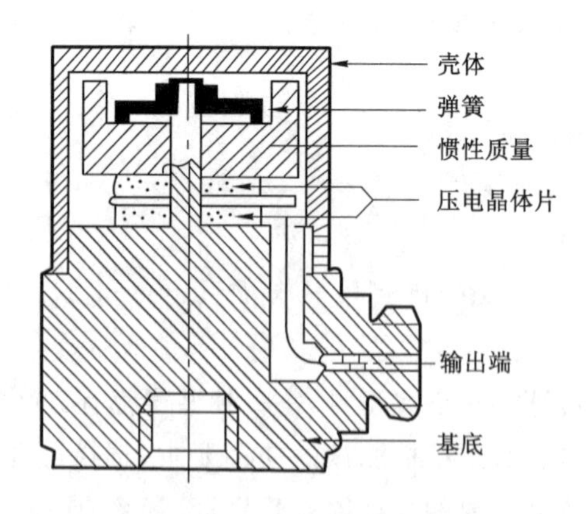

图 6-4　内装 IC 压电加速度传感器侧端输出形式

传感器与被测试件接触的表面要清洁、平滑，不平度应小于 0.01 mm，安装螺孔轴线与测试方向应一致。安装表面较粗糙时，可在接触面上涂些清洁的硅脂，以利于耦合。测量冲击时，由于冲击脉冲具有很大的瞬态能量，故传感器与结构的连接必须十分可靠，最好用钢螺钉。如现场环境需单点接地，以避免地电回路噪声对测量的影响，应采取使加速度传感器与构件绝缘的安装措施，或选用能满足试验要求的其本身结构对地绝缘的加速度传感器。

螺钉安装：每只压电加速度传感器出厂时配有一只安装螺钉，用它将加速度传感器和被测试物体固定即可。M5 安装螺钉推荐安装力矩为 20 kgf·cm。

磁力安装座连接：磁力安装座分为对地绝缘和对地不绝缘两种。在低频率、小加速度测试中，如被测物为钢铁结构，且不易钻安装螺孔的试验件(如机床、发动机等)，磁力安装座提供了一种方便的传感器安装方法。但在加速度超过 $200g$，温度超过 15 ℃时不宜采用。

可用多种胶黏剂粘接。胶粘面要平整光洁，并需按铰接工艺清洗胶粘面。对大加速度的测量，需计算胶接强度。

② 将传感器的输出同轴电缆连接到信号调理器的输入端。

③ 信号调理器的输出端可直接与各类记录、显示仪表相连，也可直接送入数据采集系统。

④ 打开信号调理器电源，预热 15 min。

⑤ 对被测物体施加激励，进行测量或数据采集。

⑥ 为保证测量精度和信号质量，应监视信号调理器输出端信号，电压信号峰值不应超过 5 V。

6.3.2　放大器和滤波器

1. 前置放大器

前置放大器用于将传感器的高阻抗输出变成放大器低阻抗输出，把传感器输出的微弱信号进行放大，使输入信号电平归一化。它分为前置电压放大器和前置电荷放大器两种。

(1) 前置电压放大器：结构简单、元件少、价格低、可靠。但其输出电压受连接电缆电容的影响。将前置放大器直接装在传感器中，则可避免长电缆对传感器灵敏度的影响。

(2) 前置电荷放大器，如图 6-5 所示，其使用频率可达准静态，适用于超低频振动、冲击或远距离测量等测试系统。其输出电压对连接电缆电容不敏感，但内部噪声较大、价格较高。

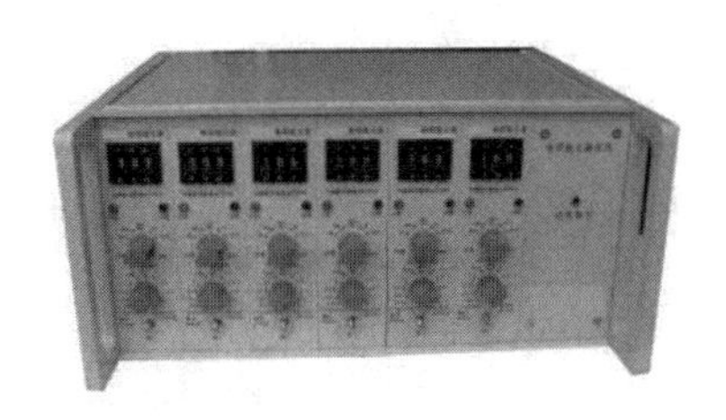

图 6-5　前置电荷放大器

2. 测量放大器

测量放大器用于将微弱的直流或交变信号(在给定频段内)进行电压或功率放大，其具有频带宽，频率失真和相位失真小，有良好的屏蔽和较大的信噪比、放大倍数大、噪声低、漂移小、非线性误差小、频率特性好等优点。

3. 滤波器

滤波器允许通过某些频率信号而阻止或衰减其他频率信号。在通频带内特性阻抗保持常数,具有线性的相移性、带通滤波器可调节通频带及其宽度、特性稳定不受外界干扰等优点。滤波器分为低通滤波器、高通滤波器、带通滤波器和带阻滤波器等 4 种。

6.3.3 功率放大器

由于模拟信号的电压比较小,因此需要把信号进行放大,以满足对电压的要求。利用三极管的电流控制作用或场效应管的电压控制作用将电源的功率转换为按照输入信号变化的电流,即交流信号电流,三极管的集电极电流永远是基极电流的 β 倍,β 是三极管的交流放大倍数,应用这一点,若将小信号注入基极,则集电极流过的电流会等于基极电流的 β 倍,然后将这个信号用隔直电容隔离出来,就得到了电流(或电压)是原先 β 倍的大信号。此现象称为三极管的放大作用。经过不断电流放大,就完成了功率放大。

例如 SA-5 型开关功率放大器如图 6-6 所示,由于采用 PMOSFET(功率场效应晶体管),开关频率达到 50 kHz,体积比较小,效率高。输出电感铁芯采用的是钴基非晶合金,频率响应范围广。其采用 PWM(脉冲宽度调制)输出方式对输入信号进行调制,功率输出元件始终工作在开和关两种状态。输入信号放大之后,经滤波还原信号。输出单元用大功率 MOS 场效应管并联输出,末级 OTL(无输出变压器)输出方式使功率放大器可以直流输出。

SA-5 型功率放大器技术参数如下:

额定输出功率	5 kV · A
额定输出电压	90 U_{rms}
额定输出电流	45 A_{rms}
额定频率范围	DC～3 000 Hz
输入信号	<5 U_{rms}
输出阻抗	>10 kΩ
励磁电压	270 V DC
励磁电流	22 A DC

图 6-6 SA-5 型功率放大器

6.3.4 激振信号发生器

激振系统中常用的信号发生器有周期信号发生器、随机信号发生器、瞬态信号发生器和专用激励信号发生器(振动台控制系统)。

(1) 周期信号发生器包括正弦信号发生器、函数信号发生器、差频振荡周期信号发生器。

(2) 随机信号发生器包括白噪声信号发生器、粉红噪声信号发生器、窄带随机信号发生器、伪随机信号发生器。

(3) 瞬态信号发生器包括脉冲信号发生器、快速正弦扫描信号发生器。

(4) 专用激励信号发生器(振动台控制系统)包括专用窄带随机和正弦激励信号发生器、专用窄带随机信号发生器、可编程信号发生器。

6.3.5　激振设备及方法

汽车结构振动测试用的振源有两种,一种是实际振源,比如汽车运行中产生的振动,以及环境激励等引起的振动;另一种是人工振源,主要是激振设备(激振器或振动台)所激励的振动。对动力实测或振动的故障检测,多数是利用实际振源来激振,而进行汽车系统振动特征参数和动力强度测试时或对测振传感器和测振仪器进行校准时,常使用人工振源。

激振器与振动台是汽车振动试验中主要的激振设备。它们可以模拟产生振动载荷、冲击荷载等各种动力载荷,同时各种标准振动台又是振动测量传感器及仪器的标定设备。

激振器和振动台的类型较多,主要有机械式、电动式和电动液压式等。激振时,除了采用正式产品的激振设备外,还可采用一些简便的激振方法,如激振力锤。

1. 激振力锤

激振力锤(如图 6-7 所示)是现代结构动力学试验中必备的一种工具。使用力锤多用锤击法测结构振型和频率,这种方法能够快速得到被测物体的振型和频率,但不如正弦扫频准确。力锤法(锤击法)是利用安装有力传感器的力锤击打(激励)被试验结构物,借助现在测试技术和微机的快速傅里叶变换(FFT)以脉冲试验原理和模态理论迅速求得结构模态参数的一种快速、简便、有效的方法。在锤击法试验中,对被测结构物输入的是激励(锤击)力信号,通过测量结构各点的响应(输出)加速度信号,即可求得结构的传递函数,计算出结构的自振特性。其基本结构组成包括:① 激励工具及测试部分——力锤、力传感器、电荷放大器。② 振动响应测试部分——压电加速度传感器、电荷放大器(含滤波器)。③ 信号记录部分——磁带数据记录仪或数据采集器。④ 信号处理部分——信号分析仪(FFT)。

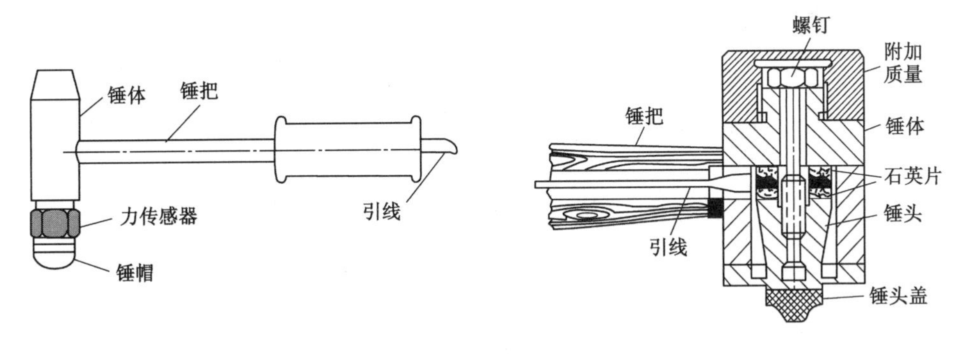

图 6-7　激振力锤

力锤锤帽的材料不尽相同,使用不同材料的锤帽可以得到不同脉宽及频率响应范围的力脉冲,相应的力谱也不同。使用力锤激励结构时,要根据不同的结构和分析频带选用不同的锤帽材料。力锤的供应商标配的附件中通常提供四种不同材质的锤头:金属锤头(力锤上已安装的)、红色锤头(超软的橡胶锤头)、白色锤头(较硬的橡胶锤头)和黑色锤头(较软的橡胶锤头)。力锤锤帽越软,其频响的带宽越窄,锤击时能量就越集中于低频区域,适用于激励共振频率集中在低频区的结构,如汽车座椅等;而金属锤帽的频响带宽最宽,适合激励共振频率在较高频率区间的结构,如汽车的刹车片等(图 6-8)。

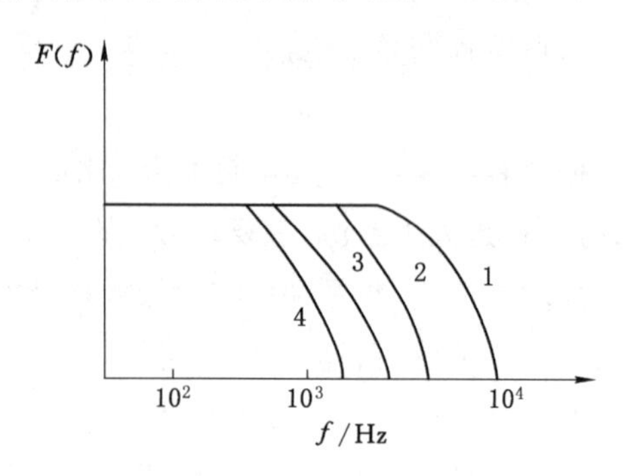

图 6-8　各种材料的锤头的频响曲线

在使用锤击法进行激振时,要注意:① 测试前,应首先检查力传感器、冲击垫座是否安装牢固,安装不牢会造成虚假信号。② 敲击时,执锤要稳,落点要准,勿使冲击垫在试件上滑移。敲击力可根据结构情况,以能够激励试件又不会损坏试件为原则,由小到大通过试验方法确定。③ 试件支承,可根据现场条件及试验要求,采用原结构试验状态或用软吊挂、软支撑等方式。④ 滤波——结构物受锤击(脉冲力激励)后,其振动响应中会含有分析中所不需要的高频成分,这些高频成分会造成折叠失真,应采用滤波措施,一般情况下,正确使用电荷放大器自身的滤波器可满足使用要求。

脉冲激振是指在极短的时间内对被测对象施加一作用力使其产生振动的激振方式。工程测试中,常用力锤敲击被测对象,实现脉冲激振。激励谱的形状由所选锤头材料和锤头总质量决定。使用锤头附加质量可以增加激励能量。它对被测对象作用力的变化近似于半正弦波,激振力的频谱在一定频率范围内接近平直谱(见图 6-9)。

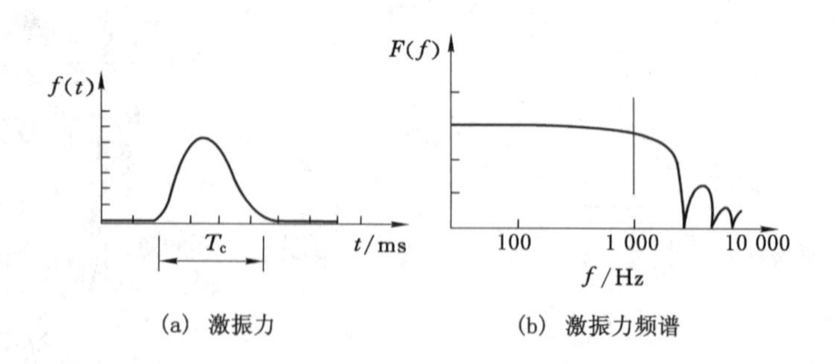

(a) 激振力　　(b) 激振力频谱

图 6-9　敲击激振力及其频谱

2. 激振器

常用的激振器有电动式、电磁式，主要用于机械结构低中频域的动力规范试验，适用于汽车电气、仪表及零部件振动试验。这里主要介绍电动式激振器。电动式激振器按其磁场的形成方法有永磁式和励磁式两种。前者多用于小型激振器，而后者多用于较大型的激振器，即激振台。

在图 6-10 所示电动式激振器中，驱动线圈 6 固装在顶杆 12 上，支承弹簧 11 支承在壳体 8 中。线圈 6 正好位于磁极板 7 与铁芯 9 的气隙中。驱动线圈 6 通入经功率放大后的交变电流时，根据磁场中载流体受力的原理，驱动线圈 6 受到与电流呈正比关系的电动力的作用，此力通过顶杆 12 传到试件上，便是所需的激振力。这里要注意，由顶杆施加到试件上的激振力不等于线圈受到的电动力。激振力和激振器运动部件的弹性力、阻尼力及惯性力的矢量和才等于电动力。而传力比(电动力与激振力之比)与激振器运动部分和试件本身的质量、刚度、阻尼等有关，并且是频率的函数。只有当激振器运动部分质量与试件相比可忽略不计时，并且激振器与试件连接刚度好、顶杆系统刚性也很好的情况下，才可认为电动力等于激振力。一般最好使顶杆通过一只力传感器去激励试件，以便精确测出激振力的大小和相位。

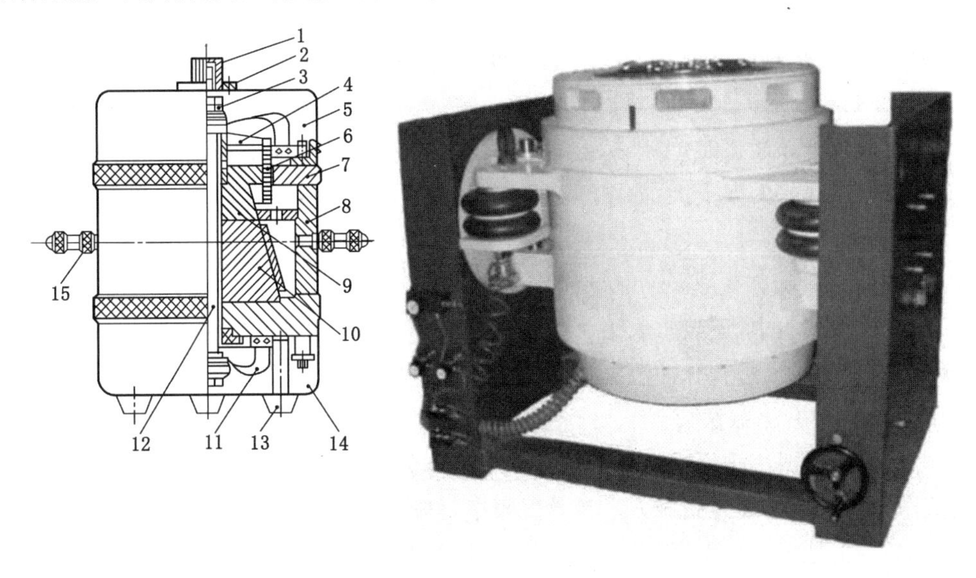

1—保护罩；2—连接杆；3—螺母；4—连接骨架；5—上罩；6—驱动线圈；7—磁极板；8—壳体；
9—铁芯；10—磁钢；11—支承弹簧；12—顶杆；13—底脚；14—下罩；15—手柄。

图 6-10　电动式激振器

电动式激振器主要用于使试验对象产生绝对振动(以大地作为参考坐标，习惯上称为绝对振动)，因而激振时应使激振器壳体在空中保持静止，使激振器产生的能量尽量用于试验对象的振动。

为了使激振器的能量尽量用于对试件的激励上，绝对激振时激振器按图 6-11 所示的安装方法能满足这一要求。

在进行较高频率的激振时，激振器都用软弹簧(如橡胶绳)悬挂起来，如图 6-11(a)所示，

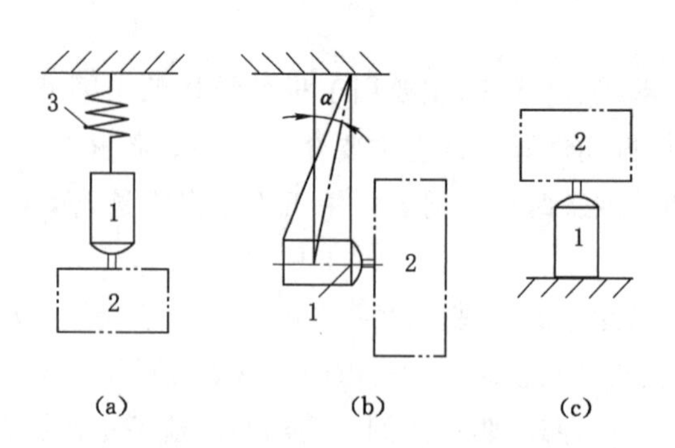

1—激振器；2—试验对象；3—软弹簧绳。

图 6-11 绝对激振时激振器的安装

并可加上必要的配重，以尽量降低悬挂系统的固有频率，至少使它低至激振频率的 1/3。试验时，通常是用软弹簧绳 3(例如旧 V 带)套在激振器壳体的两个把手上，将它悬挂在空中对试验对象 2 进行激振。这时因为激振器本身自重大，软弹簧绳刚度低，当激振力频率不太低时，激振器壳体在空中近于静止。激振器悬挂于空中做水平方向的激振时，为降低悬挂系统的固有频率，应有足够的悬挂长度和配重。为了产生一定的预加载荷，激振器需要倾斜 α 角悬挂，如图 6-11(b)所示，这样可对试验对象 2 施加固定的预加载荷，也可使激振器的弹簧工作于水平段。低频激振时，要维持上述条件的悬挂是办不到的，因而都将激振器刚性地安装在地面或刚性很好的架子上，如图 6-11(c)所示，让安装的激振器的固有频率比激振频率高 3 倍以上。

3. 其他特殊激振方法

在汽车振动试验中，还经常采用一些特殊的激振方法，主要包括压电晶体片激振法、高声强激振法、工况激振法和脉冲激振法。

(1) 压电晶体片激振法

压电晶体片激振法是用交变电压加在压电晶体的两极，晶片厚度变化而产生周期性正弦力，反作用在试件上成为激振力。其激振频率一般为 10～20 kHz，激振力较小，适用于小型板、梁试件，也是振动与噪声主动控制中常采用的方法。

(2) 高声强激振法

高声强激振法是利用激振声源产生的高声压，通过空气作用于试件上，使试件产生周期性振动。其激振频率在音频范围，激振作用力分布在整个试件上，设备不与试件接触，适用于轻型薄壁试件，如车身钣金件等。

(3) 工况激振法

工况激振法是利用整车道路行驶、发动机运转等实际工况激振。该方法简单，符合实际工况，适用于振动量的评价等试验。

(4) 脉冲激振法

脉冲激振法是利用敲击锤、铅锤等敲击试件。悬挂重物由上落下敲击试件，或突然卸载使试件产生自由振动。该方法简单，需要设备少，但激振力不易定量，常用于固有频率和阻尼比的测定。

6.3.6　信号处理及仪器

1. 信号处理

为了揭示被测汽车及其零部件的运动规律和特征，需要从不同角度对试验信号进行加工，其内容包括：

(1) 幅值域-概率分布函数、均值、方差、均方值或方均根值等。

(2) 时间域-自相关函数、互相关函数等。

(3) 频率域-频谱、自动率谱、互功率谱、传递函数、相干函数等。

实际处理时，根据分析问题的需要，可以仅选择上述若干项内容进行处理。有时还需要对上述处理结果进行再处理(二次处理)，以获得更深入的信息，如车速特性、回归方程、模态参数识别、倒频谱分析等。总之，处理内容和项目，应视研究目的和试验对象的特点而定。

常用的处理方法是进行数字化处理，即利用计算机编制特定功能程序对离散数字序列进行运算，处理结果以数组形式输出。实施前，需首先利用模/数(A/D)转换器(俗称数采板)，把连续电模拟信号离散为数字序列后，输入计算机进行运算。为了便于使用，常把A/D转换器及其他前处理功能器件(例如抗混滤波器)与通用的微处理器集成于一体，并配有微型示波器、模拟输出接口、数字输出接口等构成专用数分析系统。它可与绘图仪、打印机及其他通用计算机连接，输出图形、数组或二次处理，使用十分方便，受到工程界普遍欢迎。

2. 信号处理仪器

目前对信号分析处理的仪器主要有信号处理仪(或系统)、实时频谱分析仪和频谱仪。

(1) 信号处理仪(或系统)

信号处理仪又称振动信号处理仪或振动数据处理机，它是以计算机为中心、以快速傅里叶变换(FFT)为主要手段的数字信号处理设备。它具有运算功能多，表示参数丰富，运算速度快，实时能力强，分辨能力强，精度高及操作与显示、复制与存储、扩展与再处理的功能强等优点。振动信号处理仪可分为振动信号处理机(单机形式)和振动信号处理系统(有较大内存和丰富的外围设备)两大类。

① 振动信号处理机具有单一或若干通道的信号输入端，其参数丰富、附设少、实时能力强，有触发及转速跟踪，软硬件结合以硬件为主的特点。其适用于现场(便携式)或固定地点的信号处理。这类处理机存储量有限，再处理能力差。

② 振动信号处理系统存储量大，外设齐全，再处理功能强(例如结构振动分析、材料振动疲劳分析、机械故障诊断、噪声的特殊分析等)；具有软硬件结合以软件为主、处理与控制兼用等特点。但是其价格比较高，质量较大，适用于固定地点或处理中心。

信号处理仪或系统具有正逆傅里叶函数变换和功率谱，自、互相关函数，自、互功率谱密度函数，各种传递函数，相干函数，概率密度与累计分布函数，几种窗函数，几种多次平均方式，功率谱阵计算以及某些特定统计函数运算，基本数学运算等功能。它能表示的坐标参数极其丰富，可以是时域、时延域，也可是频域、幅值域；坐标尺度可以是线性、百分比、对数、阶次，也可以是频率、转速、倍频程、分贝(dB)或各种工程单位。现代信号处理仪具备各种平面或立体显示功能，包括显示临界转速图(Campbell 图)、奈奎斯特图(Nyquist 图)、功率谱阵图、冲击响应谱图、各种振动模态显示图以及各种机械阻抗导纳图等。振动信号处理机(系统),一般都具有十几种或几十种,乃至几百种运算功能,如果系统的运算程序可任意自编,在某种意义上说,运算功能可以是无限的。

(2) 实时频谱分析仪

实时频谱分析仪是一种把振动和噪声分析技术与数字技术结合在一起的仪器,有的还应用快速傅里叶(FFT)分析计算技术。较早的实时频谱分析仪,有滤波器多节并联式和时间压缩型频谱分析仪,它们实际上也是用一系列带通滤波器分析的。不过它们将信号分配到各个滤波器时,不是用机械转换的方法,而是用电子高速扫描技术,因此能在很短时间内迅速扫描各个滤波器后的信号,并能跟踪变化的信号,在荧光屏上连续更新不同时刻的频谱;还可以将结果输出到记录仪器或电子计算机做进一步处理。这种实时频谱分析仪较难进行两个信号相互关系的比较,使其应用受到了限制。电子计算机已应用于实时频谱分析,即通过快速傅里叶变换(FFT)对输入信号做分析处理,使其分析功能和分析速度都有显著提高。实时频谱分析仪能将连续信号、冲击信号、瞬态信号等在几十毫秒内分析出来,并以模拟量和数字量输出。

(3) 频谱仪

频谱仪又称幅值频谱分析仪,它的工作利用的是:① 电谐振原理;② 带通滤波器(倍频程滤波器或跟踪滤波器);③ 数字相关滤波器。其中,数字相关式频谱仪具有较高的分析精度;跟踪滤波器式频谱仪带有自动记录幅值频谱的 X-Y 记录仪,其分析方式有手动扫频和自动扫频。有的频谱仪还可进行功率谱的分析。对于频谱仪来说,其重要的特性如下。

① 分辨力:频谱分析仪在显示器上能够区分最邻近的两条谱线之间频率间隔的能力,是频谱分析仪最重要的技术指标。分辨力与滤波器形式、波形因数、带宽、本振稳定度、剩余调频和边带噪声等因素有关,扫频式频谱分析仪的分辨力还与扫描速度有关。分辨带宽越窄越好。现代频谱仪在高频段分辨力为 10～100 Hz。

② 分析时间:完成一次频谱分析所需的时间,它与分析谱宽和分辨力有密切关系。对于实时式频谱分析仪,分析时间不能小于其最窄分辨带宽的倒数。

③ 灵敏度:频谱分析仪显示微弱信号的能力,受频谱仪内部噪声的限制,通常要求灵敏度越高越好。动态范围指在显示器上可同时观测的最强信号与最弱信号之比。现代频谱分析仪的动态范围可达 80 dB。

6.4 机械结构动态特性测试实例

机械系统的动态特性是指机械系统本身的固有频率、阻尼比和对应于各阶固有频率的振型以及机械在动载荷作用下的响应。这些特性在机械系统的动力学性质、动态优化设计、正常运行和使用寿命以及抑制振动和噪声等方面发挥着重要作用,因此准确地获得机械系统的动态性能至关重要。目前常用的机械系统动态性能分析方法有两种:一是理论分析法,二是试验分析法。其中试验分析法是指对机械系统进行激励(输入),通过测量与计算获得表达机械系统动态特性的参数(输出)的方法。

模态试验分析方法是常用的机械系统动态性能试验分析方法。根据激励形式的不同，模态试验分析的实现方法可以分为不测力法(环境激励)、锤击激励法和激振器激励法。其中，锤击激励法又分为单点拾振法和单点激励法两种；激振器激励法又分为单点激励多点响应法(SIMO)和多点激励多点响应法(MIMO)。在试验过程中，试件采用单点激励还是多点激励取决于试件被整体激振的难度。如果单点激励就可以测得试件上任意点的响应，且响应幅度足够大，则采用单点激振即可，否则需要对试件进行多点激振。

锤击激励法是简单常用的方法，它是利用安装有力传感器的力锤激励(击打)被试验试件，并利用传感器和数据采集系统测量被试验试件的响应(输出)信号，随后借助现代测试技术和计算机快速傅里叶变换，以脉冲试验原理和模态理论迅速求得结构模态参数的一种快速、简便、有效的方法，其原理如图6-12所示。在锤击试验中，需要通过数据采集器同步测量激励信号和响应信号，对测量到的激励信号和响应信号进行传递函数分析和快速傅里叶变换，得到机械系统的频率响应函数，并最终计算出结构的动态特性。

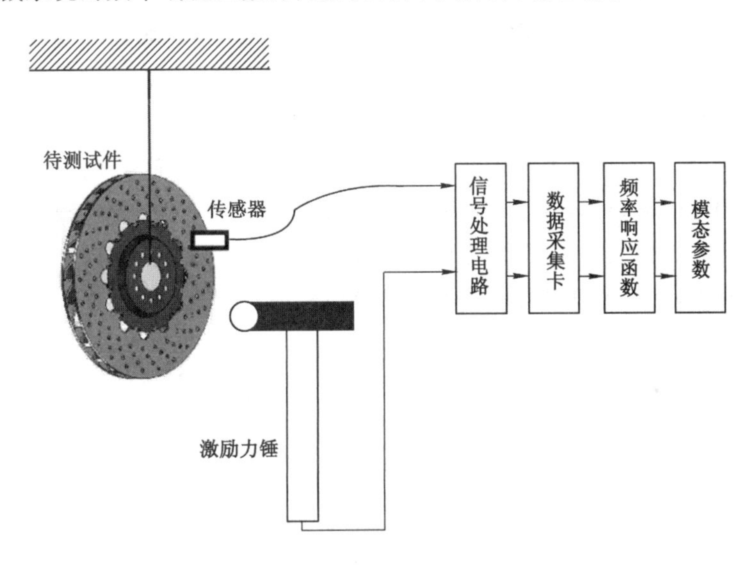

图6-12　锤击激励法模态分析原理图

下面以采用力锤锤击激励法测量汽车盘式制动器的固有频率为例，说明机械系统动态性能的测试。盘式制动器的几何模型为如图6-12所示的待测试件。

1. 激励方式的选择

由于盘式制动器属于小件试件，总体比较容易被激振，因此这里采用力锤单点激励。

2. 激振力大小的选择与控制

激振力选择以能够激起比较明显的振动波形为宜，不可以过大，也不可以过小。过大的激振力一方面会引起盘式制动器的摇晃，另一方面会引起二次冲击，这都会对数据采集形成干扰，一些没有用的信号也会夹杂在所采集的数据中。激振力太小可能导致无法有效激起制动器振动，信号采集不充分可能会导致试验失败。在使用力锤进行实际激励过程中，可以通过更换锤帽、多次试验的方式得到有效的信号。

3. 响应的测量

制动盘的模态试验采用单点激励多点拾振的方式。其中制动盘响应的测量采用加速度传感器实现。在盘式制动器外圈均匀布置四个加速度传感器(图 6-12 中仅一个传感器示意),在内圈凸出面上布置一个加速度传感器,使其能尽量表示盘式制动器形状并避开模态节点,同时应尽量减少加速度传感器数量,以避免加速度传感器质量对盘式制动器的影响。

4. 盘式制动器的安装

模态分析中常用的试件安装方式有两种:一种方式是自由状态,使试件不与地面接触,自由地悬浮在空中。如用很长的柔性绳索将结构吊起,或放在很软的泡沫塑料上而在水平方向激振。另一种方式是地面支撑状态,结构上有一点或者若干点与地面固结。被测试件安装方式的确定应考虑如下原则:试件的刚体模态从弹性体模态中合理完好地分离出来,刚体模态和弹性体模态之间应较少有模态重叠或耦合;确保试验设置对系统的弹性体模态没有影响。这里,制动盘选用自由安装方式,如图 6-9 所示。

在确定了激振方式、响应测量点以及结构支撑方式后,合理地选取力锤激振力的大小、加速度传感器和数据采集系统,即可实现盘式制动器的动态性能测试,通过数据采集器同步测量力锤激励信号和加速度传感器输出的响应信号,对测量到的激励信号和响应信号进行快速傅里叶变换后,便可得到系统的频响函数(FRF),即输出响应与激励力信号之比。常见的盘式制动器频响函数曲线如图 6-13 所示,上部为幅频曲线,中部为相频曲线,下部为相干函数曲线。得到频响曲线后,如果频率响应曲线足够精确,则幅频曲线的第一个峰值就是系统的一阶固有频率,后面的几个峰值为系统的高阶频率。

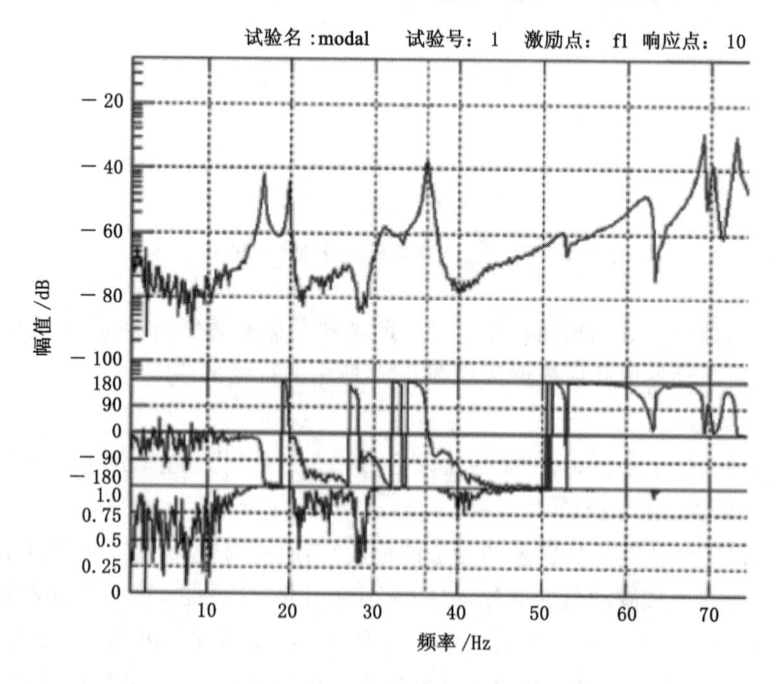

图 6-13　盘式制动器频响函数曲线

通常情况下，试验过程中难以一次得到精确的频响曲线，试验的有效性也难以保证，这主要与激励的大小、施加位置及被测试件的性质有关。因此，在实际的测量试验中，除对激励信号和响应信号进行传递函数分析，得到被测系统的 FRF 的幅频和相频曲线之外，还需要对信号进行功率谱分析和相关性分析，用来判断测量数据的有效性。

图 6-13 中给出的测量结果并不是有效准确的测量，相干函数在 20～30 Hz 频段没有接近 1，也不够光滑。其原因可能是激振力大小选取不当，以及测试环境中的随机振动引起的测量干扰。

6.5 桥梁结构的动、静载荷试验概述

在自然与使用环境长时间影响下由于多种因素的影响作用，桥梁病害与损伤的发生屡见不鲜，导致桥梁结构性能与功能难以与相关设计要求相符合，进而对桥梁结构正常运行工作造成严重影响。由此可见，对桥梁结构开展定期检测与评定工作的重要性尤为突出，其目的如下：

(1) 通过静载试验，了解桥梁结构在试验载荷作用下的实际工作状态，主要包括试验桥跨测试截面的应力、变形、位移，从而判断桥梁结构的安全承载能力及评价桥梁的运营质量，检验桥梁结构承载能力是否满足设计荷载标准要求，评价其在设计使用载荷下的工作性能。

(2) 通过动载试验了解试验桥梁的动力性能，包括桥梁结构自振特性和行车时的强迫振动特性，分析其在长期使用载荷阶段的动力性能，确定结构使用条件和注意事项。

(3) 通过桥梁静、动载试验，考核桥梁结构的强度、刚度、整体受力性能及结构动力特征，评定桥梁实际承载能力是否满足设计要求。

(4) 检验桥梁设计与施工质量，评估工程的可靠性，为交(竣)工验收提供技术依据。

(5) 验证桥梁结构设计理论和计算数据，为同类型桥梁设计积累科学资料和试验数据。

(6) 为桥梁长期运营和维护提供基础试验资料。

对桥梁的动、静态载荷试验，应按照《建筑与桥梁结构监测技术规范》(GB 50982—2014)进行。

桥梁结构动、静载荷试验指的是在特定静载荷作用或动载荷作用条件下，对最为不利截面的响应进行检验与测试，响应包括许多方面，例如裂缝、应力、振动频率、阻尼、振型及应变等，以完整体现桥梁设计理论、施工质量以及具体承载能力检验工作的完成。桥梁结构静载荷试验主要检测裂缝、墩身变形、强度及梁跨。桥梁结构动载荷试验主要包括跳车试验、行车试验、刹车试验、随机试验、桥跨自振特性测试试验等。

6.6 桥梁静态试验步骤与内容

“地无三尺平”的贵州，因为辖区内群山起伏、层峦叠嶂，所以造成了交通的不便，因此有许多自然生成和人工建造的桥梁，被称为“桥梁博物馆”。

其中北盘江第一桥，原称尼珠河大桥或北盘江大桥，位于泥珠河之上，为杭瑞高速公路

的组成部分。全长 1 341.4 m，桥面至江面距离 565.4 m，采用双向四车道高速公路标准建设，设计速度 80 km/h，工程项目总投资 10.28 亿元。下面以该桥为例介绍相关试验。

6.6.1 桥梁结构静载荷试验的三个阶段

1. 准备规划阶段

具体工作有如下几项。

(1) 技术资料的收集：设计、施工、监理、试验、养护与维修、环境因素、交通量及重载车辆的情况等。

(2) 桥梁现状检查：桥面、排水、承重结构开裂与否及裂缝分布情况、有无露筋现象及钢筋锈蚀程度、混凝土炭化剥落程度、支座、冲刷等。对试验桥梁的现状做出宏观判断。

(3) 理论分析计算：设计内力计算是按设计图纸、设计荷载、设计规范，采用专用或通用软件，计算出结构的设计内力；试验载荷效应计算是按实际加载等级、加载位置及加载重量，计算出各级试验载荷作用下桥梁结构各测点的反应如位移、应变等，以便与实测值进行比较。

(4) 试验方案制订：包括试验对象的选择、测试内容确定、理论分析计算、加载方案设计、观测内容确定、测点布置、测试仪器仪表选用等。试验方案是整个检测工作技术纲领性文件，因此，必须具备全面、翔实、可操作性强等基本特点。

(5) 现场准备：现场试验位置的勘察、梁体混凝土表面打磨及应变片粘贴、导线的连接、测点编号、桥面车辆载荷停放位置的放样、加载车辆称重及准备等，其中梁体混凝土表面打磨及应变片粘贴等工作需要辅助操作平台。在该桥主桥箱梁内布设应变测点，采用搭设支架辅助现场试验准备工作；引桥在梁底布设应变测点，采用桥检车辅助现场试验准备工作。还有搭设工作脚手架和测量仪表支架、测点放样、测量仪器安装调试、通信照明安排等，现场准备阶段工作量大。该工作的条件复杂，是试验过程重要环节。

2. 加载与观测阶段

该阶段是检测工作的中心环节，其流程如下：

(1) 准备工作。试验前应在桥面预先画出轮位，加载时汽车载荷应按规定顺序准确就位，卸载时车辆退出桥梁结构试验影响区，车速不大于 5 km/h。应选择在气温变化不大($\Delta T<3$ ℃)和结构温度趋于稳定的时间间隔内进行。试验过程中在量测试验载荷作用下结构响应的同时应对应地测量结构表面温度和环境温度。观测脚手架搭设及测点附属设施应有足够的强度、刚度和稳定性，以保证测试人员的安全和测试结果精确可靠，且应方便布置安装观测仪表。

(2) 依据试验方案进行加载。加载时间间隔应满足结构反应稳定的时间要求。应在前一级加载阶段内结构反应相对稳定、进行了有效测试及记录后再进行下一级加载试验。当进行主要控制截面最大内力(变形)加载试验时，分级加载稳定时间不应小于 5 min；对尚未投入运营的新桥，首个工况的分级加载稳定时间不宜小于 15 min。加卸载稳定时间取决于结构变形达到稳定所需的时间。同一级载荷内，结构最大变形测点在最后 5 min 内的变形增量小于第一个 5 min 变形增量的 15%，或小于测量仪器的最小分辨值时，通常认为结构变形达到相对稳定。

若因连接不实或变形缓慢而造成测点观测值稳定时间较长，如结构的实测变形（或应变）值远小于计算值，一般应适当延长加载稳定时间。

（3）观测试验结构受力后的各项性能指标。

（4）记录各种观测数据和资料。

该阶段对静载试验测得的各种技术数据与理论计算结果必须进行现场分析比较，其目的是判断受力后结构行为是否正常，是否可以进行下一级加载，并确保试验结构、仪器设备及试验人员的安全。

3. 分析总结阶段

本阶段是对原始测试资料进行综合分析的阶段。这一阶段的工作，直接反映整个检测工作的质量。

大量的观察数据、文字记载和图片等材料，受各种因素的影响，原始测试数据一般显得缺乏条理与规律，未必能直接揭示试验结构的内在行为。应对它们进行科学的分析与处理，以去伪存真、去粗存精，进行综合分析比较，从中提取有价值的资料。对于一些数据或信号，有时还需按照数理统计或其他方法进行分析，或依靠专门的分析仪器和分析软件进行分析处理，或按照有关规程的方法进行计算。

测试数据经分析处理后，按照相关规范或规程以及检测的目的要求，对检测对象做出科学准确的判读与评价。

6.6.2　桥梁结构静载荷试验的项目内容

1. 桥梁裂缝检测

桥梁裂缝一般位于桥梁结构梁的底面与腹板两侧，在检验测量裂缝所在区域、长度、宽度以及走向的过程中，应当认真对相关数据及内容进行记录，对裂缝分布示意图进行描绘。

2. 桥梁梁体温度测量

在测量桥梁梁体温度的过程中，关于测定时间方面，通常情况下为早晨 6:00 至 10:00，测量间隔时间应当为 15 min，并持续开展 3 h 的测定工作。倘若桥梁梁体温度变化低于 2 ℃，对于桥梁结构静载荷试验所测量出应变与挠度，则无须对温度的影响作用进行考量；倘若桥梁梁体温度变化高于 2 ℃，则需要对温度的影响作用进行认真考虑。

3. 载荷效率

如果试验载荷除以设计活载的值为 0.8～1.05，则代表桥梁结构静载荷是在满载条件下促使桥跨所产生的效应，在同等条件中，代表设计载荷所发生的效应，反映桥梁结构的受力与变形情况；倘若超出 0.8～1.05，则难以真实的反映桥梁结构受力与变形情况。

4. 载荷布置

在布置载荷的过程中，在同等跨径条件下，应当对 1～3 跨进行选择应用。当跨径不尽相同时，应选择最大跨作为测试跨。同时，需要对哪一跨进行载荷布置认真考量，主要是：在受力方面，属于最不利地位的，施工质量最差的，以及存在许多危害的位置。

5. 测点布置

桥梁类型主要指的是简支梁、连续梁、悬臂梁以及拱桥四种。进行测点布置时，运用的测试元件主要包括应变片等。除此之外，还需要运用容栅式位移传感器。

应变：在简支梁桥梁中，主要位于跨中位置；在连续梁桥梁中，主要位于跨中与支点位置；在悬臂梁桥梁中，主要位于支点位置；在拱桥桥梁中，则主要位于拱顶与四分之一拱顶位置。

挠度：简支梁桥梁与连续梁桥梁相同，二者都位于跨中位置；在拱桥桥梁中，位于跨中与四分之一位置；在悬臂梁桥梁中，则位于悬臂端位置。

沉降：四种桥梁结构相同，都位于支点位置。

制动位移(制动后产生的滑行位移)：在连续梁桥梁中，不存在该情况；在简支梁桥梁中，位于墩顶、跨中以及四分之一位置；在悬臂梁桥梁中，位于支点与悬臂端位置；在拱桥桥梁中，主要位于拱顶以及四分之一拱顶位置。

6. 终止加载条件

桥梁结构静载荷试验终止加载条件主要包括四点：① 迅速增加压力的过程中，并且此时的压力超出弹性理论中所规定的控制应力范畴；② 当应变超过所允许值，或是挠度超过所允许值；③ 桥梁结构裂缝增加，并且所增加的桥梁裂缝超出桥梁结构规范的规定，或是在桥梁结构本身所存在的裂缝中，无论是现有裂缝宽度还是现有裂缝长度，都出现快速增加；④ 除以上三种情况之外，当其他破坏作用产生时，也需要终止加载。

6.7 桥梁结构动载荷试验

6.7.1 试验介绍

动载试验的过程中，在分析桥梁结构动力特性和动载响应的同时，还应当对桥梁动力结构特性和动载响应试验有关数据信息内容开展相关的分析工作。桥梁结构动载试验首先通过施加动力载荷的影响，促使桥梁结构出现振动现象。通过桥梁结构动载试验，能够对桥梁结构的动力特征性能参数进行测试与确定。桥梁结构动力特征性能参数，主要指的是自振频率、振幅、振型以及阻尼比等。桥梁结构动力特征性能参数与材料本身的特性、质量分布情况以及结构方式等，存在着一定关联，其与外载荷之间不存在任何形式联系。与此同时，通过桥梁结构动载荷试验，还能对动载条件的动力响应进行测试与确定。根据这些数据，能够对桥梁结构整体刚度与行车性能进行比较，进而做出有关判定，判定桥梁结构整体刚度与行车性能是否与相关要求和规定相适应。

桥梁动载试验中，动力载荷作用下桥梁结构上产生的动挠度或动应变，一般较相同条件下的静载荷所产生的相应的静挠度(静应变)要大。以动挠度为例，动挠度与相应的静挠度的比值称为运动荷载的冲击系数($1+\mu$)。由于挠度反映了桥梁结构的整体变形，是衡量结构刚度的主要指标，因此活载(运动载荷)冲击系数综合反映了动力载荷对桥梁结构的动力作用。运动载荷冲击系数与桥梁结构的结构形式、车辆行驶速度、桥梁的平整度等因素有关。为了测定桥梁结构的冲击系数，应使车辆以不同的速度驶过桥梁，逐次记录跨中截面的挠度时间历程值。按照冲击系数的定义有：

$$1+\mu=\frac{Y_{max}}{Y_{mean}} \tag{6-4}$$

式中　Y_{max}——动载荷作用下该测点最大动挠度值；

Y_{mean}——静载荷作用下该测点最大挠度和最小挠度和的平均值。

6.7.2　试验内容

（1）激振方法

激振方法主要包括人工激振与脉动法。人工激振方法包括自振法与强迫振动法。

自振法包括突加载荷法与突卸载荷法。突加载荷法指将有关冲击力迅速施加于桥梁结构，确保其能够进行自由振动，使其能够按固有频率振动。此突卸载荷法，主要对结构材料的弹性特征进行测试；突卸载荷法指提前将有关载荷施加于桥梁结构，然后突然将所施加的载荷卸去，此刻桥梁结构就会出现振动。利用这些方法，就能将振动衰减曲线测试出来，进而就可以将有关动力特性参数计算出来。

强迫振动法指通过激振器，将简谐载荷施加于桥梁，促使强迫简谐振动生成，并且使所生成的简谐振动处于平稳状态，进而判定桥梁动力特征。

① 跑车试验（无障碍行车）

如图 6-14 所示，试验载重车辆在经过桥梁的过程中，行驶速度分别为 20 km/h、40 km/h、60 km/h、80 km/h，每个车速工况应进行 2～3 次重复试验。车辆车速不同，桥梁强迫振动的程度也就会有所不同。将不同车速中平均振幅与车速关系曲线和动应变时程曲线以及冲击系数测定出来，如图 6-15 所示，即可对桥梁结构的动态响应做出判断。

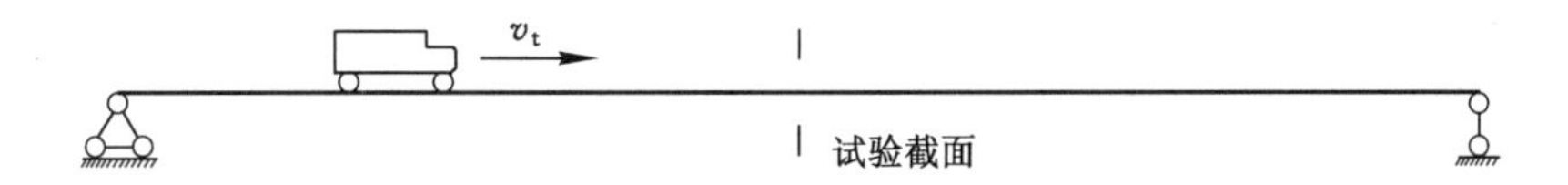

图 6-14　无障碍行车试验

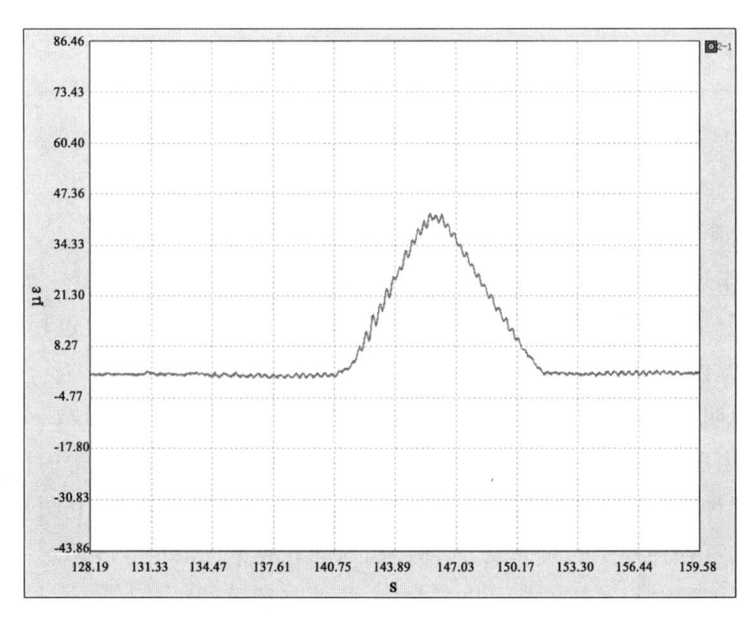

图 6-15　桥梁跑车（无障碍行车）试验数据

② 跳车试验

如图 6-16 所示,通过载重车辆开展不平整路面的模拟工作,运用规定车速通过规定厚度的木板,对试验跨中竖向最大振幅进行测试,进而就可以将整个桥梁的运行情况大体估算出来,如图 6-17 所示。

图 6-16　有障碍行车(跳车)试验

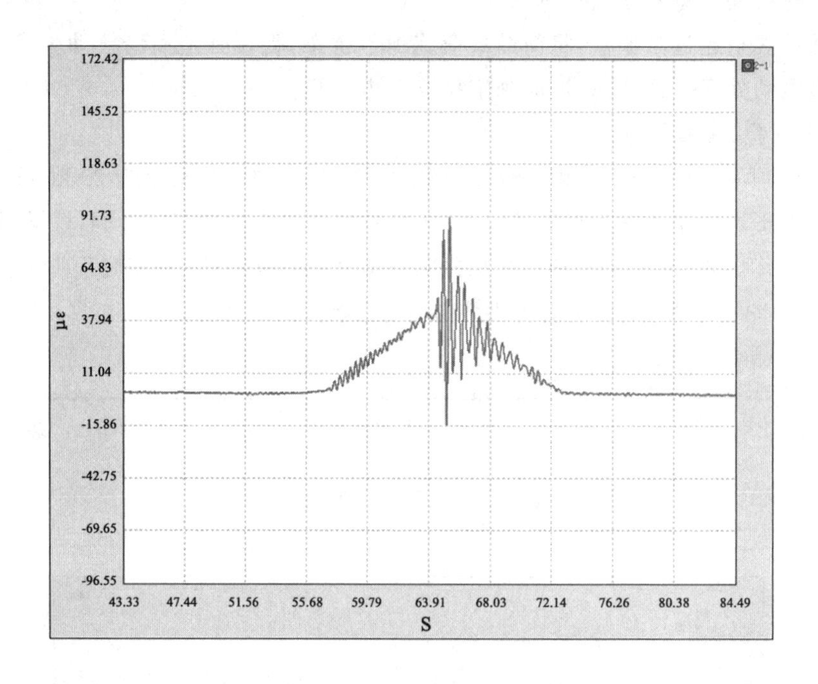

图 6-17　桥梁跳车(有障碍行车)试验数据

③ 刹车试验

在对车辆车速进行规定的条件下,一旦进行紧急刹车操作,就会促使水平制动力的生成。运用水平制动力,对桥梁最不利截面竖向的最大振幅进行测试,通过相关测试结果,就可以对桥梁情况做出判定,如图 6-18 所示。

脉动法(也叫脉动试验或自振特性试验)指在外部环境多种因素影响下,例如风、水流、附近地壳的微小破裂等的影响,桥梁结构会产生一定的振动响应,所产生的振动响应微乎其微且不规则,这种微振动通常称为脉动。这种脉动具有一个重要特性:它明显地反映了结构的固有频率,具有各种各样的频率成分,而结构的固有频率的谐量是脉动的主要成分。利用有关仪器设备,能够对相关速度信号进行收集,能够将桥梁结构的固有频率显著体现出来,如图 6-19 所示。

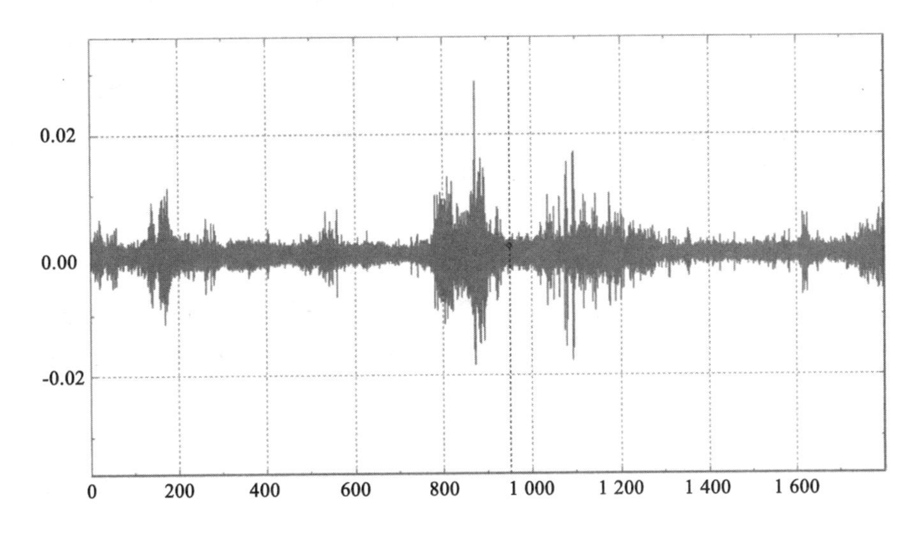

图 6-18　桥梁刹车试验数据

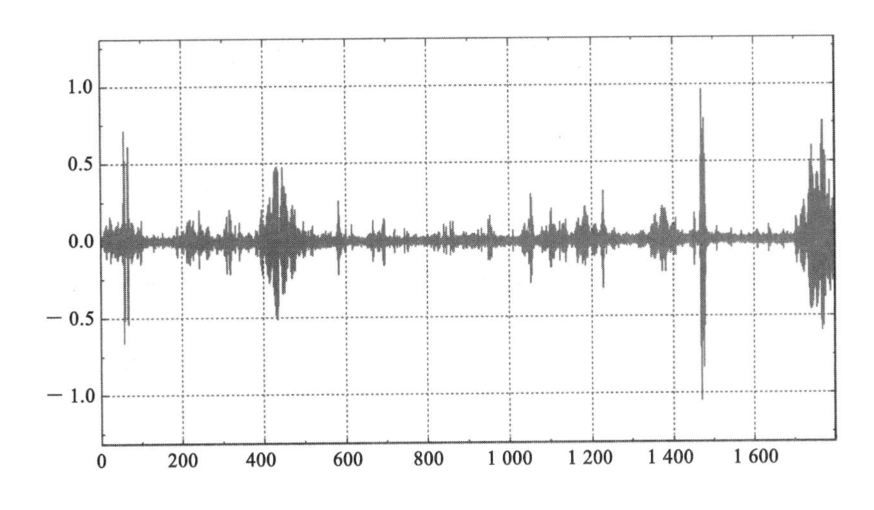

图 6-19　桥梁脉冲法试验数据

(2) 振动参数与传感器的布置

振动参数指加速度、位移以及动应变。其中，在车辆行驶经过桥梁的过程中，通过加速度，能够将车辆行驶的舒适程度反映出来。利用动位移，能够将桥梁动力冲击系数测试出来，在衡量桥梁结构整体刚度的诸多指标中，动位移占据非常重要的位置。在开展动应变测试过程中，一般情况下，就是运用动应变仪来进行测试的，而测试元件，基本与桥梁结构静载荷试验的一致。

传感器的布置依据桥梁结构形式来确定，桥梁结构形式不同，传感器的布置也就有所不同。倘若需要对高阶振型进行有关计算，在布置传感器时，需要多点布置。在进行桥梁结构动载试验过程中，传感器的布置比较简单便捷，只需要对竖向振动进行有关测试即可。当桥梁跨度不大时，不需要将风载荷影响作用考虑进来，相反，倘若桥梁跨度比较大，应考虑风载荷影响，对横向动力特征性能开展有关测量工作。在对横向动力特征性能进行测量的工作中，应当运用应变式位移传感器，亦可以运用电阻式位移传感器测量。根据相关理论，就可以将振型大体计算出来。传感器应当布置于变位较大部位处，通常情况下，就是在跨中位置，进而就可以将桥梁结构的最大响应测试出来。

（3）试验结果评定

① 现场实际发生的应变：试验结果应当小于或等于 0.2。

② 裂缝：当不存在开裂的情况时，试验结果应当小于或等于 0.2 mm；存在开裂的情况下，对于拉应力极限值，应当小于或等于拉应力的允许值，绝不允许拉应力极限值超出拉应力允许值。

③ 挠度：在梁式桥中，其挠跨比应当小于或等于 1/600；而在梁式桥主梁悬臂端，其挠跨比应当小于或等于 1/300。在钢桥中，其挠跨比应当小于或等于 1/400。在斜拉桥混凝土主梁中，其挠跨比应当小于或等于 1/500。在拱桥和桁架桥中，其挠跨比应当小于或等于 1/800。

④ 冲击系数：冲击系数不同，所代表的桥面平整程度与行车性能也就有所不同。当冲击系数较低时，代表桥面平整程度比较高，行车性能也比较优良；当冲击系数较高时，代表桥面平整程度比较低，行车性能也比较差。

⑤ 加速度：在对桥梁行车舒适性能进行评定时，通常条件下，加速度应当小于或等于 $0.065g$。

⑥ 阻尼比：相关阻尼比应当在有关规定所要求的范围之内。倘若阻尼比值超出相关规定所要求的范围，则证明桥梁结构内部存在一些非正常情况，比如，在桥梁结构内部存在裂缝等。

做好公路桥梁荷载试验能够有效提升公路桥梁的应用效能，在其施工质量提升和把控方面具有积极作用。相关人员还需就动静载荷试验开展深入研究，为提升公路桥梁施工质量和应用效能而不断努力与探索。

6.8 试验模态分析信号处理

试验模态分析中最重要的是测量系统在特定激励下的频响函数。简单说，频响函数是输出响应与激励力之比。精确的频响函数是获取正确的模态参数的前提。在通过力锤激励试验测量机械系统的动态特性时，测量的是系统的振动信号。如 6.4 节给出的案例就是通过测得制动器在力锤激励下的振动加速度信号得到其固有频率。由于振动信号中不可避免地存在随机信号，所以通常采用功率谱分析、相关分析等方法对信号进行分析处理，判断频响函数的有效性和质量，并最终得到准确的机械系统动态性能。

这里仍以采用力锤激励法测定盘式制动器的固有频率为例，通过功率谱分析，对试验数据的好坏做出判断并得到制动器精确的固有频率。功率谱分析中的谱相干函数表示每一频率点上响应与激励之间的线性相关程度。输入力谱是由锤头刚度与结构刚度综合决定的。

输入功率谱基本上是由锤击脉冲的脉冲宽度决定的，一个时域上较长的脉冲，得到的就会是一个在频域上较窄的频谱；而一个时域上较短的脉冲，在频域上的宽度就较宽。在同一个振动系统中，谱相干函数一般用来评估激励与响应信号之间的关系，即有多少激励信号激起了多少的响应信号，从而判断信号之间的一种直接关系。相干函数的取值范围在 0～1 之间，相干值接近 1，就表示大部分响应信号都是激励信号所引起的。频响函数的结构准确性越高，噪声干扰越小，最终分析的结果就越准确。试验过程中，可能影响测量结果有效性和准确性的因素包括力锤锤帽的材料、力锤激振力的大小及作用位置、激励是否有连击以及制动盘本身的非线性等。下面采用功率谱分析研究力锤锤帽对盘式制动器固有频率测量结果的影响。

当用一个非常软的锤头激励制动盘时，可以得到如图 6-20 所示的结果，图中曲线 1 为输入激励力功率谱，曲线 2 为 FRF 曲线，曲线 3 为激励信号与响应信号的相干函数曲线。由图 6-20 可以看出，400 Hz 以后，输入激励力功率谱(1)已严重衰减。同时注意到，400 Hz 以后，相干函数曲线(3)开始严重衰减，FRF(2)也不再像 400 Hz 以前那么光滑。出现这个问题的原因在于，力锤锤帽材料很软时，力锤的高频段没有足够的能量激起结构的响应，即激振力太小导致无法有效激起制动器振动。这样由输入引起的输出响应和 FRF 以及相干函数都不够准确。本次试验不是有效的测量。

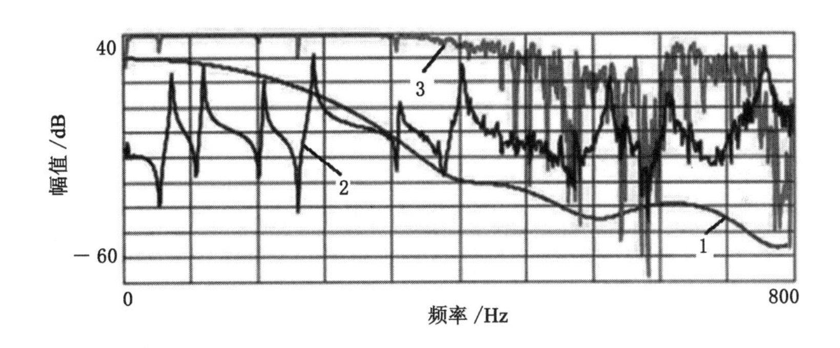

图 6-20　非常软的锤头的激励

用一个非常硬的锤头激励制动盘时，得到如图 6-21 所示的结果。图 6-21 中，输入力功率谱(1)在整个感兴趣的频带内非常平坦，基本没有衰减。但是本次测试的相干函数不是特别好，这是由于锤帽太硬时，激励力过大，因此导致高频段激励结构的能量太多，激出了结构的所有模态，尽管可以由此判断制动盘的固有频率，但是本次测量不够准确，仍为无效测量。

当用一个硬度适中的锤头激励制动盘时，可以得到如图 6-22 所示结果。由图 6-22 可知，虽然激励力功率谱(1)在 200 Hz 内衰减了 10～20 dB，但是在 0～200 Hz 的带宽内，相干函数除有几个反共振峰外，效果非常好。因此，这是一次高质量的测试。同时由相干函数可知，制动盘的一阶固有频率大约为 40 Hz。

由此案例可知，功率谱分析在判断测量信号的有效性方面能发挥重要的作用。此外功率谱分析还可以应用于信号识别、信号分离及故障诊断等领域。

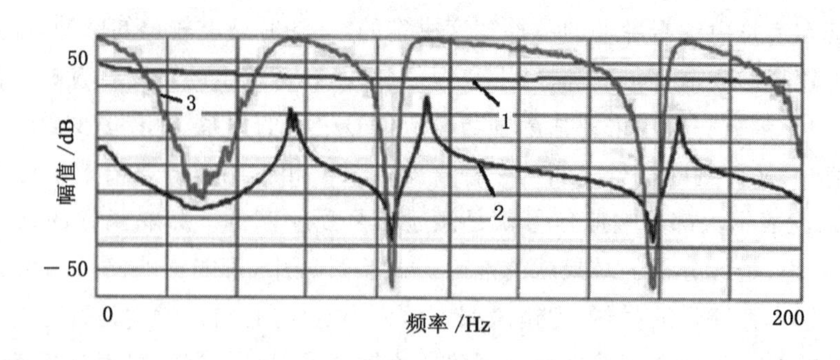

图 6-21　非常硬的锤头的激励

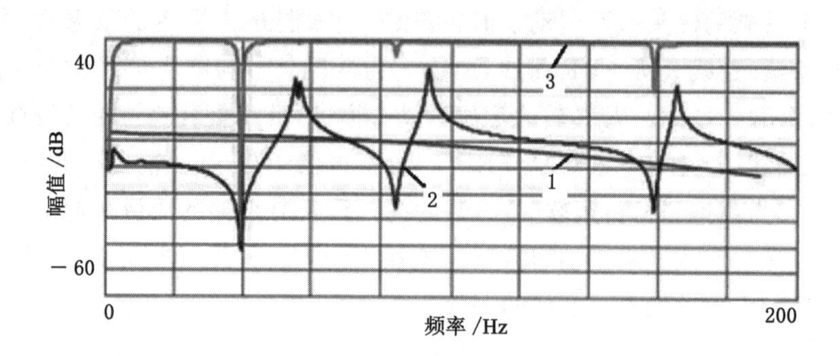

图 6-22　中等硬度的锤头的激励

6.9　汽车动态称重数据处理

动态称重(图 6-23)是智能交通系统的重要组成部分,所谓汽车动态称重就是在汽车行驶状态下进行称重,和静态称重相比,其具有节省时间、效率高、不干扰正常交通等优点。快速、准确地测量汽车轴载对于公路的运营、管理、养护、执法等都具有重要的意义。动态称重时,汽车以一定的速度通过汽车衡,不仅轮胎对秤台的作用时间很短,而且除真实轴重外,还有许多因素,如车速、汽车自身振动、路面激励、轮胎驱动力等产生的干扰,轴重往往被淹没在各种干扰中,这给高准确度的汽车动态称重造成很大的困难。

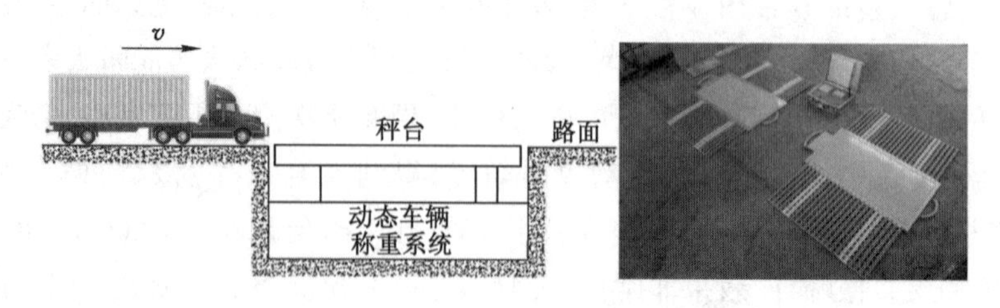

图 6-23　汽车动态称重系统

动态称重系统的模型如图 6-24 所示,单个轮重测量台由承重板(包括限位螺栓)、称重传感器、电桥盒和数据处理与显示单元等构成。当车辆经过承重板时,传感器把压力载荷信号转换成模拟电压信号，通过电桥整流、放大和滤波送到数据采集通道的输入端，将转换后的数字量作为采样值进行处理，最后将处理结果送入计算机存储或等待进一步处理。

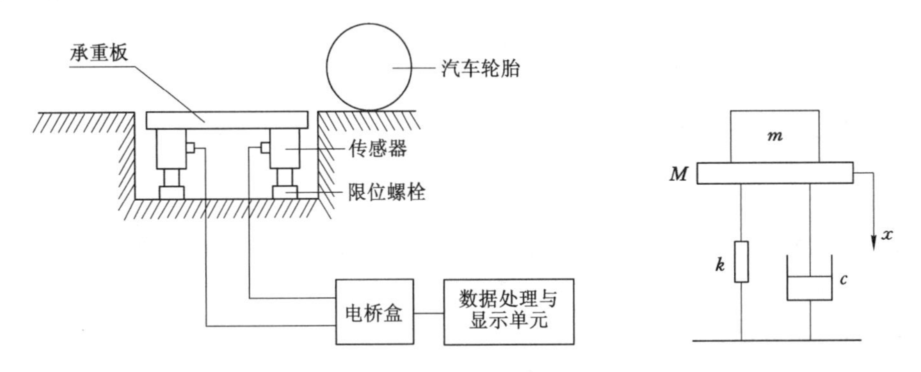

图 6-24　动态称重模拟试验系统及称重模型

对汽车动态称重系统进行模型分析时，汽车动态称重系统可简化成由质量块、等效弹簧、等效阻尼组成的单自由度二阶系统。如图 6-24 所示，图中 m、M、k、c 分别为汽车轴重、秤台质量、传感器等效弹簧刚度和等效阻尼；x 为传感器弹性体在竖直方向的位移，它和传感器的输出电压呈正比关系。

假定 M 和 m 从时间 $t=0$ 时一起振动，则有

$$(M+m)\ddot{x}(t)+c\dot{x}(t)+kx(t)=f(t) \tag{6-5}$$

式中，$f(t)$为秤台所受的力，根据牛顿第二定律并考虑秤台所受到的第一个阶跃力，$f(t)$可表示为

$$f(t)=mg\cdot u(t)$$

式中，$u(x)$为单位阶跃输入信号。将上式进行拉普拉斯变换，可以得到

$$H(s)=\frac{X(s)}{U(s)}=\frac{mg}{(M+m)s^2+cs+k} \tag{6-6}$$

$$X(s)=\frac{mg}{s[(M+m)s^2+cs+k]} \tag{6-7}$$

通常情况下，秤台质量 M 比汽车轴重 m 小得多，式(6-7)可近似表达为

$$X(x)\approx\frac{mg}{s(ms^2+cs+k)} \tag{6-8}$$

通过测试动态特性参数，容易测量得到系统的阻尼比与固有频率，进一步根据传感器测量秤台的位移，即可得到待求的汽车轴重 m。

6.10　本章小结

本章主要讲述了如下几方面内容。

机械振动的基本参量的测量、振动测试系统及指标。

激振的方式：稳态正弦激振、随机激振和瞬态激振。

振动测量常用的设备:力锤和激振器、信号处理仪器等。

机械结构动态特性测试实例,桥梁的结构的动、静载荷试验,试验模态分析信号处理,汽车动态称重数据处理。

6.11 本章习题

6-1 分析惯性传感器工作原理。

6-2 压电加速度传感器有哪几种安装方式?安装时有哪些注意事项?

6-3 选择测振传感器的主要注意事项是什么?

6-4 桥梁静态试验的步骤有哪些?

6-5 桥梁动态试验动态特性参数有哪些?

第 7 章　典型参数测试

【学习要求】

典型参数的测试是机械工程中常见的工程测试问题，本章将介绍典型参数的测试方法。内容包括应变、力和扭矩、温度、位移、流体参量的测量等。

学习本章，学生应达到如下要求：

(1) 掌握应力、应变测量的原理以及布片和组桥的方法。

(2) 了解常用测力传感器的原理和应用。

(3) 了解常用的扭矩测量方法。

(4) 掌握应变式扭矩测量的布片、组桥和计算方法以及扭矩测量信号的传输方式。

(5) 了解用于压力测量的弹性元件及压力测量装置的原理及应用。

(6) 在学习方法上，对于应变和应力的测量，需要结合电阻应变片传感器的工作原理与计算方法及各种电桥的输出特性等来掌握，重点在于试件在轴向拉伸(压缩)载荷作用下的布片和接桥方法。

【知识图谱】

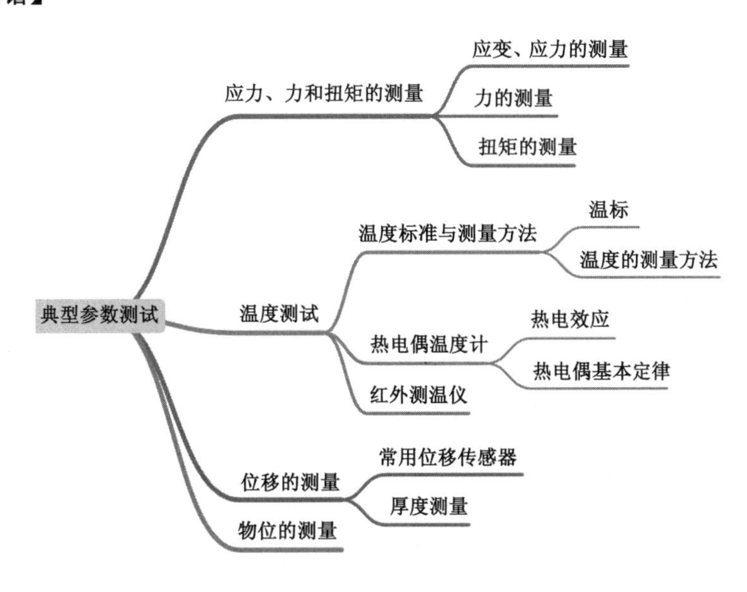

7.1　应变、力和扭矩的测量

在机械工程中，应变、力和扭矩的测量甚为重要。测定构件中的应力与应变是解决工程强度问题的主要手段，扭矩的测量对传动轴载荷的确定和控制以及对传动系统各工作零件的强度设计等都有重要意义。此外，工程中其他与应变和力有关的量，如应力、力矩、功率、压力等的测量，都与应变、力和转矩的测量密切相关。

7.1.1 应变、应力的测量

机械构件受力时产生的应力和应变常用电阻应变片来测量。电阻应变片是一种把机械应变转换成电阻变化的变换元件，把应变片粘贴在被测构件表面上，使敏感栅产生与被测构件相同的应变，从而使电阻发生相应的变化，通过测量电路将电阻的变化转换成电压或电流信号输出。测定构件的表面应变后，再根据应变与应力的关系式来确定构件表面应力状态。

1. 应变的测量电路

应变的测量电路大多采用电桥，应变电桥一般采用等电阻臂。对于等臂电桥，当各桥臂应变片的灵敏度 S_g 相同时，电桥的输出电压为

$$u_y = \frac{1}{4}U_i S_g(\varepsilon_1 - \varepsilon_2 + \varepsilon_3 - \varepsilon_4) \tag{7-1}$$

式中 ε_i——各桥臂所对应的应变；

S_g——灵敏度。

当电桥处于单臂、双臂、四臂等工作方式时，其输出电压如表 7-1 所示。

表 7-1 电桥工作方式和输出电压

工作方式	单臂	双臂	四臂
应变片所在桥臂	R_1	R_1,R_2	R_1,R_2,R_3,R_4
输出电压 u_y	$\frac{1}{4}U_i S_g\varepsilon$	$\frac{1}{2}U_i S_g\varepsilon$	$U_i S_g\varepsilon$

注：如 R_1 或 R_1、R_3 产生 $+\Delta R$，则 R_2 或 R_2、R_4 产生 $-\Delta R$。

应变一般都很微小，所以电桥的输出信号很微弱，经放大解调、滤波等变换环节，才能测得所需信号，这一切都由被称为应变仪的专用仪器来完成。电阻应变仪大多采用调幅放大电路，一般由交流电桥、前置放大器、功率放大器、相敏检波器、低通滤波器、稳压电源等单元组成。根据被测应变的性质和工作频率的不同，可采用不同的应变仪。静态载荷作用下的应变以及变化十分缓慢或变化后能很快稳定下来的应变，可采用静态应变仪。以静态应变测量为主，兼做 200 Hz 以下的低频动态测量可采用静动态电阻应变仪。测量 0～2 000 Hz 范围的动态应变，采用动态电阻应变仪。测量 0～20 000 Hz 的动态过程和爆炸、冲击等瞬态变化过程，则采用超动态电阻应变仪。

2. 应变片在构件上的布置和接桥方法

测量电桥可以根据电桥特性组成多种形式，如选用恰当，不但能提高电桥灵敏度和达到温度补偿的效果，而且还能从复合受力中排除应变的相互干扰，只测出某一要求测取的外力。

利用电桥加减特性对电阻应变片进行温度补偿，通常采用温度自补偿应变片，或采用电路补偿法（补偿片法）进行温度补偿。后者是把两个同样的应变片，一片粘贴在试件上，另一

片粘贴在与试件同材料、同温度条件但不受力的补偿件上，作为补偿片。根据电桥加减特性，将这两片应变片接在相邻桥臂上，由于温度的变化，工作片和补偿片上相同的“虚假应变”产生的电阻变化，在桥路中自动抵消，对电桥输出没有影响，因此达到了温度补偿的作用。当然，贴在试件上的两片应变片，若具有相反的应变而接在相邻桥臂上，亦能起到温度补偿作用，并且还能测出真实的应变。

为了准确测出各种载荷，应根据构件载荷分布情况或复合载荷的特点及利用电桥特性进行适当的布片和接桥。

3. 平面应力状态下主应力的测定

(1) 主应力方向已知

对于构件内的一个点在两个互相垂直的方向上受到拉伸（或压缩）作用而产生的应力状态，只需要沿两个互相垂直的主应力方向各贴一片应变片，另外再采取温度补偿措施，就可以直接测出主应变 ε_1 和 ε_2，其贴片和接桥方法如图 7-1 所示。可按下式计算主应力

$$\sigma_1=\frac{E}{1-\mu^2}(\varepsilon_1+\mu\varepsilon_2) \tag{7-2}$$

$$\sigma_2=\frac{E}{1-\mu^2}(\varepsilon_2+\mu\varepsilon_1) \tag{7-3}$$

式中　σ_1、σ_2——互相垂直的两个应变片的主应力；

E——材料的弹性模量；

μ——材料的泊松比。

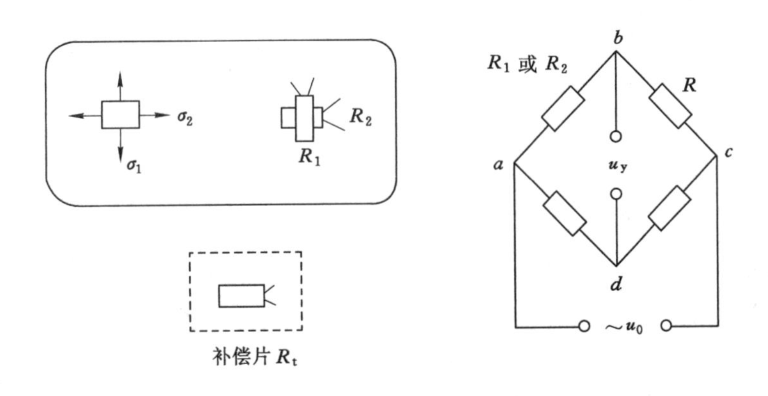

图 7-1　用半桥单点测量主应变

(2) 主应力方向未知

当应变应力的主应力 σ_1、σ_2 的大小及方向都是未知时，需要对一个测点贴三个不同方向的应变片，测出三个方向的应变，这样才能确定主应力 σ_1、σ_2 及主方向角 θ 三个未知量。

一般采取贴应变花的办法来进行测量。应变花由三个（或多个）互相之间按一定角度排列的应变片所组成（见图 7-2），用它可以测量某点三个方向的应变，然后按在有关试验应力分析资料中查得的主应力计算公式，求出其大小及方向。目前市场上已有多种复杂图案的应变花供应，可根据测试要求选购。对每一种应变花，各应变片的相对位置在制造时都已确

定，因而使用时粘贴、接桥和测量都比较简单，只要对每片分别测出它们的应变值就可以了。

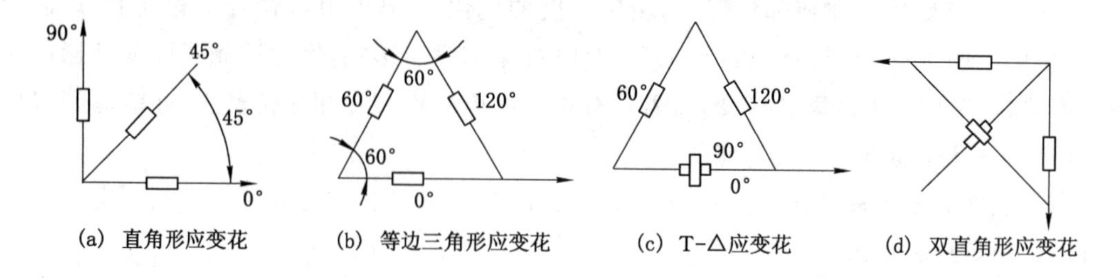

图 7-2 常用的应变花

7.1.2 力的测量

1. 弹性变形式力传感器

该传感器的特点是首先把被测力转变成弹性元件的应变，再利用电阻应变效应测出应变，从而间接地测出力的大小。所以弹性敏感元件是这类传感器的基础，应变片是其核心。弹性元件的性能是测力传感器使用质量的关键影响因素。为保证一定的测量精度，必须合理选择弹性元件的结构尺寸、形式和材料，仔细进行加工和热处理，并需保证小的表面粗糙度等。衡量弹性元件性能的主要指标有非线性度、弹性滞后、弹性模量的温度系数、热膨胀系数、刚度、强度和固有频率等。力传感器所用的弹性敏感元件有柱式、环式、梁式和S形几大类。

(1) 圆柱式电阻应变式力传感器

图 7-3(a)所示是一种用于测量压力的应变式测力头的典型构造。受力弹性元件是一个由圆柱加工成的方柱体，应变片粘贴在四侧面上。

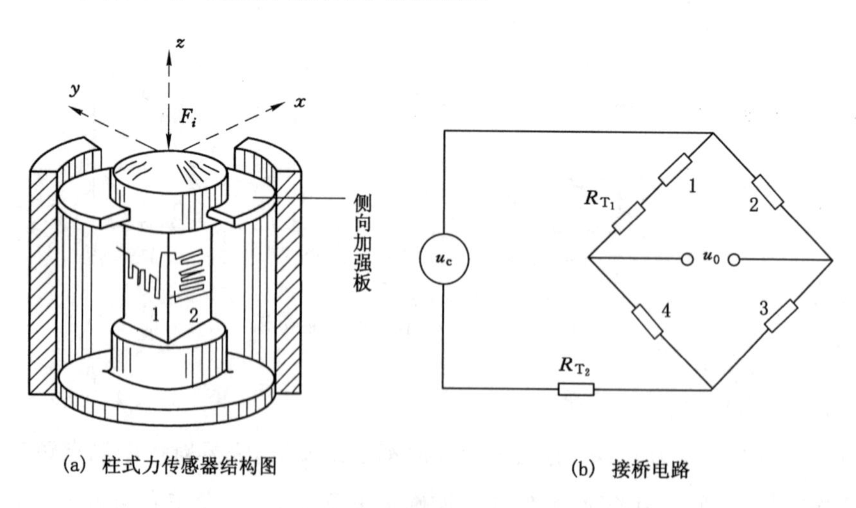

图 7-3 贴应变片柱式力传感器

在不减小柱体的稳定性和应变片粘贴面积的情况下，为了提高灵敏度，可采用内圆外方的空心柱。侧向加强板用来增大弹性元件在 x-y 平面中的刚度，减小侧向力对输出的影响。加强板的 z 向刚度很小，以免影响传感器的灵敏度。应变片按图示粘贴并采用全桥接法，这样既能消除弯矩的影响，也有温度补偿的功能。对于精确度要求特别高的力传感器，可在电桥某一臂上串接一个热敏电阻 R_{T_1}，以补偿四个应变片电阻温度系数的微小差异。用另一热敏电阻 R_{T_2} 和电桥串接，可改变电桥的激励电压，以补偿弹性元件弹性模量随温度而变化的影响。这两个电阻都应装在力传感器内部，以保证和应变片处于相同的温度环境。

(2) 梁式拉压力传感器

为了获得较大的灵敏度，可采用梁式结构。图 7-4(a)所示是用来测量拉/压力的传感器典型弹性元件。如果结构和粘贴都对称，应变片参数也相同，则这种传感器具有较高的灵敏度，并能实现温度补偿和消除 x 和 y 方向的干扰。

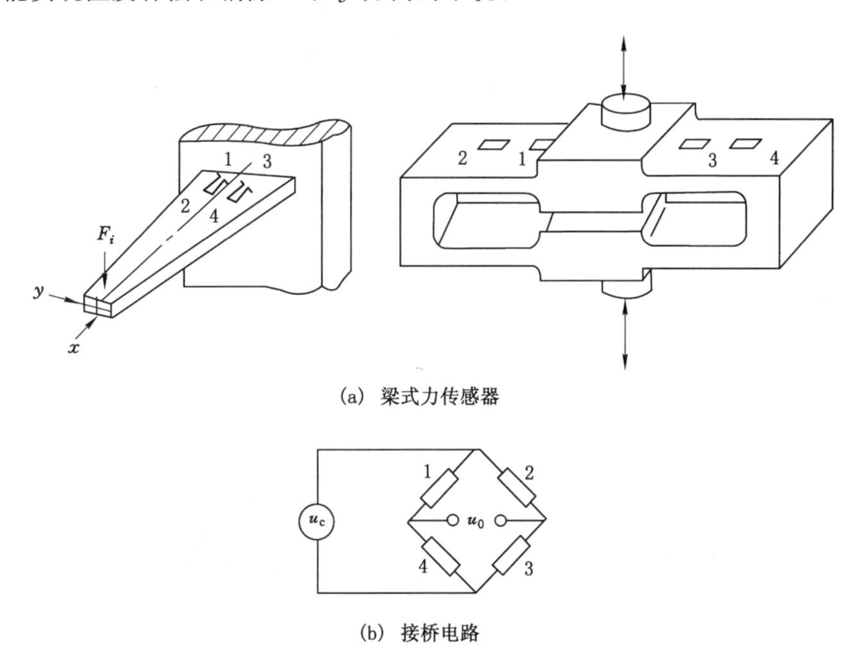

(a) 梁式力传感器

(b) 接桥电路

图 7-4　贴应变片梁式力传感器

2. 差动变压器式力传感器

如图 7-5 所示是一种差动变压器式力传感器的结构示意图，该传感器采用一个薄壁圆筒 1 作为弹性元件。弹性圆筒受力发生变形时，带动铁芯 2 在线圈 3 中移动，两者的相对位移量即反映了被测力的大小。该类力传感器是通过弹性元件来实现力和位移间转换的。弹性元器件的变形由差动变压器转换成电信号，其工作温度范围比较宽(－54～93 ℃)，在长径比较小时，受横向偏心力的影响较小。

3. 压电式测力仪

压电式测力仪的核心部件是压电式力传感器。它主要由壳体和弹性盖组成。壳体内放有两片压电石英，外面用聚四氟乙烯绝缘套绝缘。采用两片压电石英可使电荷量增加一倍，提高了灵敏度。选择不同切型的压电晶片，按照一定的规律组合，则可构成各种类型的测力传感器。图 7-6 所示是两种压电式力传感器的构造图，图 7-6(a)所示的力传感器的内部加有恒定预压载荷，使之在 1 000 N 的拉伸力到 5 000 N 的压缩力范围内工作时，不致出现内

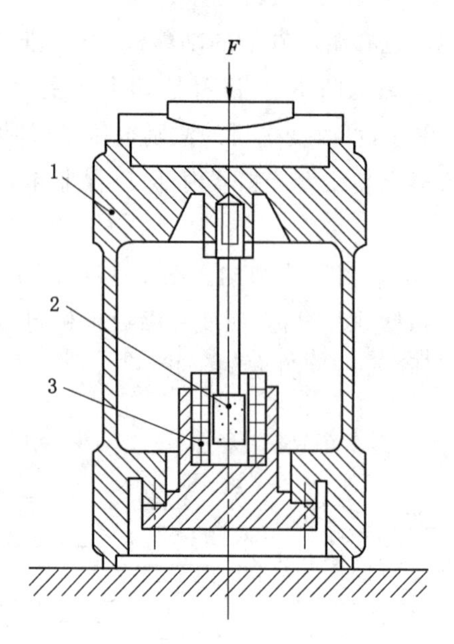

图 7-5　差动变压器式测力传感器

部元件的松弛。图 7-6(b)所示的力传感器，带有一个外部预紧螺栓，可以用来调整预紧力，以保证力传感器在 4 000 N 拉伸力到 16 000 N 压缩力的范围中正常工作。

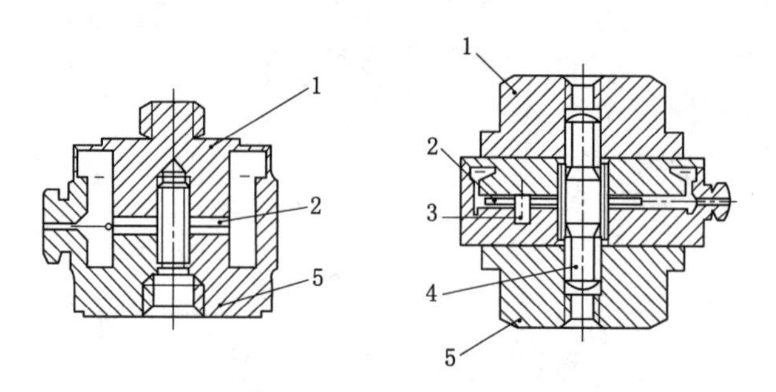

1—承力头；2—压电晶体片；3—导销；4—预紧螺栓；5—基座。

图 7-6　压电式力传感器的构造

一般空间力系包括三个互相垂直的分力和三个互相垂直的力矩分量。对未知作用方向的作用力，如需完全测定它，也需按空间力系来处理。

在空间力系测量工作中，巧妙地设计受力的弹性元件和布置应变片或选择压电晶体片的敏感方向是成功的关键。图 7-7 所示为压电式三向测力传感器元件组合方式的示意图。其传感元件由三对不同切型的电压石英片组成，其中一对为 X_0 型切片，具有纵向压电效应，用它测量 z 向力 F_z，另外两对为 Y_0 型切片，具有横向压电效应，两者互成 90°安装，分别测量 y 向力 F_y 和 x 向力 F_x。此种传感器可以同时测出空间任意方向的作用力在 x、y、z 三个方向上的分力。多向测力传感器的优点是简化了测力仪的结构，同时又提高了测力系统的刚度。

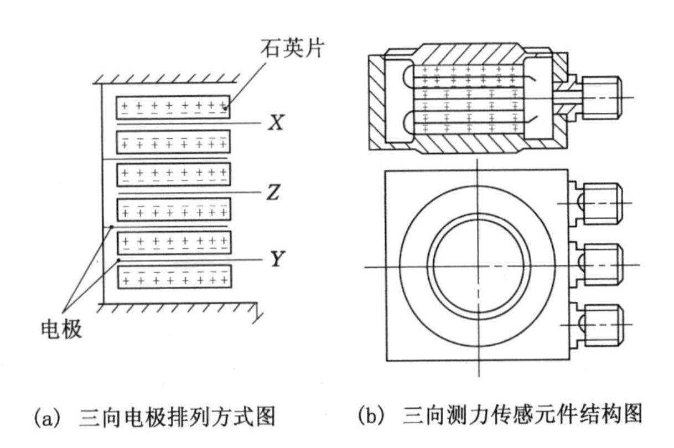

(a) 三向电极排列方式图　　(b) 三向测力传感元件结构图

图 7-7　用于三向测力的传感元件的组合

7.1.3　扭矩的测量

扭矩是各种机械传动的基本载荷形式之一，常见的扭矩测量方法可分为应力或应变式及相对转角式。

1. 电阻应变式扭矩传感器

当轴类零件受扭矩作用时，在其表面产生剪应变，这一应变可用电阻应变片来测量。由材料力学可知，当圆轴受纯转矩时，在与其轴母线呈 45°的方向为主应力方向。而且相互垂直方向上的拉、压主应力绝对值相等，符号相反，因此可在这两个方向上贴上应变片，组成电桥电路，此便成为应变式扭矩传感器。扭矩传感器的弹性元件除受转矩外，还可能受轴向力和弯矩的作用，从而造成测量误差。为了消除轴向力和弯矩的影响，可按图 7-8(a)所示方式布片，四片应变片在圆周上每隔 90°均匀分布，并接成全桥回路。

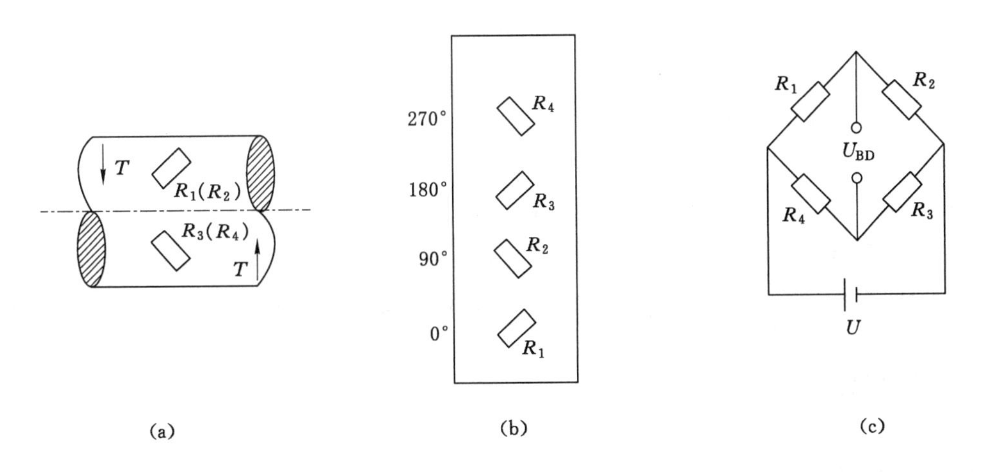

(a)　(b)　(c)

图 7-8　应变片式扭矩测量法

测量转动轴的转矩时，弹性元件与转动轴一起旋转，可通过集流环或遥测装置将转动轴上的电信号传输到静止的测量仪器上。

2. 扭转角式转矩传感器

转轴受扭矩作用后，产生扭转变形，两横截面的相对扭转角与扭矩呈正比关系。利用光电式、磁电式等传感器可以测得相对扭转角,从而测得扭矩。

(1) 磁电式扭矩测量仪

图 7-9 所示是磁电式扭矩测量仪原理图。在弹性轴 9 上安装了两个外齿轮 7,而两个内齿轮 6 与永久磁铁 5 安装在转子 2 上。转子可由固定在壳体上的驱动电动机 3 带动旋转。不论是轴和转子其一旋转还是两者同时反向旋转,均可使轴与转子之间产生相反方向的旋转运动。这样就使内、外齿轮的轮齿相对位置变化,时而两齿顶相对,时而齿顶与齿间的空间相对。由于此间隙正是磁路的气隙部分,因而导致了磁通的变化,在感应线圈 8 中感应出近似正弦曲线的电压信号。只要将此两信号输送至相位差计,测出相位差,就可以推算出扭矩值。

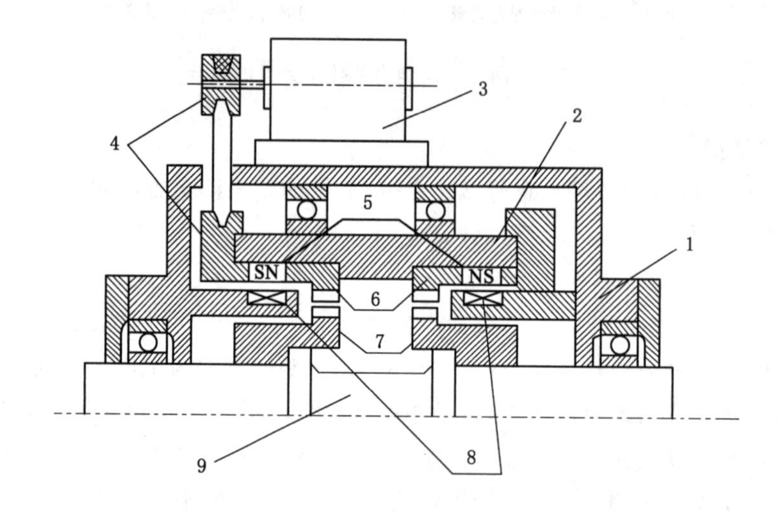

图 7-9　磁电式扭矩测量仪

这种工作原理决定了内、外齿轮之间必须有相对运动,这样才可能有信号输出。若用于测量静扭矩,弹性轴是不旋转的。为了获得内、外齿轮之间的相对运动,要使内齿轮所在的转子由一专门设置的附加电动机驱动。其转向应与弹性轴受扭方向相反。

(2) 压磁式扭矩传感器

非接触式的压磁式扭矩传感器是用交流磁场使磁性扭轴沿轴向磁化,并与线圈耦合。在不受力状态下,调整电桥平衡,输出为零。在扭矩作用下,扭轴导磁率变化,因而使耦合线圈自感发生变化,电桥将有一个正比于扭矩的输出。这种非接触测扭矩的方法可用于大型旋转轴。

7.2 温度测试

7.2.1 温度标准与测量方法

1. 温标

温度是表征物体冷热程度的物理量,温度量值用温标表示。只有确定了温标,温度测量才有实际意义。温标的种类很多,历史上曾出现过华氏温标、列氏温标、摄氏温标等温标,还有以热力学理论为基础的热力学温标和便于实测的国际实用温标。

国际实用温标 ITS-90 是我国所采用的温度量值的法定标准,所有温度计量必须以此为准。

在 ITS-90 温标中，热力学温度是基本物理量，符号为 T，单位为开尔文(符号为 K)，它的大小定义为水的三相点(水的固态、液态、气态三相共存的点)热力学温度的 1/273.16。由于历史的原因，通常温度总是用它与比水三相点低 0.01 K 的热状态之差表示，用该方法表示的热力学温度称为摄氏温度，符号为 t，单位是摄氏度(符号为℃)。开尔文温度与摄氏温度之间的关系为：开尔文温度(热力学温度)＝摄氏温度＋273.15。

2. 温度的测量方法

温度的测量方法通常分为两大类，即接触式测温法和非接触式测温法。

接触式测温是使被测物体与温度计的感温元件直接接触，使其温度相同，由此便可以得到被测物体的温度。

采用接触式测温时，由于温度计的感温元件与被测物体接触，吸收被测物体的热量，往往容易使被测物体的热平衡受到破坏，所以对感温元件的结构要求苛刻，这是接触式测温的缺点，因此不适于小物体的温度测量。

采用非接触式测温时，温度计的感温元件与被测物体有一定的距离，靠接收被测物体的辐射能实现测温，所以不会破坏被测物体的热平衡状态，具有较好的动态响应，适于高温测量。但非接触测温的精度较低。

表 7-2 列出了工业常用温度计的种类和特点。

表 7-2　工业常用温度计的种类和特点

<table>
<tr><th>原理</th><th>种类</th><th>使用范围
/℃</th><th>最佳使用范围
/℃</th><th>精度
/℃</th><th>直线性</th><th>响应速度</th><th>记录控制
适用性</th></tr>
<tr><td rowspan="3">膨胀</td><td>玻璃水银温度计</td><td>−50～+650</td><td>−50～+550</td><td>0.1～2</td><td rowspan="4">较好</td><td rowspan="2">一般</td><td rowspan="2">不适用</td></tr>
<tr><td>有机液体温度计</td><td>−200～+200</td><td>−100～+200</td><td>1～4</td></tr>
<tr><td>双金属温度计</td><td>−50～+500</td><td>−50～+500</td><td>0.5～5</td><td>慢</td><td rowspan="10">适用</td></tr>
<tr><td rowspan="2">压力</td><td>液体充满式温度计</td><td>−30～+600</td><td>−30～+600</td><td>0.5～5</td><td rowspan="3">一般</td></tr>
<tr><td>气压式温度计</td><td>−20～+350</td><td>−20～+350</td><td>0.5～5</td><td>不好</td></tr>
<tr><td rowspan="2">电阻</td><td>铂电阻温度计</td><td>−260～+1 000</td><td>−200～+630</td><td>0.01～5</td><td>好</td></tr>
<tr><td>热敏电阻温度计</td><td>−50～+350</td><td>−50～+350</td><td>0.3～5</td><td>不好</td><td rowspan="6">快</td></tr>
<tr><td rowspan="5">热电效应</td><td>铂铑/铂</td><td>0～+1 600</td><td>0～+1 554</td><td>0.5～5</td><td>较好</td></tr>
<tr><td>铬镍/铝镍</td><td>−200～+1 200</td><td>−180～+1 000</td><td>2～10</td><td rowspan="4">好</td></tr>
<tr><td>铬镍/康铜</td><td>−200～+800</td><td>−180～+700</td><td>3～5</td></tr>
<tr><td>铁/康铜</td><td>−200～+800</td><td>−180～+600</td><td>3～10</td></tr>
<tr><td>铜/康铜</td><td>−200～+350</td><td>−180～+300</td><td>2～5</td></tr>
<tr><td rowspan="4">热辐射</td><td>光高温计</td><td>700～3 000</td><td>900～2 000</td><td>3～10</td><td rowspan="4">好</td><td>一般</td><td rowspan="2">不适用</td></tr>
<tr><td>光电高温计</td><td>200～3 000</td><td></td><td>1～10</td><td>快</td></tr>
<tr><td>放射温度计</td><td>100～3 000</td><td></td><td>5～20</td><td>一般</td><td rowspan="2">适用</td></tr>
<tr><td>比色温度计</td><td>180～3 500</td><td></td><td>5～20</td><td>快</td></tr>
</table>

7.2.2 热电偶温度计

热电偶温度计是目前温度测量中应用极为广泛的一种温度测量系统。其工作基于的是物体的热电效应。

1. 热电效应和热电偶

将A、B两种不同的导体两端紧密地接在一起，组成一个闭合回路，如图7-10所示。当1、2两接点的温度不等($T>T_c$)时，回路中就会产生电动势，从而形成电流，串接在回路中的电流表指针将发生偏转，这一现象称为温差电效应，通常称为热电效应。相应的电势称为温差电动势，通常称为热电动势。接点1称为工作端或热端(T)，测量时，将其置于被测的温度场中。接点2称为自由端或冷端(T_c)，测量时温度应保持恒定。

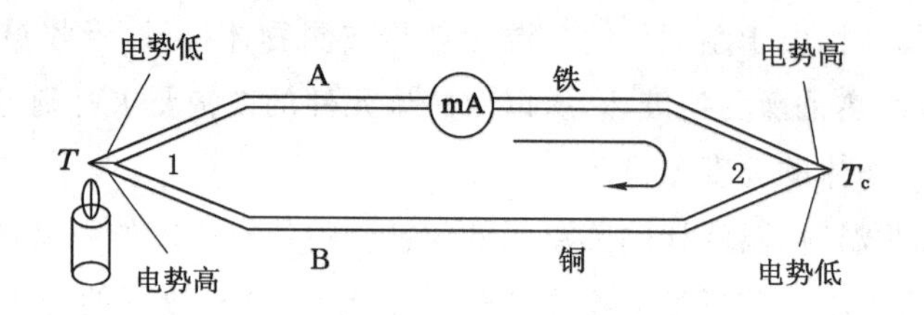

图7-10　热电效应

这种由两种不同导体组合并将温度转换成热电动势的传感器叫作热电偶。热电偶产生的热电动势是$E_{AB}(T,T_c)$是由两种导体的接触电动势e_{AB}和单一导体的温差电动势E_A和E_B所形成的。

(1) 接触电动势

不同的导体材料，其电子的密度是不同的。如图7-11所示，当两种不同材料的导体A、B连接在一起时，在连接点会发生电子扩散，电子扩散的速率与自由电子的密度以及导体的温度呈正比。

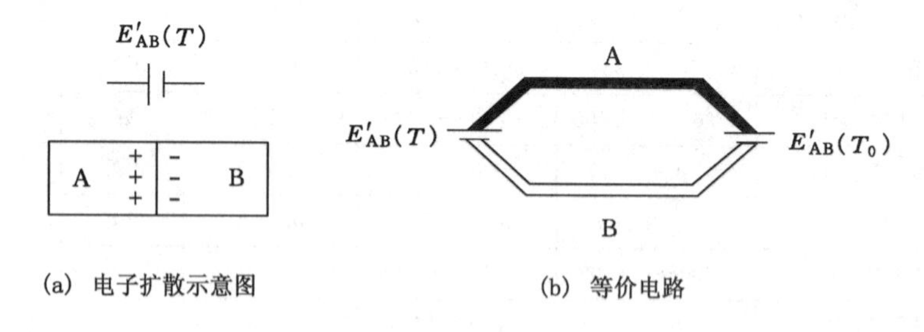

图7-11　接触电动势

设导体A、B中的自由电子密度分别为n_A和n_B且$n_A>n_B$，则在单位时间内，导体A扩散到导体B的电子数要大于从导体B向导体A扩散的电子数，因此导体A因失去电子而带正电，导体B因得到电子而带负电，于是，在接触处便形成了电位差，即接触电动势，如图7-11所示。在接触处所形成的接触电动势将阻碍电子的进一步扩散。当电子扩散能力与电场的阻力达到相对平衡时，接触电动势就达到了一个相对稳定值，其数量级一般为

10^{-2}或 10^{-3} V。

由物理学可知，导体 A、B 在接触点的接触电动势为

$$\begin{cases} E'_{AB}(T)=\dfrac{kT}{e}\ln\dfrac{n_A}{n_B} \\ E'_{AB}(T_0)=\dfrac{kT_0}{e}\ln\dfrac{n_A}{n_B} \end{cases} \tag{7-4}$$

式中　k——玻耳兹曼常数；

T,T_0——接触点的热力学温度；

n_A,n_B——导体 A、B 中的自由电子密度；

e——电子电荷量。

由图 7-11(b)可以得出回路中总的接触电动势为

$$E'_{AB}(T)-E'_{AB}(T_0)=\frac{k}{e}(T-T_0)\ln\frac{n_A}{n_B} \tag{7-5}$$

由此不难看出，热电偶回路中的接触电动势只与导体 A、B 的性质和接触点的温差有关。当 $T=T_0$ 时，尽管两接触点处都存在接触电动势，但回路中总接触电动势等于零。

(2) 单一导体的温差电动势

在一个均匀的导体材料中，如果其两端的温度不等，则在导体内也会产生电动势，这种电动势称为温差电动势，如图 7-12 所示。由于高温端电子的能量要大于由低温端电子的能量，因此由高温端向低温端扩散的电子数量要大于由低温端向高温端扩散的电子数量。这样，由于高温端失去电子而带正电，低温端得到电子而带负电，于是在导体两端便形成电位差，称之为温差电动势。该电动势将阻止电子从高温端向低温端扩散，当电子运动达到动平衡时，温差电动势达到一个相对稳态值。同接触电动势相比，温差电动势要小得多，一般为 10^{-5} V。

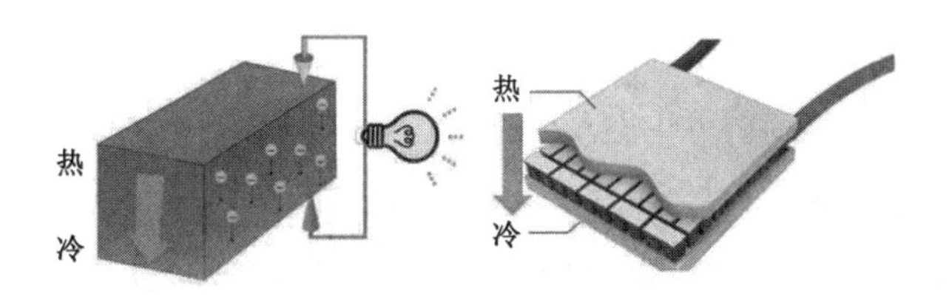

图 7-12　单一导体温差

当导体 A、B 两端的温度分别为 T 和 T_0，且 $T>T_0$ 时，导体 A、B 的温差电动势分别为

$$\begin{cases} E'_A(T,T_0)=\displaystyle\int_{T_0}^{T}\sigma_A\,dT \\ E'_B(T,T_0)=\displaystyle\int_{T_0}^{T}\sigma_B\,dT \end{cases}$$

式中，σ_A,σ_B 为汤姆逊系数，其含义是单一导体两端温度差为 1 ℃时所产生的温差电动势。

由导体 A、B 所组成的回路总的温差电动势为

$$E'_A(T,T_0)-E'_B(T,T_0)=\int_{T_0}^{T}(\sigma_A-\sigma_B)\mathrm{d}T \tag{7-6}$$

由此可以得出由导体A、B组成的热电偶回路(图7-13)总的热电动势为

$$\begin{aligned}E_{AB}(T,T_0)&=[E'_{AB}(T)-E'_{AB}(T_0)]-[E'_A(T,T_0)-E'_B(T,T_0)]\\&=\frac{k}{e}(T-T_0)\ln\frac{n_A}{n_B}-\int_{T_0}^{T}(\sigma_A-\sigma_B)\mathrm{d}T\end{aligned} \tag{7-7}$$

$$\begin{aligned}E_{AB}(T,T_0)&=[E'_{AB}(T)-\int_0^T(\sigma_A-\sigma_B)\mathrm{d}T]-[E'_{AB}(T_0)-\int_0^T(\sigma_A-\sigma_B)\mathrm{d}T]\\&=E_{AB}(T)-E_{AB}(T_0)\end{aligned} \tag{7-8}$$

式中 $E_{AB}(T)=E'_{AB}(T)-\int_0^T(\sigma_A-\sigma_B)\mathrm{d}T$,为热端热电动势;

$E_{AB}(T_0)=E'_{AB}(T_0)-\int_0^{T_0}(\sigma_A-\sigma_B)\mathrm{d}T$。

由此可知:

① 仅当热电偶的两个电极材料不同,且两接点的温度也不同时,才会产生电动势,热电偶才能用于温度测量。

② 当热电偶的两个不同的电极材料确定之后,热电动势便与两个接点 T、T_0 温度有关。即回路的热电动势是两个接点的温度函数之差

$$E_{AB}(T,T_0)=f(T)-f(T_0)$$

当自由端温度 T_0 固定不变时,即 $f(T_0)=C$(常数),有

$$E_{AB}(T,T_0)=f(T)-C=\varphi(T)$$

亦即电动势 $E_{AB}(T,T_0)$和工作端温度 T 是单值的函数关系,这就是热电偶测温的基本公式。由此制定出标准的热电偶分度表,该表是将自由端温度保持为0 ℃,通过试验建立起来的热电动势与温度之间的数值关系。热电偶测温就是以此为基础,根据一些基本的定律来确定被测温度值。

2. 热电偶基本定律

(1) 中间温度定律

由前面分析知,热电偶的热电动势只取决于构成热电偶的两个电极A、B的材料性质以及A、B两个接点的温度值 T、T_0,而与温度稍高电极的分布以及尺寸和形状无关。

热电偶的中间温度定律是指在热电偶回路中,两接点温度为 T 和 T_0 时的热电动势等于该热电偶在两接点温度为 T、T_n 和 T_n、T_0 时所产生的热电动势之代数和(图7-13),即

$$E_{AB}(T,T_0)=E_{AB}(T,T_n)+E_{AB}(T_n,T_0)$$

式中,T_n 称为中间温度。

中间温度定律在热电偶测温中应用极为广泛。根据该定律,可以在冷端温度为任一恒定值时,利用热电偶分度表求出工作端的被测温度值。

例如,用镍铬-镍硅热电偶测量炉温,当冷端温度 $T_0=30$ ℃时,测得热电动势 $E(T,T_0)=39.17$ mV,求实际炉温。

由 $T_0=30$ ℃查分度表得 $E(T,30)=1.2$ mV,根据中间温度定律得

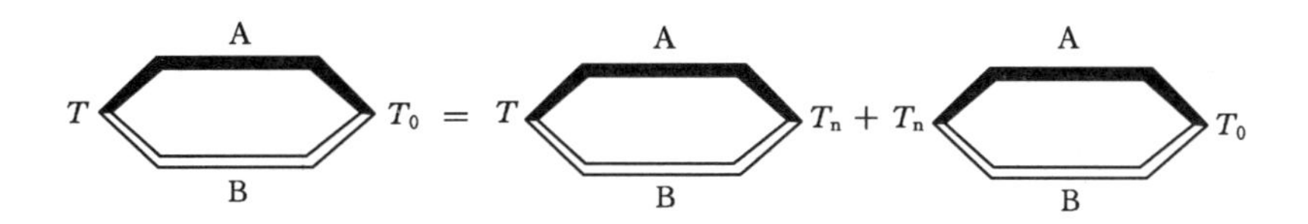

图7-13　中间温度定律

$$E(T,0)=E(T,30)+E(30,0)=39.17+1.2=40.37\ (\mathrm{mV})$$

则查表得炉温 $T=946$ ℃。

(2) 中间导体定律

在热电偶测温回路中，通常要接入导线和测量仪表。中间导体定律指出，在热电偶回路中，只要接入的第三导体两端温度相同，则对回路的总的热电动势没有影响。

如图7-14(a)所示，根据热电偶的热电动势等于各接点热电动势的代数和，得

$$E_{AB}(T,T_0)=E_{AB}(T)+E_{BC}(T_0)+E_{CA}(T_0) \tag{7-9}$$

当 $T=T_0$ 时，则

$$E_{AB}(T_0)+E_{BC}(T_0)+E_{CA}(T_0)=0$$

即

$$E_{BC}(T_0)+E_{CA}(T_0)=-E_{AB}(T_0)$$

故

$$E_{ABC}(T,T_0)=E_{AB}(T)+E_{AB}(T_0)=E_{AB}(T,T_0) \tag{7-10}$$

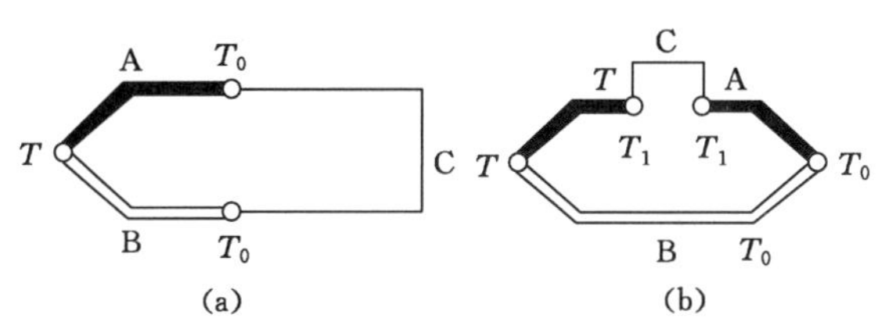

图7-14　热电偶接入中间导体的回路

根据同样道理，对于图7-14(b)所示的接法，也同样满足

$$E_{ABC}(T,T_0,T_1)=E_{AB}(T,T_0)$$

若在热电偶回路中接入多种导体，只要每种导体两端的温度相同，也可以得到相同的结论。

(3) 标准电极定律

如果已知热电偶的两个电极A、B分别与另一电极C组成的热电偶的热电动势为 $E_{AC}(T,T_0)$ 和 $E_{BC}(T,T_0)$，则在相同接点温度 (T,T_0) 下，由A、B电极组成的热电偶的热电动势 $E_{AB}(T,T_0)$ 为

$$E_{AB}(T,T_0)=E_{AC}(T,T_0)-E_{BC}(T,T_0) \tag{7-11}$$

这一规律称为标准电极定律，电极C称为标准电极。

在工业测量中，由于纯铂丝的物理化学性能稳定，熔点较高，易提纯，所以常将纯铂丝作

为标准电极。标准电极定律为热电偶电极的选配提供了方便。

3. 标准化热电偶

按照工业标准，热电偶可分为标准化热电偶和非标准化热电偶。标准化热电偶在目前工业生产中大批量生产和使用，这些热电偶性能优良、稳定，批量生产后，同一型号具有互换性，具有统一的分度。

常用标准化热电偶的特点如下：

(1) 铂铑 10-铂热电偶，性能稳定，准确度高，可用于基准和标准热电偶。热电动势较低，价格昂贵，不能用于金属蒸气和还原性气体之中。

(2) 铂铑 30-铂铑 6 热电偶，较铂铑 10-铂热电偶具有更高的稳定性和机械强度，最高温度可达 1 800 ℃。室温下热电动势较低，可作标准热电偶，一般情况下，不需要进行补偿和修正处理。由于其热电动势较低，故需要采用高灵敏度和高精度的仪表。

(3) 镍铬-镍硅或镍铬-镍铝热电偶，热电动势较高，热电特性线性度较好，化学性能稳定，具有较强的抗氧化性和抗腐蚀性，稳定性稍差，测量精度不高。

(4) 镍铬-康铜热电偶，热电动势较高，价格低，高温下易氧化，适于低温和超低温测量。

7.2.3 红外测温仪

图 7-15 所示为一种红外测温仪的工作原理。被测物体的热辐射线由光学系统聚焦，经光栅盘调制后变换为一定频率的光能，照射在热敏电阻探测器上，经电桥转变为交流电压信号，放大后输出显示或记录。光栅盘由两片扇形光栅板组成，一块固定，另一块受光栅调制电路控制，按一定频率正、反向转动，实现开（光可透过）、关（光不通过），使入射线变为一定频率的能量作用在探测器上。这种红外测温仪可测 0～600 ℃范围内的物体表面温度。

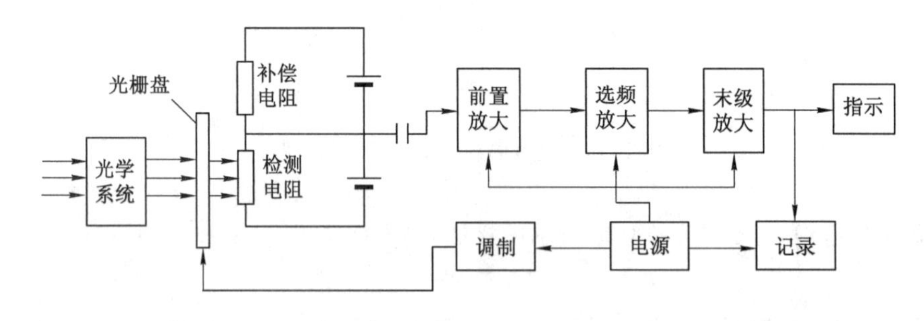

图 7-15　一种红外测温仪测温原理

7.3 位移的测量

位移测量按被测量来分有线位移测量和角位移测量；按测量参数分有静态位移测量和动态位移测量。位移测量也是其他动态参数，如力、速度、加速度测量的基础。

7.3.1 常用位移传感器

根据传感器的变换原理，常用的位移测量传感器有电阻式、电感式、差动变压器式、感应同步磁尺、光栅尺和激光等位移计以及电动千分表等。表7-3列出了常用位移传感器的主要特点和使用性能。

表7-3　常用位移传感器特性

形式	测量范围	精确度	线性度	特点
电阻滑线式	1～300 mm	±0.1%	±0.1%	分辨率较好，可用于静态或动态测量
电阻变阻器	1～1 000 mm	±0.5%	±0.5%	分辨率差，寿命长，电噪声大
非粘贴应变式	±0.5%应变	±0.1%	±1%	不牢固
粘贴应变式	±0.3%应变	±0.20%～0.3%		牢固，使用方便，需温度补偿和高绝缘，电阻输出幅值大，温度灵敏度高
半导体应变式	±0.25%应变	±0.2%～0.3%	全量程±20%	
自感式变气隙型	±0.2 mm	±1%	±3%	用于微小位移测量
自感式螺管型	1.5～2 mm			测量范围较自感式变气隙型的宽，使用方便可靠
自感式特大型	300～2 000 mm		0.15%～1%	动态性能较差
差动变压器	±0.08～±75 mm	±0.5%	±0.0%	分辨率好，受磁场干扰时需屏蔽
涡电流式	±2.5～±250 mm	±0.1%～3%	<3%	分辨率好，受被测物体材料、形状、加工质量影响
同步机	360°	±0.1°～±7°	±0.5%	可在1 200 r/min的转速下工作，坚固，对温度和湿度不敏感
旋转变压器	±60°		±0.1%	非线性误差与变压比和测量范围有关
电容式变面积型	10^{-3}～100 mm	±0.005%	±1%	介电常数受环境湿度、湿度变化的影响
电容式变极距型	10^{-3}～10 mm	0.10%		分辨率好，但测量范围小，只能在小范围内近似地保持直线性
霍尔元件	±1.5 mm	0.50%		结构简单，动态特性好
感应同步器	10^{-3}～10^{3} mm	2.5 μm～0.25 m		模拟和数字混合测量系统，数字显示
计量光栅	10^{-3}～10^{3} mm	3 μm～1 m		模拟和数字混合测量系统，数字显示。分辨率0.1～1 μm
长磁栅尺	10^{-3}～10^{4} mm	5 μm～1 m		工作速度可达12 m/min

7.3.2　厚度测量

厚度测量有非接触测厚和接触测厚两种方式。下面以纸张测量为例讲述。

1. 非接触式测厚仪

在线测量、控制纸张厚度，首先就是要精确和连续地测量出纸张（纸板）的厚度，这是保证纸张质量和实现造纸生产过程自动化必须解决的问题。

非接触式测厚仪的种类很多，应用较多的是β射线测厚仪，目前已研制出红外线纸张测厚仪，它们统称为射线测厚仪。

β射线测厚仪的检测器和放射源分别置于被测纸张的上、下方，其原理如图 7-16 所示。当射线穿过被测材料时，一部分射线被材料吸收，另一部分则穿透被测材料进入检测器，被检测器所吸收。对于窄束入射线，在其穿透被测材料后，射线强度 I 的衰减规律为

$$I = I_0 e^{-\mu h} \tag{7-12}$$

式中 I_0——入射射线强度；

μ——吸收系数；

h——被测材料厚度。

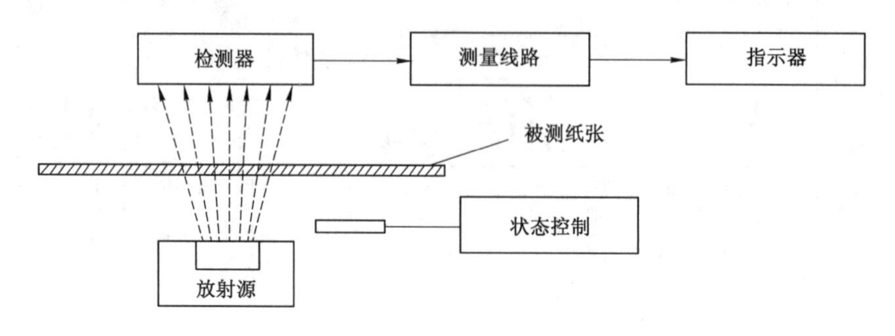

图 7-16 β射线测厚仪原理

当 μ 和 I_0 一定时，射线强度 I 仅仅是 h 的函数，所以测出射线强度就可以知道厚度 h。但是由于被测材料不同，对于相同厚度的材料，其吸收能力也不一样，为此要利用不同检测器检测，并将其转化为电流量，经放大后用专用仪器指示。纸张测厚仪的检测器应对纸张中的水分不敏感，因为纸张的含水量不同，吸收射线的能力不同。

在瓦楞原纸的生产过程中，采用图 7-17 所示的非接触式在线测量厚度方法。放射源和接收器分别置于纸板的上下方，放射源在垂直于纸板平面内，沿着与纸板传输速度垂直方向以一定速度往复移动，接收器根据所接收到射线的强度将纸板厚度偏差转换为电信号，经放大、调理后输入计算机，计算机根据厚度偏差信号调整纸浆流入口的大小，从而实现了纸板厚度的在线控制。

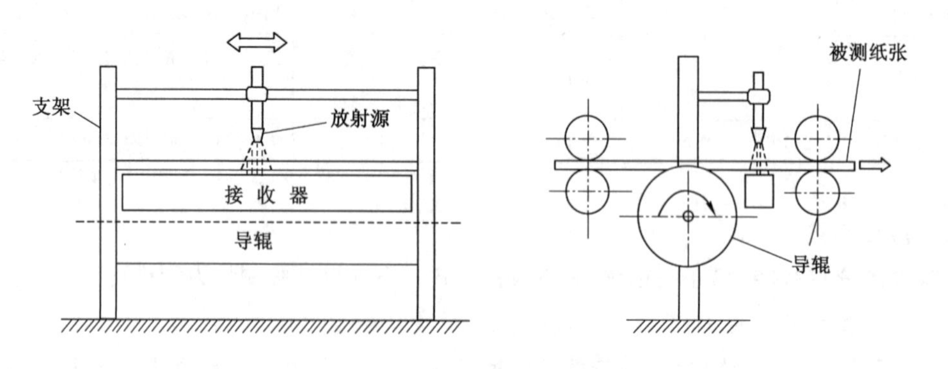

图 7-17 瓦楞纸板厚度在线测试原理

2. 接触式厚度仪

在带材轧制生产中，要对产品的厚度进行控制。其厚度测试原理如图 7-18 所示，在带钢上下各装一个位移传感器(如差动变压器式传感器)，由 C 型架固定，左右各装一对随动导辊，以保证在测量时与传感器垂直。当带钢厚度变化时，上下与带钢接触的传感器同时测出位移变化量，从而形成厚度偏差信号输出。

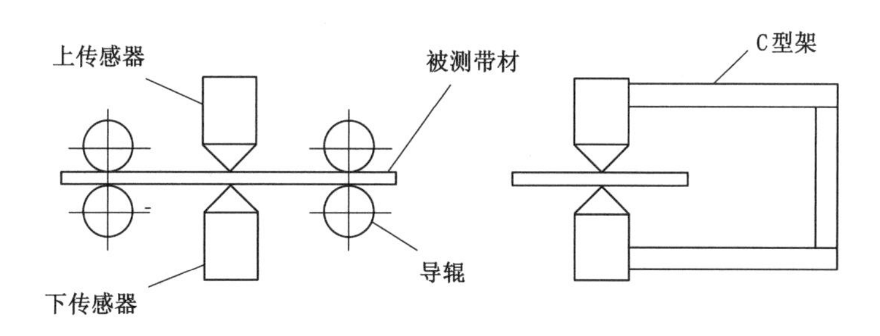

图 7-18　接触式测厚原理

为增强位移传感器测量头的耐磨性，一般采用金刚石接触测量。

7.4　物位的测量

物位是液位、料位以及界面位置的总称。具体来说，液位，如罐、瓶、槽等容器中液体表面位置的高度；料位，如仓库、料斗、包装箱、包装袋内堆积或充填物体的高度；界面位置一般指固体与液体或两种不相容、密度不同的液体之间存在的分界面。

测量物位的目的是测知容器中物体的多少、大小；监控容器中的物体，调节物料的进出速度实现定量(定质量定容积)罐装或包装。前者为物料的静态测量，后者为动态连续测量。

1. 电感测量法

传统的机械法测液位是利用浮子作为液面高度的接收器，后来为了提高测量精度，采用几乎不受液体密度变化影响的探测板代替浮子。探测板为扁平圆柱形，通常其密度大于液体，用重物通过绳子或借助动力装置精确调整牵引索使之平衡，并总有一半浸在液体里。为了实现自动测量，将用机械法获得的液面位移信息转换成电量传送和处理，这就是机电测量法。图 7-19 所示为利用电感测头感受浮子移动，从而实现液位数字显示的原理示意图。图中，浮子通过刚性杆与电感测头的铁芯相连，带动铁芯与液位升降同步运动。铁芯在线圈内移动时，会引起线圈电感的变化，从而将物位转化为电信号。该方法不需密封端盖，运动无摩擦，可实现快速显示。但对于精确量测量须用机械导向装置对浮子运动进行导向。

2. 电容测量法

电容测量法是用一电容探头感受物面位置的变化，如图 7-20 所示。两个相互平行的金属圆柱，中间隔以不导电介质，就构成了电容器[图 7-20(a)]。如果容器由导体材料制成，则只需装入内电极，容器壁作为另一极与外壳相连(接地)[图 7-20(c)]；如果容器由非导体材料制成，则必须使用具有内外极的电容探头[图 7-20(b)]。

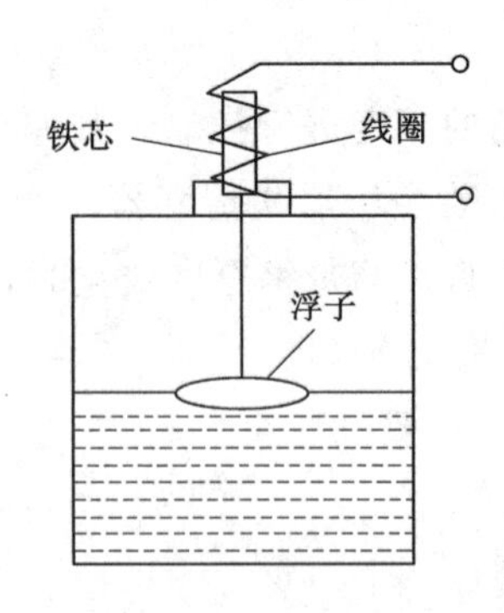

图 7-19　电感法测量物位原理示意图

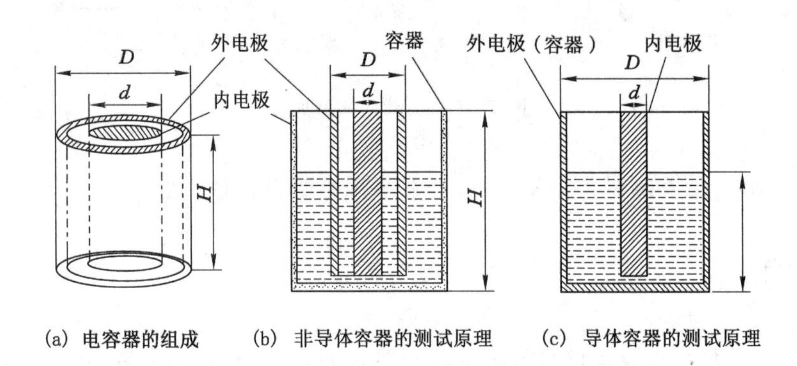

(a) 电容器的组成　(b) 非导体容器的测试原理　(c) 导体容器的测试原理

图 7-20　电容法测量液位原理

电容器的初始电容 C_0 为

$$C_0=\frac{2\pi\varepsilon H}{\ln\dfrac{D}{d}} \tag{7-13}$$

式中　ε——介质的介电常数；

H——电容器的高度；

D,d——电容器外、内电极的直径。

测量时，电容器的上部隔着空气，下部充满液体或其他材料。此时电容器的电容变化值 ΔC 为

$$\Delta C=\frac{2\pi(\varepsilon-\varepsilon_0)h}{\ln\dfrac{D}{d}} \tag{7-14}$$

式中　ε——介质的介电常数；

ε_0——空气的介电常数，$\varepsilon_0=1$；

h——物位的高度；

D,d——电容器外、内电极的直径。

物位变化时，电容器的电容变化值 ΔC 与被测材料的物位高度 h 呈线性关系，即

$$\frac{\Delta C}{C_0}=\frac{(\varepsilon-1)h}{H} \tag{7-15}$$

所以根据电容的相对变化量$\frac{\Delta C}{C_0}$，就可以确定物位高度 h。

图 7-21(a)所示为几种用于连续测量的电容探头结构。1 是部分或整体绝缘的棍电极，用于导电材料物位的测量；3、4 是拉紧或放松的绳电极。如果容器壁由导电材料制成，则只需装入电极 1 或 3 或 4，容器壁作为另一电极与外壳相连(接地)。如果容器壁由非金属材料制成，则必须使用具有内外电极的管式电极 2，或对电极 1、3、4 另附一个反电极 5，并将反电极 5 接地。

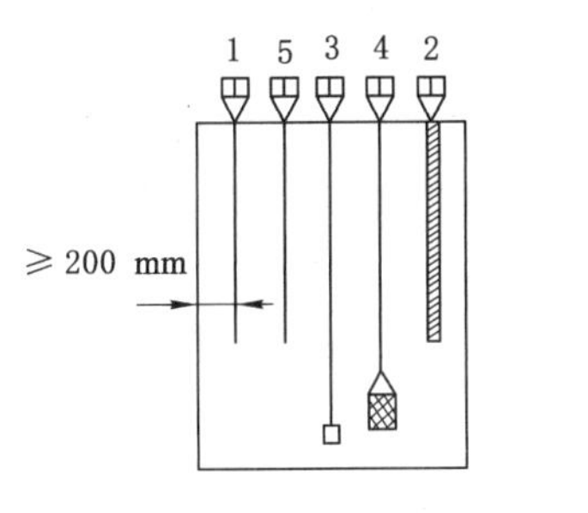

(a) 用于连续测量的探头

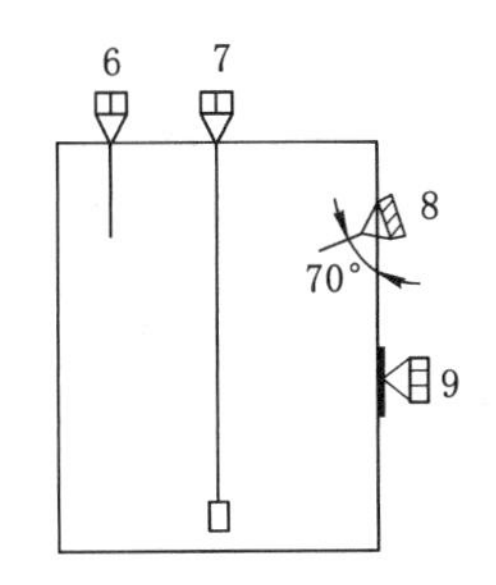

(b) 用于极限位置监控的探头

1、6、7—全部或部分绝缘的棍电极、绳电极；2—具有内外极的管式电极；
3、4—拉紧或放松的绳电极；5—反电极；8—棍电极；9—平面电极。

图 7-21　电容式液位测量结构

图 7-21(b)所示是一些进行物位极限位置监控的电容测头结构。这时不再希望探头的电容值在整个高度范围内线性变化，而是希望物位在达到极限位置时电容值能发生突变。6 和 7 是部分或全部绝缘的棍电极或绳电极；8 是侧面安装的棍电极，它以 70°角倾斜安装，可防止被测液的黏附；9 是平面电极，可用于一些不能在内部插入电容探头的容器内物位的测量。如果容器为非导电材料制成，同样需另外附加一个反向电极。

由上述可知，用电感测量法无法测量黏液和粒状粉末状材料的物面，电容法可解决这类材料物面的测量问题，如测量存放在地窖中的粉状食物、谷子、洗衣粉、砂、水泥、石灰和煤粉，或测量储料箱中的燃料、油、酸碱液及其他的黏液介质。电容测量法要求被测材料的介电常数保持恒定，所以电容法无法测量具有不同介电常数混合物的物面。

3. 超声波测量法

超声波测量法的原理是利用超声波在不同介质中反射和折射速度不同的特点，发射超声波后再接收，根据回波时间测定物位高度，并将声波信号转变为电信号。

根据用途不同，超声波液位计可分为两种形式：一种是通过被测物体使声波短路或断路，或使振荡器频率改变停振而定点发信号的物位计[图 7-22(a)、(b)]，它多用于极限位置监控；另一种物位计是连续发出声波信号，在其界面处反射再由接收器回收，测出信号发出到返回的时间，从而确定物位的高度[图 7-22(e)、(d)]，这种物位计用于物位的连续测量。

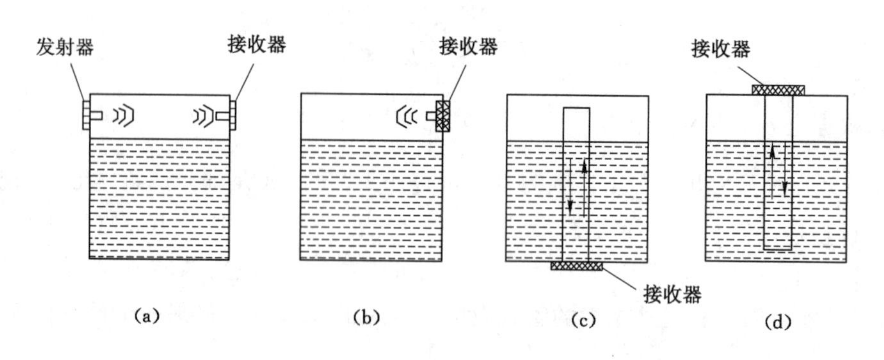

图 7-22　超声波物位计的安装方式

超声波物位计不仅可以测量液体，而且也适于粒状松散并含有大量气体被测材料的测量，如细粒状或粉末状的泡沫塑料、纤维素等。超声波测量法还可用于木制或塑料容器物位的测量。但不适于测量含有固体材料的液体，因为固体会在振荡器旁产生堆积，影响测量精度。

超声波测物位成本较高，需要有振荡器和高频发生器。

4. 透射法

透射法测量物位的原理如图 7-23 所示，光源发射的光线透过容器被光电元件接收，当光线被内装物遮挡时，光电元件接收的光通量减弱或降为零，并发出控制信号。对于透明液体，可采用不透明的浮子漂浮在液面上，随液面升降[图 7-23(a)]。

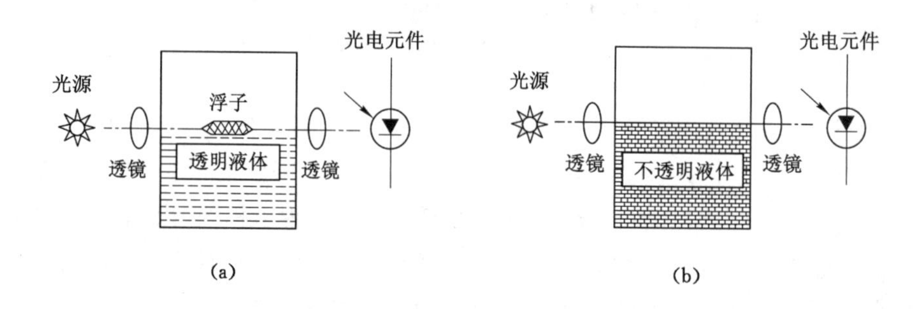

图 7-23　透射法测液位原理

透射法主要用于物位的监控测试。监控液体物位时，仅适用于透明的容器(玻璃或塑料等)。监控固体物位时，对于不透明的容器，需在料斗壁上开设透光孔。

图 7-24 所示为控制料斗料位的原理图。物料经传送带(由电动机驱动)送至料斗中，然后从出料口充填到容器中。系统能自动调节电动机转速，控制料斗中的物料始终在一定范围内。

在料斗上下物位极限位置两侧分别安装光源和光电管，并开设透光孔。如果物位低于下极限位置，则下光电管接收到光信号，发出控制信号，使电动机转速增加，向料斗内送料速度加快；反之，如果物位超过上极限，上光电管的光信号被切断，发出控制信号，降低电动机转速，送料速度减慢。这样，即可控制物位在上下极限范围之内。

5. 放射性同位素测量法

放射性同位素测量物位的原理，是基于射线经过被测材料时，会被材料吸收而使射线探

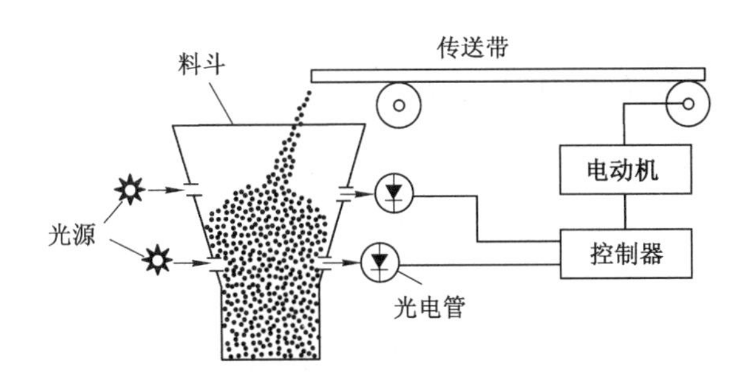

图 7-24　料位控制系统

测器接收到的射线强度发生变化。测试装置由辐射源、接收器、测量线路和显示仪表等组成。常用的放射源为放射性同位素锢(Go^{60})和铯 137(Cs^{137})。

该方法用于在一些极端条件下(如高温、高压、高真空度、高腐蚀性)不能使用常规测量方法的场合。但对于应避免辐射的内装物,不应采用此法。图 7-25 所示是几种常见的辐射器配置方式。图(a)是发出两束射线的辐射器配置方式,控制液面在上下极限范围之内;图(b)将接收计数器排成一列串联起来,连续测量液位,适用于大量程测量,高度测量范围可达 1.2 m;图(c)采用若干个辐射源整齐排列进行近似连续测量,该方法可使被测高度三倍于容器直径;图(d)采用辊状辐射源,测量精度高,可测至 3 m 的高度;图(e)是另一种大量程测量的随动测量系统。

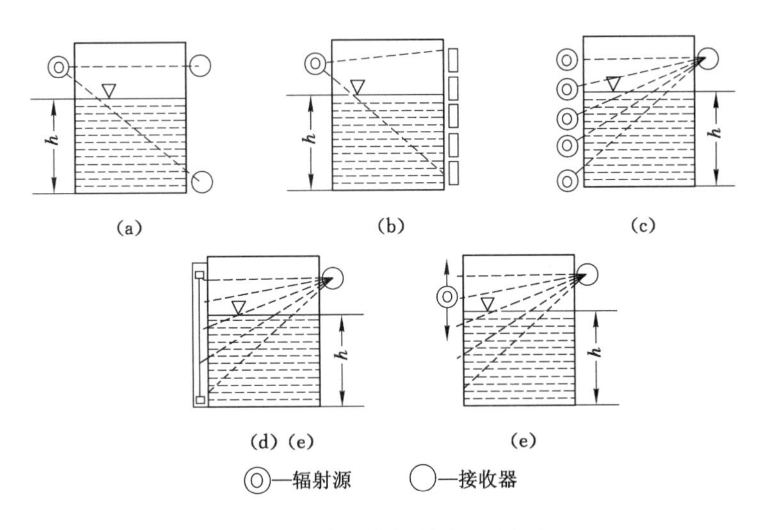

图 7-25　常用的辐射器配置方式

7.5　本章小结

典型参数的测试是机械工程中常见的工程测试问题,本章介绍了典型参数的测试方法。具体内容包括以下几方面:

(1) 应变、力和扭矩测量的传感器和接桥方法。

(2) 温度的测量方法。

(3) 位移、厚度的测量及常用的传感器。

(4) 物位的测量及原理。

7.6 本章习题

7-1 说明应变式压力传感器和力传感器的工作原理。

7-2 试进行互感型(差动变压器式)传感器图解分析。

7-3 电容式位移传感器有几种类型?它们是如何实现位移测量的?主要特点是什么?

7-4 应变式压力传感器和压阻式压力传感器的转换原理有何异同点?

7-5 常用的弹性压力敏感元件有哪些类型?就其中两种说明使用方式。

第 8 章　虚拟仪器技术

【学习要求】

本章主要介绍现代测试技术中的虚拟仪器概念、虚拟仪器的组成、智能仪表，LabVIEW 软件的应用等内容，给出了基于声卡的虚拟仪器测试实例。

本章的教学是为了扩展学生的视野，增加学生的学习兴趣，鼓励学生自学 LabVIEW 的相关知识。学生应能够根据业务需求，使用 LabVIEW 开发虚拟仪器系统。

8.1　虚拟仪器概述

虚拟仪器技术是指开发者利用模块化、标准化、高性能的硬件，与根据用户需要而编制的软件相配合，实现各种数据的测量、分析、存储等任务的现代化应用技术。

虚拟仪器技术是由美国的 NI 公司提出的计算机与网络技术相结合的一种测控技术。NI 公司成功地将计算机技术和互联网技术引入测控仪器领域，同时也带来了“软件就是仪器”的思维革命。植根于强大的计算机技术与互联网技术，虚拟仪器的数据处理、传输能力远远高于传统仪器。此外虚拟仪器将传统仪器的控制按钮虚拟化，操作人员通过人机交互界面令仪器执行相关命令即可完成各种检测任务。

虚拟仪器和传统的检测仪器结构一样，具体结构组成如图 8-1 所示。

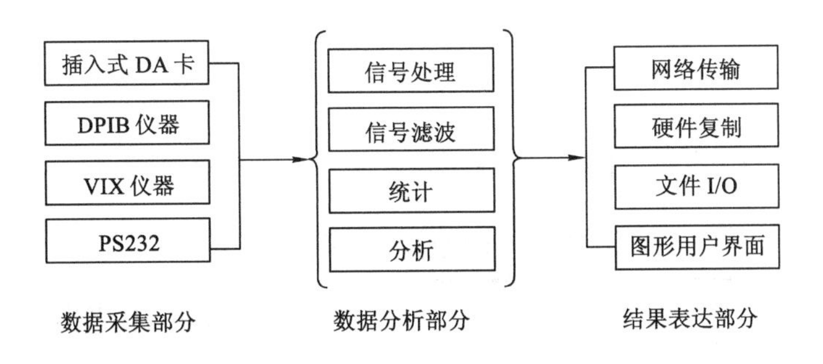

图 8-1　虚拟仪器构成

仪器的功能就是用来采集、储存并显示各种待测物理量的数据。与传统仪器一样，虚拟仪器主要包括信号的采集与产生、数据的分析处理、结果显示三大功能模块。不同的是，它的数据采集、处理、显示功能是由模块化硬件、灵活高效的软件以及计算机来完成的。

硬件和软件之间的组合关系如图 8-2 所示。

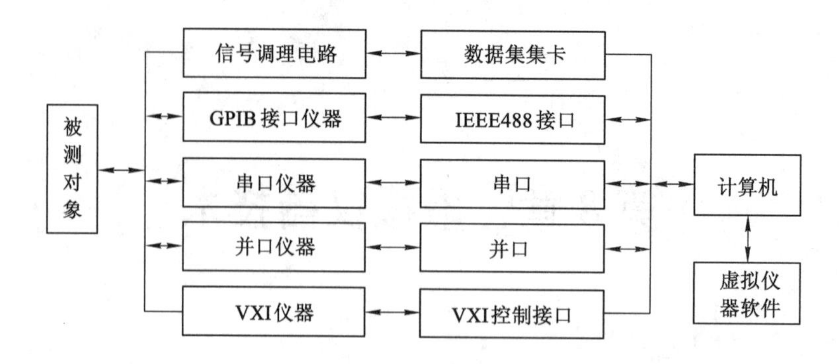

图 8-2　虚拟仪器结构框图

1. 硬件构成

硬件主要由计算机和 IO 接口硬件设备组成。

(1) 计算机是硬件构成中最重要的部分,不需挑选特殊类型的计算机,普通台式计算机、笔记本电脑、嵌入式计算机等都可以。

(2) I/O 接口硬件设备有插入式数据采集卡(DAQ)、GPIB 总线仪器、VXI 总线仪器、串/并口仪器等,可根据实际需要采取不同的接口硬件设备。通过 A/D 转换将被测信号送入电脑平台,再通过 D/A 转换将数字控制量转换成模拟控制量,进行执行和反馈。

2. 软件构成

软件主要是应用程序和 IO 接口设备的驱动程序。

软件是虚拟仪器技术中最核心的部分。美国 NI 公司提供的行业标准图形化编程软件 LabVIEW,适用于 Windows、Linux、Macintosh 等多种操作系统,它的编程不像 VB、C 语音等需要编写代码,而是像堆积木一样在程序框图上直接对各个控件进行逻辑连接,甚至某些成熟的模块和函数可以直接引用。这就大大提高了编程速度与效率,为不具有专业编程能力的工程师们根据自我需要开发检测仪器提供了可能。

8.2　虚拟仪器的优势

与传统的检测设备相比,虚拟仪器技术具有以下几点优势(表 8-1)。

表 8-1　虚拟仪器与传统仪器对比

虚拟仪器	传统仪器
界面友好,用户可自定义	功能单一,操作不便
研发费用低、周期短(1～2 a)	开发费用高、周期长(5～10 a)
技术更新升级快	硬件技术更新慢
数据处理能力高	处理能力一般
开放性好、灵活、可扩展	功能固化
可用网络连接周边仪器	功能单一的独立设备

1. 扩展性强

NI 公司的软件、硬件工具使得我们摆脱了现有技术的制约，因为 NI 软件的灵活高效和多样性，在检测系统更新换代的时候，只需更新计算机或模块化硬件，即可改进整个检测系统。当有新技术出现的时候，可以把它们组合进已有的检测系统，以最低的成本、最少的时间开发出最前沿、最先进的检测系统。

2. 高性能

虚拟仪器技术的发展是以计算机技术的进步为基础的，它完全继承了计算机最新技术的所有优点，包括功能卓越的处理器和文件 I/O，使得工程技术人员在检测数据录入磁盘的同时就能实时地进行复杂的分析。

3. 研发周期短、无缝集成

因为软件系统高度灵活、编程简单，硬件系统高度模块化，因此虚拟仪器的研发周期远低于传统仪器。虚拟仪器的本质就是软硬件的集成系统。随着产品的功能、实际工程检测需要日益复杂化，单一测量、检测设备常常无法满足实际需要，携带多种、大量检测设备耗时耗力，而虚拟仪器只需一台计算机和相关的硬件模块，便可实现“一机在手，检测不愁”的梦想。

8.3　虚拟仪器的发展、类型及应用

仪器是人类了解自然、认识世界的工具，从 20 世纪中叶至今，共经历了四个阶段：最开始是以电测量为主的模拟仪器；集成电路出现以后，将模拟信号转变为数字信号的数字仪器；计算机诞生后，检测技术和计算机结合，出现了可以自动化控制的智能仪器；20 世纪 70 年代后出现了 GPIB、PCI、VXI、PXI 等总线，在此基础上逐渐演化出虚拟仪器。

虚拟仪器的发展进步是以计算机技术的发展为基础的，按照以总线方式的区别，可以划分为以下几种类型。

1. 第一类：GPIB 总线式虚拟仪器

GPIB(General Purpose Interface Bus)是惠普(HP)公司在 20 世纪 70 年代推出的台式仪器接口总线，它成功地使计算机可以和外界实现信息交换，是当前使用最多的测试控制系统与计算机互连的并行总线。计算机通过 GPIB 与检测设备相连进而可以实现对其的控制。目前出现的各种接口如 PCI-GPIB 接口、并行-GPIB、串行-GPIB 等使得仪器可以和各种形式的计算机连接起来，通过使用跨操作系统、开放平台的标准 API 和开发工具建立应用广泛的 GPIB 仪器控制系统。GPIB 测试系统结构和命令都较为简单，精度很高，但传输速度太低，所以大多在台式机上应用。

2. 第二类：VXI 总线式虚拟仪器

VXI(VME eXtensions for Instrumentation)总线是高速计算机总线 VME(Versa Module Eurocard)在虚拟仪器领域的扩展。VXI 在 20 世纪 80 年代末被提出，它是一个高度开放的体系。这种体系的好处在于可以运用前沿的计算机技术实现研发周期短、测试费用低、数据运算能力强等。除此之外，其高效的软硬件资源利用率、便捷的硬件模块、良好的

人机交互能力使其很容易实现系统集成、升级和扩展，其缺点就是与其他模式相比造价太高。因它拥有高度集成的标准化模块、快速的数据传输能力和良好的电磁兼容性，现在已经成为计算机仪器的主流。

3. 第三类：并行口式虚拟仪器

并行口系列的虚拟仪器把用到的硬件集成到一个采集盒里，连接到计算机并行口的测试装置。仪器软件装在计算机上，通常可以完成各种测量测试仪器的功能，可以组成数字存储示波器、频谱分析仪、逻辑分析仪、频率计、功率计、数据采集器。这种模式的优点是对于台式电脑和笔记本电脑都可以连接使用。因其成本低廉、使用方便，所以在有野外作业需求的实验室或其他研发单位使用特别广泛。

4. 第四类：PCI 总线-插卡式虚拟仪器

PCI(Peripheral Components Interconnect)借助插入计算机接口扩展槽中的数据采集卡和开发软件相结合而实现特定功能。随着科学技术的发展，计算机、操作系统和应用软件性能不断提高，数据采集卡的速度、精度和可靠性等性能也有了长足的发展。这种系统的优点就在于成本低廉、性能高、使用起来非常灵活，所以广受青睐。缺点在于其所受限制太多，电源功率小、机箱容易受到外界干扰、噪声大、插槽数目少等。

5. 第五类：PXI 总线方式虚拟仪器

PCI 总线仪器在性能上存在一些缺陷，同时为了降低 VXI 总线仪器的成本，因此 20 世纪末，NI 公司提出了 PXI 控制方案。它有标准的 GPIB 接口、以太网络接口和显示器接口，可扩展性能得到了很大的提高。这种总线方式的虚拟仪器可以迅速搭建完成，成本低，结构紧凑，运行速度快。所以，目前 PXI 总线已经成为构建虚拟仪器的主流。

虚拟仪器的突出优势，使得其在交通、通信、农业、畜牧业、机械、教育、汽车工业等各个领域都得到了广泛的应用。

8.4 LabVIEW 简介及应用

1. LabVIEW 概述

LabVIEW(Laboratory Virtual Instrument Engineering Workbench)使用的是一种可视化图形编程语言，它采用工程术语、图标等图形化符号来构建程序逻辑，形成简单、直观、易学的图形编程技术，同传统的计算机程序语言相比可以节省 80% 的程序开发时间。同时，它还提供了调用库函数及代码接口节点等功能，方便用户直接调用由其他语言编写成的可执行程序，使得 LabVIEW 编程环境具有一定的开放性。LabVIEW 集成了满足 GPIB、VXI、RS-232 和 RS-485 协议的硬件及数据采集卡通信的全部功能。它还内置了便于应用 TCP/IP、ActiveX 等软件标准的库函数。

与传统的文本式编程语言不同，LabVIEW 是一种图形化的程序设计语言，也称 G 语言(Graphical Programming)。LabVIEW 用流程图代替了传统文本式的程序代码。LabVIEW 中的图标与工程技术人员完成相关工程设计过程中习惯使用的大部分图标基本一致，这使得虚拟仪器的编程过程与实施工程的思维过程也十分相似。

LabVIEW 的基本程序单位是虚拟仪器。使用 LabVIEW 可以通过图形化编程的方法，建立一系列的虚拟仪器，搭建测试系统，来完成用户指定的测试任务。对于复杂的测试任务，可按照模块设计的概念，把测试任务分解为一系列的任务，最后建成的顶层虚拟仪器包括所有子虚拟仪器的功能集合。

2. LabVIEW 虚拟仪器的组成

LabVIEW 的所有虚拟仪器都由前面板、框图流程程序及图标/连接器三部分组成，如图 8-3 所示。当把一个控制器或指示器放置在虚拟仪器的前面板上时，LabVIEW 也在虚拟仪器的框图流程程序中放置了一个相对应的端子。用户需要做的就是根据测试任务通过连接各端子实现程序逻辑。前面板中的控制器模拟了仪器的输入装置并把数据提供给虚拟仪器的框图流程程序，而指示器则模拟了仪器的输出装置并显示由框图流程程序获得和产生的数据。

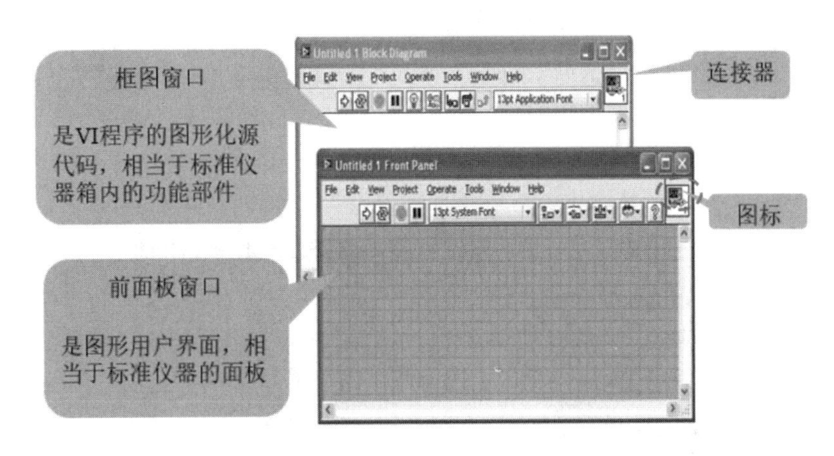

图 8-3　LabVIEW 程序的前面板和程序框图

前面板是用户进行测试工作时的输入输出界面，即仪器面板。界面上有用户输入和显示输出两类对象，包括开关、旋钮、图形及其他控件和指示器部件等，其部分按钮作用如图 8-4 所示。用户可以选择多种输入控件和指示器部件来构建前面板。控件用来接收用户的输入数据到程序。指示器部件用于显示程序产生的各种类型的输出。控件选板在前面板显示，如图 8-5 所示，它包含创建前面板时可用的全部对象。控件选板中的基本常用控件可以以新式、经典和系统三种风格显示。通过选择主菜单“查看”→“控件选板”选项或右击前面板空白处亦可以显示控件选板。

程序框图是定义 VI(虚拟仪器)功能的图形化代码。不同于传统的文本式编程语言，程序框图中的各个部分要通过连线连接起来。

如图 8-6 所示给出了一个函数发生器的虚拟仪器系统。在前面板上，用户可以通过修改信号类型、幅值、频率和相位等参数来生成不同的函数。波形图曲线显示控件用来显示生成的函数波形。开关控制对象用来启动和停止运行该虚拟仪器。

将虚拟仪器与标准仪器相比较，前面板上的控件就是仪器面板上的器件，而流程图就相当于仪器箱内的电路系统。在流程图中对虚拟仪器编程，可以控制和操纵前面板上对应控

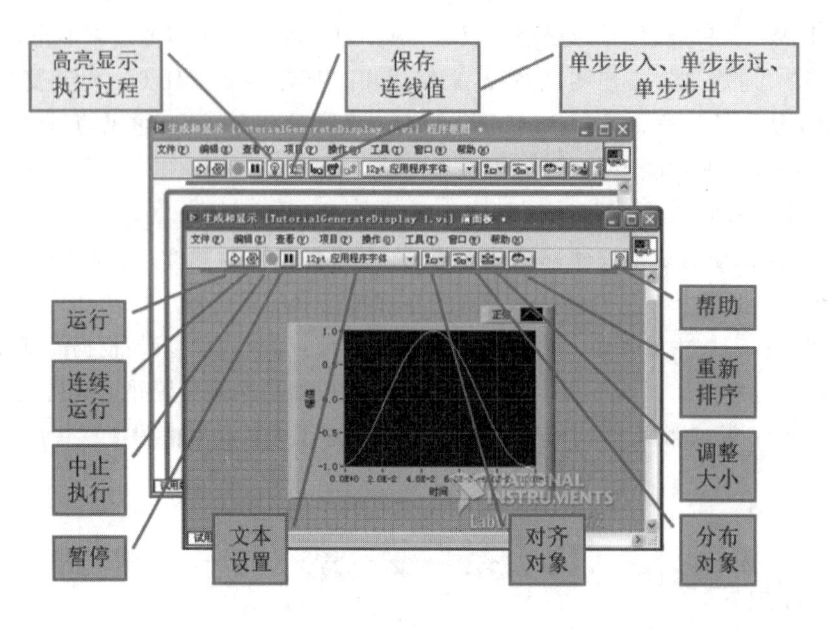

图 8-4　前面板和程序框图中的工具栏

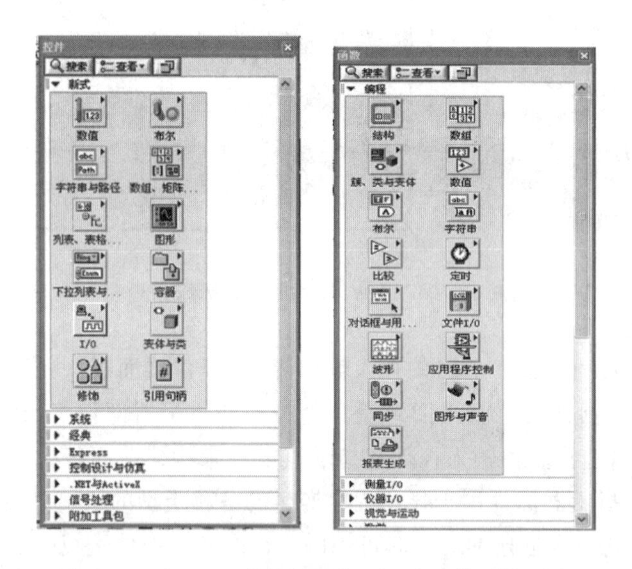

图 8-5　LabVIEW 的控件选板(左)和函数选板(右)

件的输入和输出功能。流程图包括前面板上的控件的连线端子,还有一些前面板上没有但编程必须使用的东西(如函数、结构和连线等)。

用户可以根据测试方案通过函数模板的选项,选择不同的图形化节点,把这些节点连接起来构成处理程序。函数选板提供了 15 个子模板,如图 8-5 所示,每个子模板又含有多个选项。函数选板不仅包含一般语言的基本要素,还包括大量文件输入/输出、数据采集、GPIB 及串口控制有关的专用程序块。函数选板只能在编辑程序框图时使用,与控件选板的工作方式大体相同。创建框图程序常用的 VI 和函数对象都包含在该选板中。选择主菜

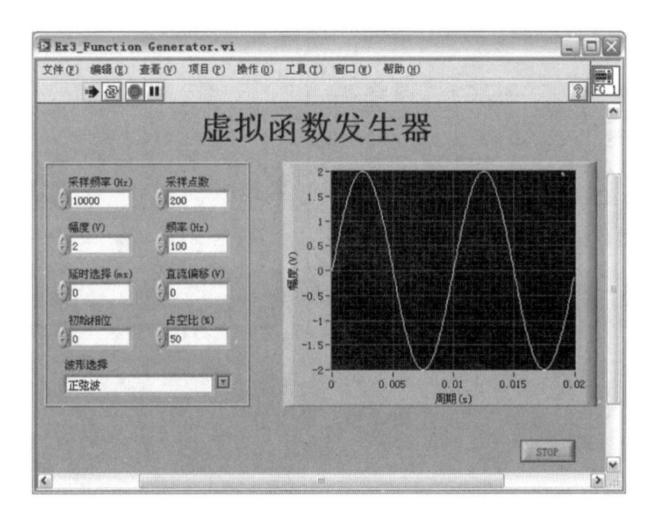

图 8-6　虚拟函数发生器的虚拟仪器系统

单“查看”→“函数选板”或右击框图面板空白处就可以显示函数选板。

节点类似于文本语言程序的语句、函数或者子程序。LabVIEW 共有 4 种节点类型:功能函数节点、子程序节点、结构节点和代码接口节点。功能函数节点用于进行一些基本操作,如数值相加、字符串格式操作、代码编写等。子程序节点是针对以前创建的程序,在其他程序中以子程序方式调用。结构节点用于控制程序的执行方式,如 For 和 While 循环控制等。代码接口节点是为框图程序与 C 语言程序的接口。

虚拟仪器具有层次化和结构化的特征。在测试系统比较大时,可以将一个虚拟仪器作为子虚拟仪器(SubVI)供其他虚拟仪器调用。LabVIEW 还给出了多种调试方法,从而将系统的开发与运行环境有机结合。

为了便于开发,LabVIEW 还提供了多种基本的虚拟仪器库。其中具有包含 450 种以上的 40 多个厂家控制的仪器驱动程序库,而且仪器驱动程序的数目还在不断增长。用户可随意调用仪器驱动器图像组成的方框图,以选择任意厂家的任一仪器。LabVIEW 还具有数学运算及分析模块库,包含 200 多种诸如信号发生、信号处理、数组和矩阵运算、数学滤波、曲线拟合等功能模块,可以满足用户从统计过程控制到数据信号处理等各项工作需要,从而极大限度地减少了软件开发工作量。

综上所述,LabVIEW 是一个理想的虚拟仪器开发环境,能大大降低系统开发难度及开发成本。这样的开发方式也增强了系统的柔性。当系统的需求发生变化时,测试人员可以对功能框做必要的修改,或者对框图程序的软件结构进行调整,从而可以很快地适应新需求。

3. LabVIEW 应用示例

示例使用 LabVIEW2014 版本开发了一个虚拟仪器,用来测量温度和容积的变化,运行的结果如图 8-7 所示,图中(a)和(b)分别为前面板和程序框图。LabVIEW 软件的版本不同,LabVIEW 的界面会有所不同。

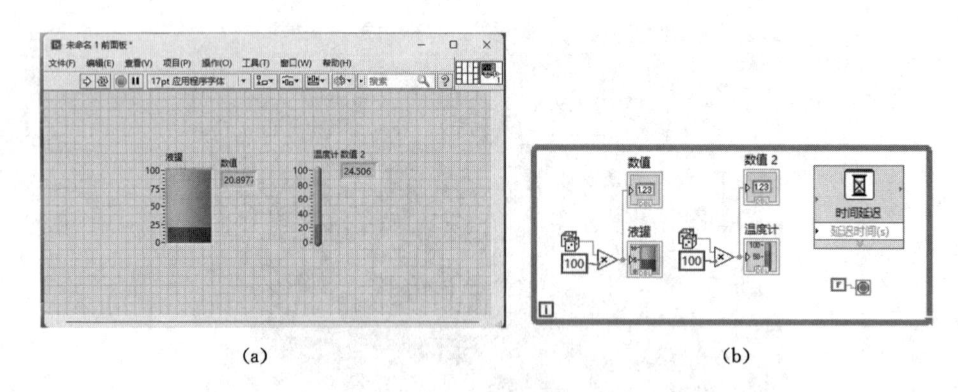

图 8-7　温度和容积测量虚拟仪器运行结果

4. 智能仪器的工作原理

随着微电子技术的不断发展，集成了 CPU 存储器、定时器/计数器、并行和串行接口，把定时器、前置放大器及 A/D 转换器、D/A 转换器等电路集成在一块芯片上的超大规模集成电路芯片（即单片机）出现了。以单片机为主体，将计算机技术与测量控制技术结合在一起，组成了智能化测量控制系统，即智能仪器。

智能仪器的出现极大地扩充了传统仪器的应用范围。智能仪器凭借其体积小、功能强、功耗低等优势，迅速地在科研单位和工业企业中得到了广泛的应用。

近年来，智能仪器发展迅速。国内市场上出现了多种多样的智能化测量控制仪表，如能够自动进行差压补偿的智能节流式流量计，能够进行程序控温的智能多段温度控制仪，能够实现数字 PID 控制和各种复杂控制规律的智能式调节器，以及能够对各种谱图进行分析和数据处理的智能色谱仪等。国际上智能仪器更是品种繁多。

智能仪器的硬件基本构成如图 8-8 所示。

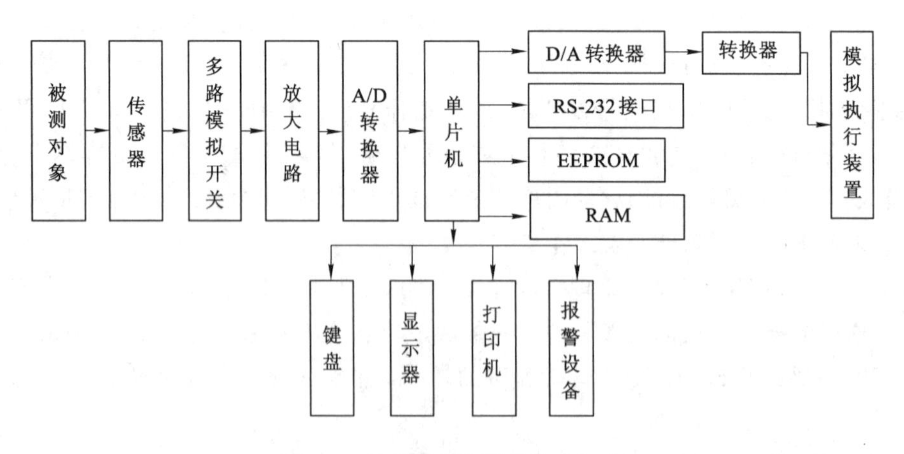

图 8-8　智能仪器的硬件基本组成

传感器拾取被测参量的信息并转换为电信号，经滤波去除干扰后送入多路模拟开关；由单片机逐路选通模拟开关将各输入通道的信号逐一送入程控增益放大器，放大后的信号经

A/D 转换器转换为相应的脉冲信号后送入单片机;单片机根据仪器所设定的初值进行相应的数据运算和处理;运算的结果被转换为相应的数据进行显示和打印;同时单片机把运算结果与存储于芯片内 EEPROM(电可擦除存储器)内的设定参数进行运算比较后,根据运算结果和控制要求,输出如报警装置触发、继电器触点等相应的控制信号。此外,智能仪器还可以与计算机组成分布式测控系统,由智能硬件(包括单片机、传感器等)作为下位机采集各种测量信号与数据,通过串行通信将信息传输给上位机——计算机,由计算机进行全局监控。

5. 智能仪器的功能特点

与传统仪器仪表相比,智能仪器具有以下功能特点。

(1) 操作自动化。智能仪器的整个测量过程如键盘扫描,量程选择,开关启动、闭合,数据的采集、传输与处理,以及显示打印等都可以用单片机或微控制器来控制操作,测量过程全部自动化。

(2) 具有自测功能,包括自动调零、自动故障与状态检验、自动校准、自诊断及量程自动转换等。智能仪器能自动检测出故障的部位甚至故障的原因。这种自测功能极大地方便了仪器的维护。

(3) 具有数据处理功能。智能仪器采用了单片机或微控制器,可以用软件非常灵活地解决原来用硬件逻辑难以解决的问题。例如,传统的数字万用表只能测量电阻、交直流电压、电流等,而智能型的数字万用表不仅能进行上述测量,而且具有对测量结果进行诸如零点平移、取平均值、求极值、统计分析等复杂数据处理的功能。

(4) 具有友好的人机界面。智能仪器使用键盘代替传统仪器中的切换开关,操作人员只需通过键盘输入命令,就能实现某种测量功能。与此同时,智能仪器还通过显示屏将仪器的运行情况、工作状态及对测量数据的处理结果及时告诉操作人员,使仪器的操作更加方便直观。

(5) 具有可程控操作能力。一般智能仪器都配有 GPIB、RS-232C、RS-485 等标准的通信接口,可以很方便地与计算机和其他仪器一起组成用户所需要的多种功能的自动测量系统,来完成更复杂的测试任务。

6. 现代测试系统实例

下面以数据采集系统为例,说明如何设计开发一个现代测试系统——基于 LabVIEW 的语音采集分析系统。该系统利用声卡和 LabVIEW 实现。

现代测试系统的设计和开发流程包括需求分析、硬件设计、选择虚拟仪器开发平台进行软件开发、软件和硬件集成、进行调试和发布产品等过程,下面主要介绍需求分析、功能分析和实现的内容。

(1) 需求分析

在需求分析阶段首先要明确数据采集系统的任务和目标。该系统分为硬件和软件部分。系统任务是将被测对象和各种参数做 A/D 转换后送入计算机,并对计算机的信号做相应的处理。

数据采集系统软件通常根据用户的要求进行编写,选择好的开发平台可以起到事半功倍的效果。LabVIEW 是一个较好的图形化开发环境，它内置信号采集、测量分析与数据显示功能，将数据采集、分析与显示功能集中在同一个开发环境中。LabVIEW 的交互式测量助手、自动代码生成及与多种设备的简易连接功能，使它能够较好地完成数据采集。

数据采集系统硬件包括传感器、信号调理仪器和信号记录仪器。前两者已有专门的厂商研发。计算机采集卡是信号记录仪器重要的组成部分，主要起 A/D 转换功能。目前主流数据采集卡都包含了完整的数据采集功能，如 NI 公司的 E 系列数据采集卡、研华的数据采集卡等，这些卡价格均比较昂贵。相对而言，同样具备 A/D 转换功能的声卡技术已经成熟，成为计算机的标准配置。大多数计算机甚至直接集成了声卡功能，无须额外添加配件。这些声卡都可以实现两通道、16 位、高精度的数据采集，每个通道采样频率不小于 44 kHz。对于工程测试、教学试验等用途而言，其各项指标均可以满足要求。

语音信号一般被看作一种短时平稳的随机信号，对其主要是进行时域、频域和倒谱域上的信号分析。语音信号的时域分析是对信号从统计的意义上进行分析，得到短时平均能量、过零率、自相关函数及幅差函数等信号参数。根据语音理论，气流激励声道产生语音，语音信号是气流与声道的卷积，因此可以对信号进行同态分析，将信号转换到倒谱域，从而把声道和激励气流信息分离，获得信号的倒谱参数。

线性预测编码分析是现代语音信号处理技术中的核心技术之一，它基于全极点模型，其中心思想是利用若干过去的语音采样来逼近当前的语音采样，采用最小均方误差逼近的方法来估计模型的参数。矢量量化是一种基本也是极其重要的信号压缩算法，其充分利用矢量中各分量间隐含的各种内在关系，比标量量化性能优越，在语音编码、语音识别等方向的研究中扮演着重要角色。

语音识别通常是指利用计算机识别语音信号所表示的内容，其目的是准确地理解语音所蕴含的意义。语音识别的研究紧密跟随识别领域的最新研究成果并基本与之保持同步。

语音信号分析，首先需要将语音信号采集到计算机上并做预先处理，然后通过选择实时或延迟的方式，实现上述各种类型的参数分析，并将分析结果以图形的方式输出或保存，从而实现整个平台的功能。

(2) 功能分析和实现

基于 LabVIEW 的语音采集与分析系统功能结构框图如图 8-9 所示。

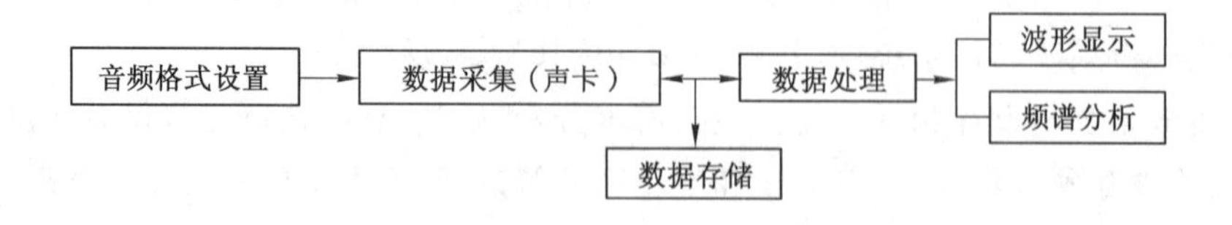

图 8-9　LabVIEW 语音采集与分析系统功能结构框图

虚拟示波器主要由软件控制完成参数的设置，信号的采集、处理和显示。

系统软件总体上包括音频参数的设置、音频信号的采集、波形显示、频谱分析及波形存储和回放等五大模块。

数据采集部分实现数据的采集与存盘功能，根据设定的采样频率从声卡获取用户需要的数据。采集到的数据在存盘的同时送计算机屏幕作为时域监控，并提供初步的频谱分析。

数据分析部分实现的功能根据后处理需要而定，但其基本功能为从数据文件读取数据，显示数据的时域图和频谱图，按所需对数据做局部分析。

LabVIEW 环境下的功能模板中提供了声卡的相关虚拟仪器，如 SI Config、SI Start，SI Read、SI Stop 等。当设定好声卡的音频格式并启动声卡后，声卡就可以实现数据采集，采集到的数据通过 DMA（直接存储器访问）的方式传送到内存中指定的缓冲区，当缓冲区满后，再通过查询或中断机制通知 CPU 执行显示程序显示缓冲区数据的波形。数据采集的部分 G 代码如图 8-10 所示。

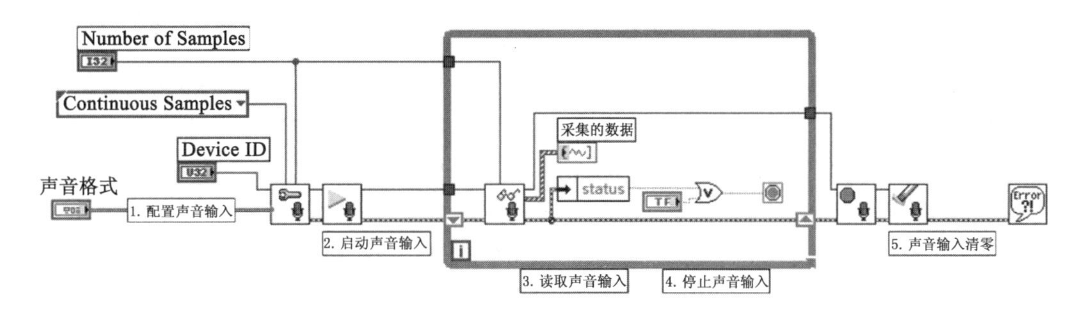

图 8-10　数据采集的部分 G 代码

声卡 A/D 转换性能优越，技术成熟，配合 LabVIEW 强大的数据采集与处理功能，可以构建性价比相当高的数据采集系统。但在采集数据，特别是采集低频数据时，应优先选择有 Line In 输入的声卡。如果采用 Audio In（或称 MIC）输入会对直流分量的损失很大，在被测信号的频率很低（特别是低于 20 Hz）时效果不够理想。

在完成上述的硬件设计和软件开发后，就可以将软件和硬件集成，然后进行调试，发现问题解决问题。经过验收测试后，就可以发布利用声卡和 LabVIEW 构建的一个现代测试系统产品，提供给用户使用。

8.5　本章小结

本章主要介绍了虚拟测试仪器技术原理、组成、应用实例，以及 LabVIEW 简介的应用。

8.6　本章习题

8-1　简单概述 LabVIEW 的三大组成部分内容，并说明它们之间的关系。

8-2　运用 LabVIEW 建立一个简单的求和 VI。

参考文献

[1] 陈光军,常江,张连军.测试技术实验教学改革与学生创新能力的培养[J].实验技术与管理,2007,24(2):129-131.

[2] 戴鹏飞.测试工程与 LabVIEW 应用[M].北京:电子工业出版社,2006.

[3] 方佩敏.新编传感器原理·应用·电路详解[M].北京:电子工业出版社,1994.

[4] 韩建海,马伟.机械工程测试技术[M].北京:清华大学出版社,2010.

[5] 贾民平.测试技术[M].北京:高等教育出版社,2001.

[6] 江征风.测试技术基础[M].北京:北京大学出版社,2007.

[7] 孔德仁,朱蕴璞,狄长安.工程测试技术[M].2 版.北京:科学出版社,2009.

[8] 李郝林.机械工程测试技术基础[M].上海:上海科学技术出版社,2017.

[9] 刘习军,贾启芬,张文德.等.工程振动与测试技术[M].天津:天津大学出版社,1999.

[10] 邵明亮,李文望.机械工程测试技术[M].北京:电子工业出版社,2010.

[11] 唐景林.机械工程测试技术[M].北京:国防工业出版社,2009.

[12] 童刚.虚拟仪器实用编程技术[M].北京:机械工业出版社,2008.

[13] 徐科军.传感器与检测技术[M].4 版.北京:电子工业出版社,2016.

[14] 杨清梅,孙建民.传感器与测试技术[M].哈尔滨:哈尔滨工程大学出版社,2004.

[15] 张发启.现代测试技术及应用[M].西安:西安电子科技大学出版社,2005.

[16] 张洪润.传感器技术大全 [M].北京:北京航空航天大学出版社,2007.